21世纪高等院校电气工程与自动化规划教材
安徽省高等学校“十二五”省级规划教材

数字信号处理与DSP实现技术

主　编　陈　帅
副主编　沈晓波

人民邮电出版社
·北　京·

图书在版编目（CIP）数据

数字信号处理与DSP实现技术 / 陈帅主编. -- 北京 :
人民邮电出版社, 2015.9
21世纪高等院校电气工程与自动化规划教材
ISBN 978-7-115-39809-3

Ⅰ. ①数… Ⅱ. ①陈… Ⅲ. ①数字信号处理－高等学
校－教材 Ⅳ. ①TN911.72

中国版本图书馆CIP数据核字(2015)第149314号

内容提要

本书针对应用型本科高校电子信息类专业的改革需求，结合电子信息类专业对专业基础课程教学的基本要求编写而成，是关于数字信号处理理论基础与 DSP 实现技术的一本基础教材。本书内容取材于数字信号处理学科发展的重要成果以及 DSP 实现的部分技术，并结合了作者多年教学和科研实践经验。本书注重将理论和应用实践相结合，在阐述数字信号处理理论知识整体性的同时，融入了 MATLAB 实现方法，并增加了体现应用性的 DSP 处理器的原理及其数字信号处理实现技术等内容。全书分为 3 大部分共 9 章：第 1～4 章讲述了数字信号与系统的处理和快速处理；第 5～7 章讲述了数字滤波器的设计理论；第 8～9 章讲述了数字信号与系统的 DSP 实现技术。

本书结构紧凑，语言通俗，深入浅出，例题丰富，可读性强，便于自学。可作为本科院校、职业院校电子信息类专业的教材或参考书。

◆ 主　　编　陈　帅
　副 主 编　沈晓波
　责任编辑　邹文波
　执行编辑　税梦玲
　责任印制　沈　蓉　彭志环
◆ 人民邮电出版社出版发行　　北京市丰台区成寿寺路 11 号
　邮编　100164　　电子邮件　315@ptpress.com.cn
　网址　http://www.ptpress.com.cn
　北京虎彩文化传播有限公司印刷
◆ 开本：787×1092　1/16
　印张：16　　　　　　2015 年 9 月第 1 版
　字数：379 千字　　　2025 年 1 月北京第 9 次印刷

定价：42.00 元

读者服务热线：(010)81055256　印装质量热线：(010)81055316
反盗版热线：(010)81055315

前言

本书是高等学校省级质量工程项目（皖教高〔2013〕11号）省级规划教材（No. 2013ghjc256）建设成果。在编写过程中，作者参考了国内外出版的多本同类教材，在教材体系、内容安排和例题配置等方面吸取了它们的优点，并结合了作者多年教学和科研实践经验，使得本书具有以下特点。

（1）内容安排合理。根据电子信息类本科专业教学对该门学科内容的要求，本书在兼顾内容完整性和注重知识点的阐述的基础上，适当减少了理论的证明推导等具体过程。

（2）突出实践性。为加强实践性训练，做到在学习中应用，本书各章融入了MATLAB的内容。读者可在掌握该书理论知识的同时，使用MATLAB进行实践，从而加深对内容的理解。

（3）强调应用性。数字信号处理的理论只有最终与应用结合才能体现应用价值，为更好培养应用型人才，本书添加了数字信号的DSP处理器实现的内容。

本书各章课时安排建议如下。

章序	章名	课时安排
第1章	绪论	2
第2章	离散时间信号与系统	6
第3章	序列的傅里叶变换与Z变换	6
第4章	离散傅里叶变换与快速傅里叶变换	6
第5章	数字滤波器的结构	6
第6章	无限长脉冲响应数字滤波器设计	8
第7章	有限长脉冲响应数字滤波器设计	8
第8章	TMS320C55x DSP处理器	6
第9章	数字信号的DSP处理器实现	4
合计	52课时	

本书第1章、第2章、第5章、第6章、第7章由陈帅教授编写，第3章由王丽编写，第4章由李营编写，第8章由沈晓波编写，第9章由贾鹏编写。全书由陈帅教授统稿，陈帅和王丽校对。

由于作者的水平所限，书中可能存在不恰当和错误之处，恳请广大读者提出批评指正。作者联系方式：

QQ：764066992

电子邮箱：chen232001@126.com

编者

2015年5月

目　录

第1章 绪论

【本章学习目标】

1. 掌握数字信号和数字信号处理的基本概念；
2. 了解数字信号处理的实现方法；
3. 了解数字信号处理的特点；
4. 了解数字信号处理的应用。

【本章能力目标】

1. 在理解了数字信号和数字信号处理概念的基础上，了解数字信号处理的内容、特点，初步形成对数字信号处理学科的感性认识；
2. 通过介绍数字信号处理的实现和应用，培养学生学习该门课程的兴趣。

1.1 数字信号与处理

1.1.1 信号、系统

1. 信号

信号是传递信息的载体，是信息的物理表现形式。信号可以表现为多种形式，如电信号、磁信号、声信号、光信号、机械信号、热信号等。

信号在数学上可表示为一个或多个自变量的函数，或表示成一个或几个独立变量的函数，如 $f(x)$、$f(t)$、$x(t)$、$f(x, y)$ 等，其中括号内变量为自变量。

信号可以从不同角度进行分类。

(1) 按照自变量的个数，信号可以分为一维信号、二维信号、多维信号。

信号的自变量可以是时间、频率、空间位置或其他物理量。若信号是一个变量的函数，则该信号为一维信号，例如，语音可以看成是时间的一维信号；如果信号是两个变量的函数，则称为二维信号，例如图像可以看成是平面空间坐标位置的二维信号；视频则可以看成是空间位置以及时间的多维信号（信号的自变量大于两个）等。本书只讨论一维信号。

(2) 按照信号是否具有重复性，可以分为周期信号和非周期信号。

若信号满足 $f(t)=f(t+kT)$，k 为整数；或 $x(n)=x(n+N)$，N 为满足等式的最小正整数，k 和 n 为任意整数，则信号 $f(t)$ 和 $x(n)$ 都是周期信号，其中 T 为信号 $f(t)$ 的周期，N 为信号 $x(n)$ 的周期。否则是非周期信号。

(3) 按照信号取值是否确定不变性，可以分为确定信号与随机信号。

若信号在任意时刻的取值是精确确定不变的，则称该信号为确定信号；若信号在任意时刻的取值是不能精确确定而是随机变化的，则该信号称为随机信号。

(4) 按照信号的能量有限性，可以分为能量信号和功率信号。

若信号能量有限，则称信号为能量信号；若信号功率有限，则称信号为功率信号。

(5) 按照信号自变量和幅度的连续或离散性，可以分为模拟信号、离散时间信号和数字信号。

在连续时间范围内有定义且幅值也连续的信号称为连续时间信号，连续时间信号也称为模拟信号。如果用数学函数来表示信号，则模拟信号是自变量和幅度都可以连续取值的信号。如果用函数 $x(t)$ 来表示一维模拟信号，其中 t 为自变量，则模拟信号 $x(t)$ 的自变量 t 可以在其定义域内连续取值，且函数 $x(t)$ 可以在其值域范围内连续取值，如图 1-1 所示。若 t 为时间，则 $x(t)$ 为连续时间函数，即模拟信号。

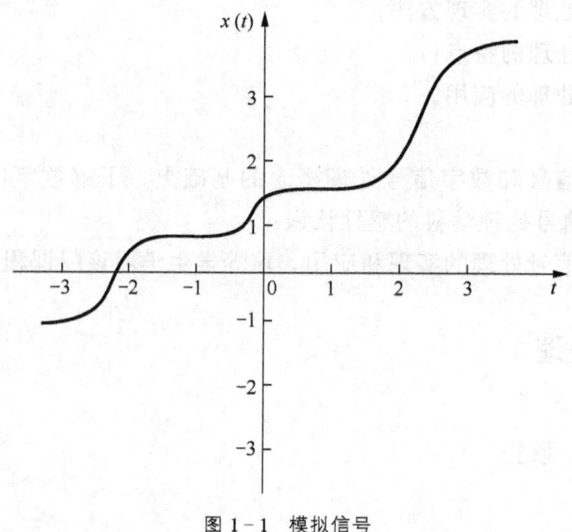

图 1-1　模拟信号

图 1-1 中的自变量 t 可以取整数−1、−2、−3、…；也可以取整数 0、1、2、3 等；还可以取整数之间的任意小数，如取 1.1、1.2、1.12、1.123 等，也就是说 t 可以取其定义域内的任意值，即可以连续取值。同样，函数值 $x(t)$ 可以取 2、2.3、2.4、2.31、2.311 等值，这些值都是函数的值域范围内的值，即函数 $x(t)$ 可以连续取值域范围内的任意值而不仅仅限于取离散的整数值。

若模拟信号 $x(t)$ 的自变量 t 取有限分离点值，如对 t 进行等间隔取值，例如取 $t=\cdots$、$-2\Delta T$、$-\Delta T$、0、ΔT、$2\Delta T$、$3\Delta T$、…（其中 ΔT 为取样间隔），而舍去这些取值之间 t 的取值，称为将时间变量离散化。若取值间隔相同，则称为均匀取样，否则称为非均匀取样。由时间离散化的函数取值…、$x(-2\Delta T)$、$x(-\Delta T)$、$x(0)$、$x(\Delta T)$、$x(2\Delta T)$、$x(3\Delta T)$、…组成一个新的信号，称为离散时间信号，可以表示为：…、$x(-2)$、$x(-1)$、$x(0)$、$x(1)$、$x(2)$、$x(3)$、…。离散时间信号也称为序列。图 1-2 (a) 为模拟信号，图 1-2 (b) 为序列。序列的自变量是取离散整数（表示离散取样序号）。

通过将模拟信号的时间离散而得到的信号其幅度还是可以取连续的值。若将模拟信号的幅度离散，即幅度取离散的值，而时间取连续的值，则得到的信号（函数）称为量化信号。图 1-2 (c) 为量化信号，其中函数的时间 t 可以连续取值，而幅度 $x(t)$ 只能取间隔的值，在两个相邻间隔值之间的取值是无意义的。

若时间和幅度都离散，即信号的时间取离散的值，幅度也取离散的值，则称为数字信号。数字信号如图 1-2（d）和图 1-3 所示。数字信号的自变量是离散取值，而函数也是离散的取值。

根据信号的自变量（时间）和幅度是否连续进行分类的四种信号对比见表 1-1。

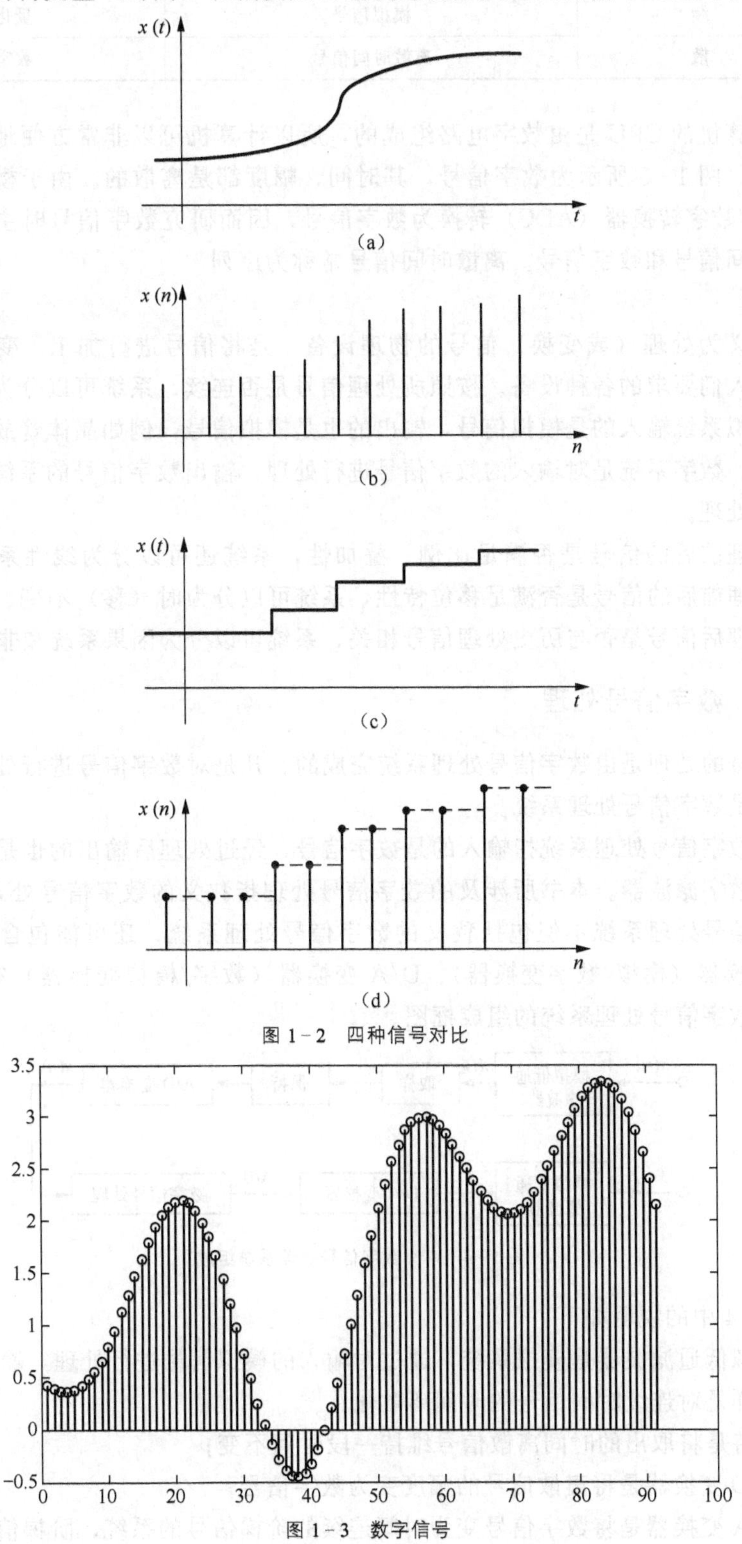

图 1-2 四种信号对比

图 1-3 数字信号

表1-1 根据信号自变量（时间）和幅度是否连续的信号分类

幅度 时间	连续	离散
连续	模拟信号	量化信号
离散	离散时间信号	数字信号

因为计算机的CPU是由数字电路组成的，所以计算机可以非常方便地对数字信号进行处理运算。图1-3所示为数字信号，其时间、幅度都是离散的。由于模拟信号幅度可以通过模拟/数字转换器（ADC）转换为数字信号，因而研究数字信号时主要考虑时间离散的离散时间信号和数字信号。离散时间信号常称为序列。

2. 系统

系统定义为处理（或变换）信号的物理设备，是将信号进行加工、变换、运算等处理，以达到人们要求的各种设备。按照所处理信号是否连续，系统可以分为模拟系统和数字系统。模拟系统输入的是模拟信号，输出的也是模拟信号，例如晶体管放大电路就是一个模拟系统。数字系统是对输入的数字信号进行处理，输出数字信号的系统，例如，计算机数字图像处理。

根据处理前后的信号是否满足比例、叠加性，系统还可以分为线性系统、非线性系统。根据处理前后的信号是否满足移位特性，系统可以分为时（移）不变、时（移）变系统。根据处理后信号是否与历史处理信号相关，系统可以分为因果系统和非因果系统。

1.1.2 数字信号处理

数字信号的处理是由数字信号处理系统完成的。凡是对数字信号进行处理的物理装置都可以看成是数字信号处理系统。

狭义的数字信号处理系统指输入的是数字信号，经过处理后输出的也是数字信号的系统。例如，数字滤波器。本书所涉及的数字信号处理指狭义的数字信号处理系统的处理。广义的数字信号处理系统不但包括狭义的数字信号处理系统，还可能包含模拟低通滤波器、A/D变换器（模拟/数字变换器）、D/A变换器（数字/模拟变换器）等。图1-4所示为广义的数字信号处理系统的组成框图。

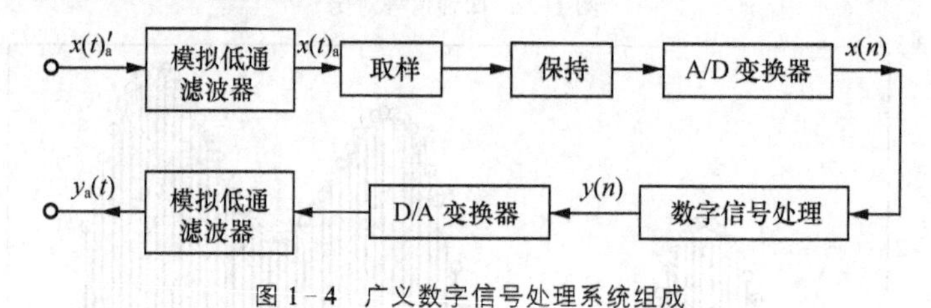

图1-4 广义数字信号处理系统组成

对图1-4中的说明如下：

(1) 模拟低通滤波器是模拟系统，通过对输入的模拟信号进行处理，输出模拟信号；

(2) 取样是对连续时间信号的时间离散化；

(3) 保持是将取出的时间离散信号维持一段时间不变；

(4) A/D变换器是将离散信号的幅度变为数字信号；

(5) D/A变换器是将数字信号变为时间连续的阶梯信号的系统，阶梯信号再通过低通模拟滤波器就得到幅度平滑的模拟信号。

图 1-5 所示的是经过数字信号处理系统而发生变化的一个信号波形的例子。其中图 1-5（a）为输入的模拟信号；图 1-5（b）为经过输入的模拟低通滤波器后得到的模拟信号；图 1-5（c）为 A/D 变换后的数字信号；图 1-5（d）为数字信号处理后得到的数字信号；图 1-5（e）为通过 D/A 变换和模拟低通滤波器后得到的模拟信号。

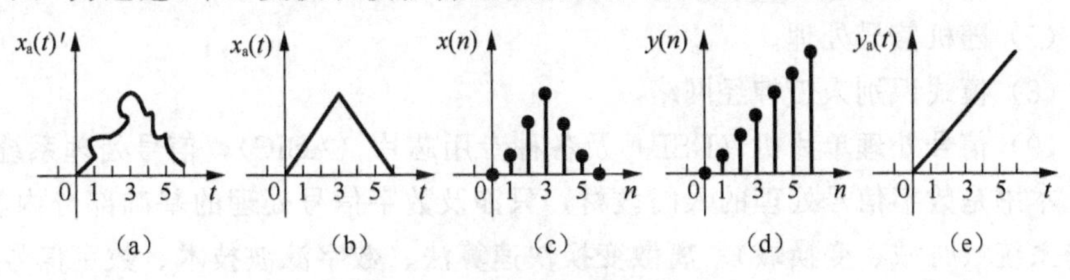

图 1-5　经过广义数字信号处理系统的信号

1.1.3　数字信号处理的实现方法

数字信号处理是通过数字信号处理系统来实现的，实现方法有以下几种。

1. 通用软件方法实现系统

在计算机上使用通用软件实现数字信号处理。例如，使用 MATLAB 软件进行数字信号处理，采用 Photoshop 进行数字图像处理等。这种方法处理速度慢，一般用于处理算法模拟。

2. 专用加速处理机方法

借助于软件开发工具和开发语言，例如 C、Java 设计数字信号处理软件。例如开发设计一个可执行软件，用于计算机断层扫描的处理。这类系统专用性较强。

3. 软硬件结合的嵌入式处理方法

（1）采用数字信号处理器结合嵌入式软件进行数字信号的处理。例如，采用 TMS320C55XX 进行数字语音信号处理的系统，采用 TMS320DM642 处理数字图像、数字视频的系统。这类方法应用广泛。

（2）采用单片机的方法。这类方法只能进行一些不太复杂的数字信号处理算法，例如数字控制。

4. 硬件方法

采用数字集成电路实现数字信号的处理。例如，用数字集成电路（Integrated Circuit - IC）实现语音编解码，用现场可编程器件（FPGA）实现数字调制、数字视频压缩等。此类方法专用性较强。

1.2　数字信号处理的内容与特点

1.2.1　数字信号处理的内容

数字信号处理涉及的内容非常广泛，数字信号处理主要包括如下内容。

（1）离散线性时不变系统理论。包括时域、频域、各种变换域。

（2）频谱分析。快速傅里叶变换（Fast Fourier Transform，FFT）谱分析方法及统计分析方法，也包括有限字长效应谱分析。

(3) 数字滤波器设计及滤波过程的实现（包括有限字长效应）。

(4) 时频-信号分析（短时傅氏变换，Short Fourier Transform），小波变换（Wavelet Analysis），Wigner Distribution。

(5) 多维信号处理（压缩与编码及其在多媒体中的应用）。

(6) 非线性信号处理。

(7) 随机信号处理。

(8) 模式识别人工神经网络。

(9) 信号处理单片机（DSP）及各种专用芯片（ASIC），信号处理系统实现。

本书是数字信号处理的入门教材，只涉及数字信号处理的基础部分内容：离散线性信号与系统（时域、变换域）、离散变换快速算法、数字滤波技术、数字信号处理的实现等。

1.2.2 数字信号处理的特点

数字信号处理具有以下特点。

(1) 数字信号精度高。模拟电路中元器件精度达到 10^{-3} 以上都不容易，而数字系统只要 17 位字长精度就可以达到 10^{-5}。基于离散傅里叶变换（Discrete Fourier Transform，DFT）的数字频谱分析仪的幅度精度和频率分辨率远高于模拟频谱仪。

(2) 数字信号处理灵活性强。数字信号处理采用数字系统，其性能取决于数字运算的系数。数字系统的系数调整比模拟系统调整参数方便。

(3) 数字信号处理可以实现模拟信号难以实现的特性。例如，可以设计线性相位滤波器，可以通过存储实现延时，通过压缩减少数据量。

(4) 数字信号处理可以实现多维信号处理。不但可以处理语音等信号，还可以处理图像、视频等高维信号。

当然，数字信号处理也存在缺点：需要模拟接口等增加了系统复杂性；由于取样定理的约束，其应用的频率受到限制；功耗大。

1.3 数字信号处理的应用

数字信号处理的应用十分广泛，其应用领域包括通信、计算机网络、雷达、自动控制、地球物理、声学、天文、生物医学、消费电子产品等各个领域，已经成为了信息产业的核心技术之一。正因为数字信号处理具有广阔的应用范围，这些应用离不开数字信号处理理论的基础。数字信号处理的理论与技术本身也成为了信号与信息处理学科中一个重要且十分活跃的分支。

1.3.1 在通信中的应用

从第二代通信开始就是基于数字技术的数字通信。通信中采用数字信号进行信源编码、信道编码、多路复用、数据压缩。数字语音便于压缩处理，便于控制和计费，抗干扰能力强，在现代通信中普遍使用。

基于数字数据通信的互联网应用非常广泛。在因特网中传输的是数字信号，信号在传输交换中可以经过压缩、编码等数字处理，也可以以数字方式进行存储。

在移动通信、数字无线电、非对称数字用户线路（Asymmetric Digital Subscriber Line，ADSL）、IP 电话、软件无线电、卫星通信等方向都有大量应用。

1.3.2 在消费电子中的应用

数字信号处理在数字语音、汽车多媒体、MP3/MP4/MP5、数字扫面仪、数字电视机顶盒、医院监视系统、生物指纹系统等领域都有大量应用。

数码相机、数字电视、数字计算机都是数字信号的处理系统。数码相机将外界的模拟图像变换成数字图像，根据一定的数字压缩算法处理，获得占用存储空间较小的数字文档。数字电视则是将模拟视频转换为数字视频后进行数字压缩编码，再经过数字广播发送出去，接收方获得数字电视信号后再进行逆变换。计算机中的文档、表格、图片、歌曲、视频等多媒体都是经过数字处理的结果。这些文档、表格等媒体是在专用的处理软件或编码方法下进行，可以存储、传输、编辑、转化等并可以通过输出设备进行输出。

另外，数字语音中的语音分析、合成、识别、增强、编码，数字图像中图像的增强、恢复、去噪、压缩，都需要用到数字信号处理。

1.3.3 在工业中的应用

工业中的数控机床、数控加工中心、3D 打印、数码排版印刷、数字雕刻机、机器视觉、频谱分析仪、函数发生器、地震信号分析、二维码扫描、物联网通信、RFID 等都与数字信号处理密切有关。

1.3.4 在其他方面的应用

雷达中采用数字技术对目标进行探测、定位、成像。声呐处理、导航、卫星侦察等也都将用到数字信号处理技术。

思考题

1. 什么是数字信号？
2. 什么是数字信号的处理？
3. 数字信号处理系统的实现方法有哪些？
4. 数字信号处理有哪些应用？
5. 数字信号处理包含哪些内容？
6. 数字信号处理的特点是什么？

第2章 离散时间信号与系统

【本章学习目标】

1. 掌握序列和单位取样响应的概念；
2. 掌握常用序列和序列的常用运算，理解序列的周期性；
3. 掌握离散时间系统的线性时不变性；
4. 掌握离散时间系统的稳定性和因果性；
5. 了解差分方程的求解方法；
6. 了解连续时间系统的数字化处理过程和恢复。

【本章能力目标】

1. 学会求解序列的卷积和，能够判断和求解周期序列周期，能够判定离散时间系统的线性性、时不变性、稳定性、因果性；
2. 能够运用 MATLAB 产生序列、求解系统的单位取样响应、求解卷积和、求解差分方程。

2.1 离散时间信号-序列

2.1.1 序列

离散时间信号又称作序列（Sequence)。在物理上是指定义在离散时间上的信号取样值的集合，在数学上可用时间序列 $\{x(n)\}$ 来表示。$x(n)$ 代表序列的第 n 个样点的取值，n 代表时间的序号且为整数（$-\infty<n<\infty$），非整数点无定义或无意义。

对于抽样信号可以表示为 $\{x_a(nT)\}$，T 为抽样间隔时间。一般来讲，抽样时间间隔 T 固定，则抽样值表现为时间间隔序号的序列。所以也通常将 T 去掉，而用 $\{x(n)\}$ 来表示。

2.1.2 序列的表示

1. 枚举表示

枚举表示指把序列的全部取值一一列出在序列的集合中，并标注时间零点位置。如

$$\{x(n)\}=\{\cdots,\ -1.2,\ -6.7,\ \underset{\uparrow}{3.45},\ 0.7,\ 8,\ 5.3,\ \cdots\}$$

其中箭头处表示对应 $n=0$ 时刻的抽样值，即 $x(0)=3.45$，则 $x(-1)=-6.7$，$x(-2)=-1.2$，…；$x(1)=0.7$，$x(2)=8$，$x(3)=5.3$，…

2. 公式表示

公式表示是指把序列的第 n 个取值 $x(n)$ 用通用的函数公式表示。例如

$$x(n)=\sin n\omega,\ -\infty<n<\infty \tag{2.1}$$

$$x(n)=\begin{cases}a^{-n},\ n\geqslant 0,\ |a|\geqslant 1\\ b^{n},\ 0<0,\ |b|\geqslant 1\end{cases} \tag{2.2}$$

其中 n 取整数。$x(n)$ 的全部用集合 $\{x(n)\}$ 或用 $x(n)$ 表示。

3. 图形表示

图形表示是指把序列的取值与离散时间变量 n 之间的关系用图形表示出来。例如序列 $x(n)=\begin{cases}-0.5,\ 0.75,\ 2,\ -1.5,\ 1,\ 2,\ 0.5,\ n=-2,\ -1,\ 0,\ 1,\ 2,\ 3,\ 4\\ 0，其他\end{cases}$，用图形表示则如图 2-1 所示。

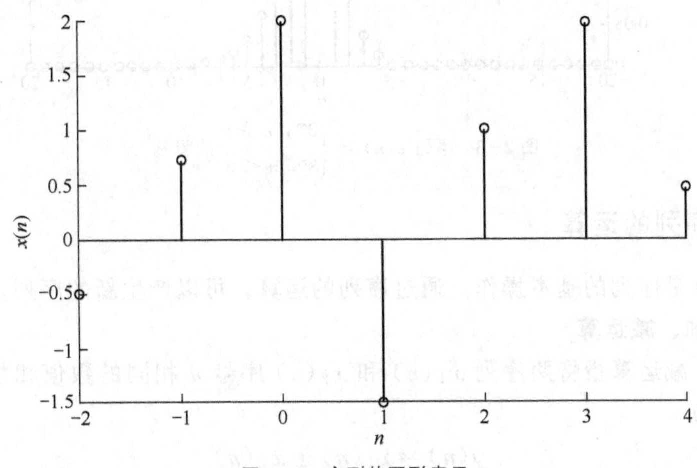

图 2-1　序列的图形表示

对于式（2.1）表示的序列，当 $\omega=8\pi$ 时，则对应为 $x(n)=\sin 8\pi n$，$0\leqslant n\leqslant 100$，图形表示如图 2-2 所示。

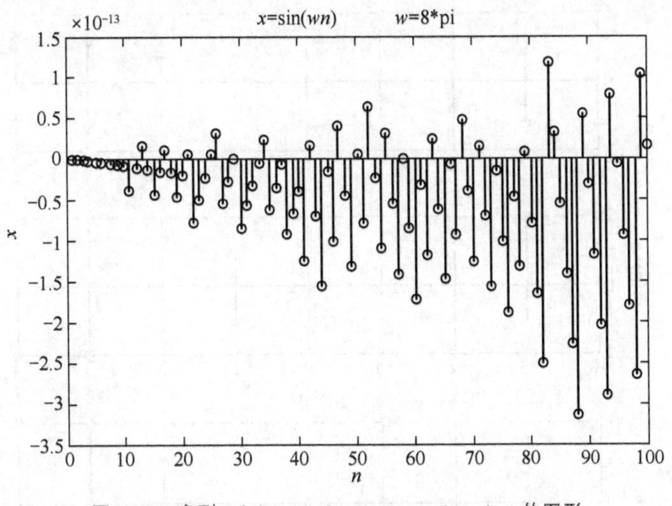

图 2-2　序列 $x(n)=\sin 8\pi n$，$-\infty<n<\infty$ 的图形

对于式（2.2）表示的序列，当 $a=2$，$b=3$ 时，则对应为 $x(n)=\begin{cases}2^{-n},\ n\geqslant 0\\ 3^{n},\ n<0\end{cases}$，图形表示如图 2-3 所示。

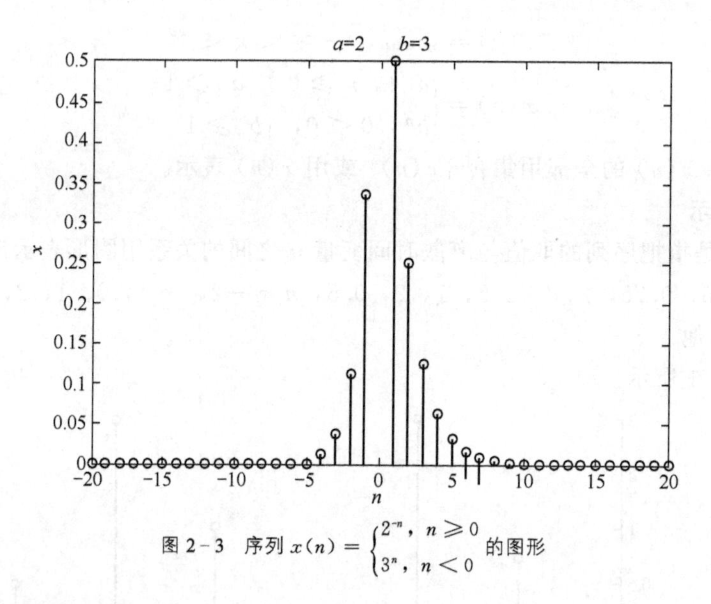

图 2-3 序列 $x(n)=\begin{cases}2^{-n}, & n\geqslant 0\\ 3^{n}, & n<0\end{cases}$ 的图形

2.1.3 序列的运算

序列的运算是序列的基本操作。通过序列的运算，可以产生新的序列。

1. 序列的加、减运算

序列的加、减运算指将两序列 $x_1(n)$ 和 $x_2(n)$ 序号 n 相同的数值相加或相减，得到新序列，表示为

$$y(n)=x_1(n)\pm x_2(n) \tag{2.3}$$

其中的操作符号"±"是当进行相加运算时取"+"，相减运算时取"−"。其中 $y(n)$ 值为当 n 取相同值时的 $x_1(n)$ 和 $x_2(n)$ 值的加或减运算结果值。

【例 2-1】 已知两个序列 $x(n)$、$y(n)$ 如图 2-4 (a)、(b) 所示，求 $z(n)=x(n)+y(n)$。

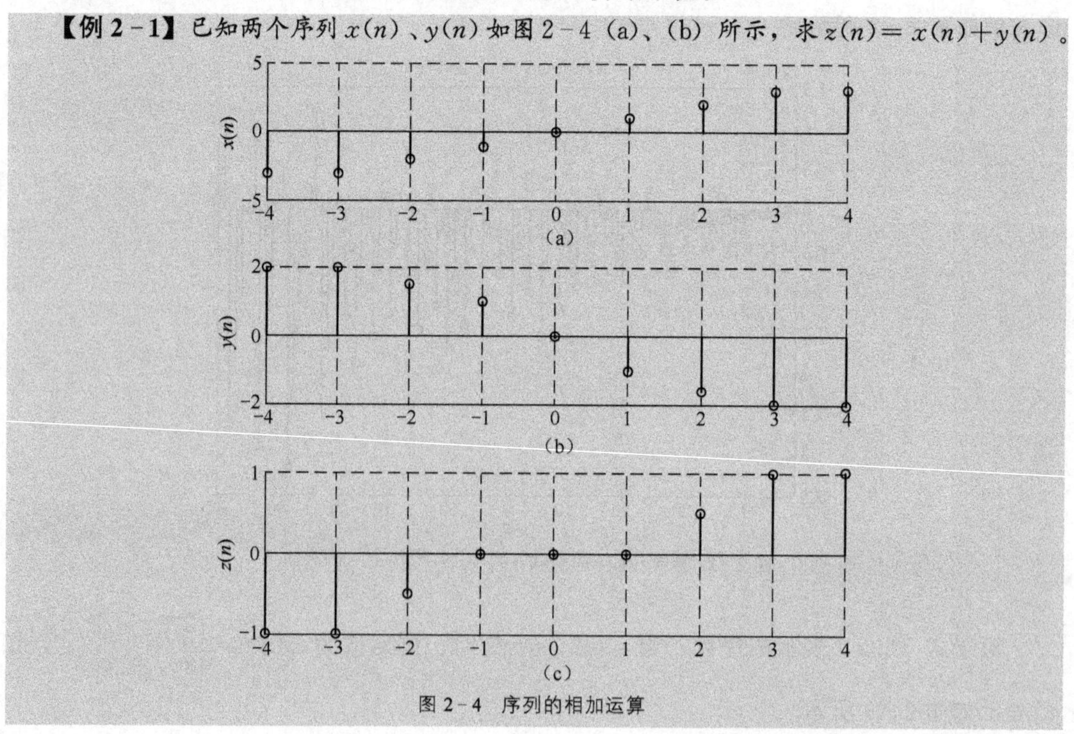

图 2-4 序列的相加运算

解： 根据序列加法的定义，得

$z(0)=x(0)+y(0)$，$z(-1)=x(-1)+y(-1)$，$z(1)=x(1)+y(1)$，…

用 MATLAB 实现该过程的程序如下：

```
n=-4:4;
x=[-3 -3 -2 -1 0 1 2 3  3];
y=[2 2 1.5 1 0 -1 -1.5 -2 -2];
z=x+y; %序列相加
subplot(311);stem(n,x);ylabel('x(n)');xlabel('(a)'); grid on;
subplot(312);stem(n,y);ylabel('y(n)');xlabel('(b)'); grid on;
subplot(313);stem(n,z);ylabel('z(n)');xlabel('(c)'); grid on;
```

得到序列 $z(n)$ 如图 2-4（c）所示。

2. 序列的乘积运算

序列的乘积指将两序列 $x_1(n)$ 和 $x_2(n)$ 序号相同的数值相乘积，表示为

$$y(n)=x_1(n)\cdot x_2(n) \tag{2.4}$$

其中“·”表示乘积运算。

【例 2-2】 已知两个序列 $x(n)$、$y(n)$ 如图 2-5（a）、(b)，求 $z(n)=x(n)\cdot y(n)$。

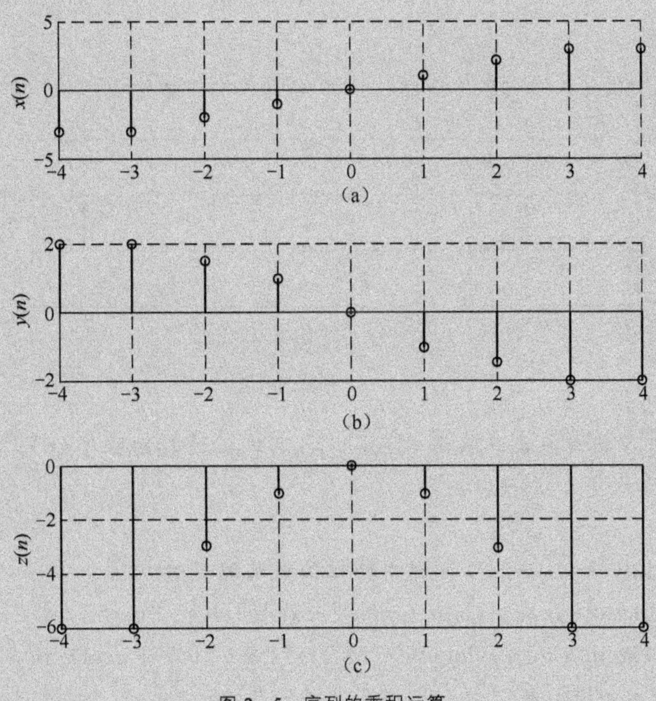

图 2-5 序列的乘积运算

解： 根据序列乘积的定义，得

$z(0)=x(0)\cdot y(0)$，$z(-1)=x(-1)\cdot y(-1)$，$z(1)=x(1)\cdot y(1)$，…

用 MATLAB 实现该运算的程序如下：

```
n=-4:4;
x=[-3 -3 -2 -1 0 1 2 3  3];
y=[2 2 1.5 1 0 -1 -1.5 -2 -2];
```

```
z=x. * y; %序列相乘
subplot(311);stem(n,x);ylabel('x(n)');xlabel('(a)'); grid on;
subplot(312);stem(n,y);ylabel('y(n)');xlabel('(b)'); grid on;
subplot(313);stem(n,z);ylabel('z(n)');xlabel('(c)'); grid on;
```

得到序列 $z(n)$ 如图 2-5 (c) 所示。

3. 序列的时延

序列的时延是将序列的全体在时间轴上进行向右移。可以表示为

$$y(n)=x(n-n_0) \tag{2.5}$$

其中 $n_0>0$ 表示延时数。

【例 2-3】 已知序列 $x(n)$ 如图 2-6 (a)，求序列 $y(n)=x(n-2)$。

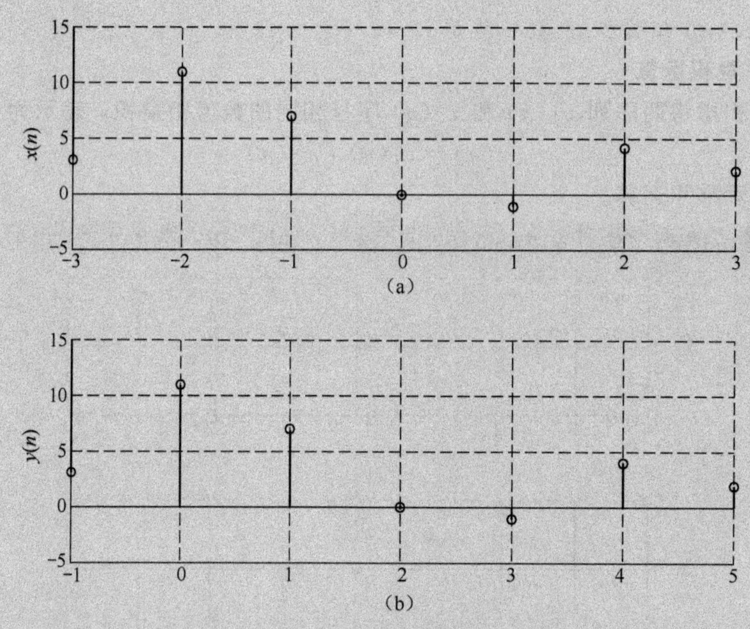

图 2-6 序列的时延

解：根据序列乘积的定义，采用 MATLAB 实现该运算的程序如下：

```
x=[3,11,7,0,-1,4,2];
nx=[-3:3];
[y,ny]=sigshift(x,nx,-2);%调用移位函数实现延时
subplot(211);stem(nx,x);ylabel('x(n)');xlabel('(a)'); grid on;
subplot(212);stem(ny,y);ylabel('y(n)');xlabel('(b)'); grid on;
```

其中移位函数 sigshift 为

```
function[y,ny]=sigshift(x,nx,n0)
ny=nx+n0;
y=x;
```

得到序列 $y(n)$ 如图 2-6 (b) 所示。

4. 序列乘常数

序列乘常数可以表示为

$$y(n)=kx(n) \tag{2.6}$$

即将原序列的幅度放大 k 倍后产生新序列。

5. 序列反褶

序列反褶是指将序列以 $n=0$ 为对称轴进行对褶，序列反褶表示为

$$y(n)=x(-n) \tag{2.7}$$

【例 2-4】 已知序列 $x(n)$ 如图 2-7（a）所示，求序列 $y(n)=x(-n)$。

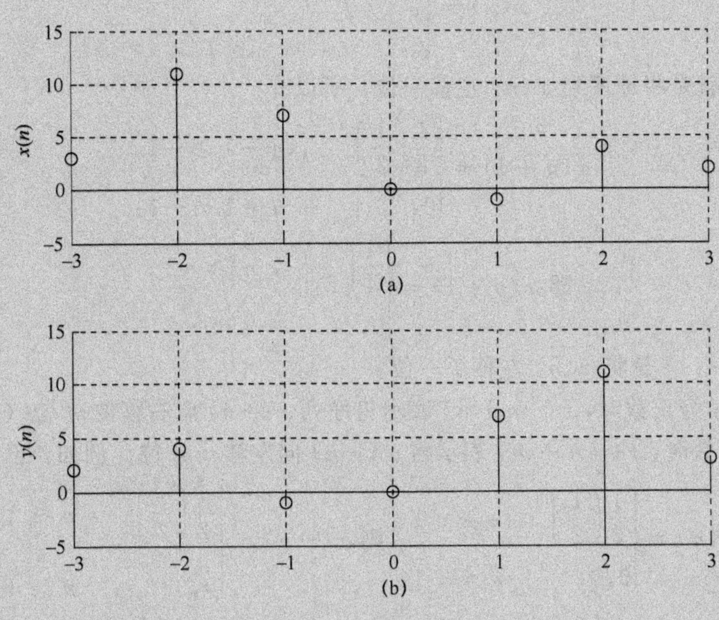

图 2-7　序列的反褶

解：采用 MATLAB 提供的左右反褶的函数 fliplr 来完成该题，MATLAB 程序如下：

```
x=[3,11,7,0,-1,4,2];nx=[-3:3];ny=nx
y=fliplr(x);%调用函数 fliplr
subplot(211);stem(nx,x);ylabel('x(n)');xlabel('(a)'); grid on;
subplot(212);stem(ny,y);ylabel('y(n)');xlabel('(b)'); grid on;
```

得到序列 $y(n)$ 如图 2-7（b）所示。

6. 序列的差分运算

序列的差分运算是指同一序列相邻的两个样点之差，分前向差分和后向差分

前向差分：$\Delta x(n)=x(n+1)-x(n)$ (2.8)

后向差分：$\nabla x(n)=x(n)-x(n-1)$ (2.9)

前向差分和后向差分的关系：$\nabla x(n)=\Delta x(n-1)$

7. 序列的抽取与插值（尺度变换）

抽取：将原来序列每 M 个抽取一个点组成新序列。公式为 $y(n)=x(nM)$。

插值：将原来的序列每个序列点之间插入 L 个样点，形成新序列 $y(n)=x(n/L)$。

例如，$M=2$，$x(2n)$ 相当于两个点取一点；以此类推。

例如，$L=2$，$x(n/2)$ 相当于两个点之间插一个点；以此类推。通常，插值用 L 倍表示，即插入 $(L-1)$ 个值。

8. 序列的移位

序列的位移可表示为

$$y(n)=x(n+m)$$

当 m 为正时，$x(n+m)$ 表示将 $x(n)$ 依次向左移 m 位；当 m 为负数时，$x(n+m)$ 表示将 $x(n)$ 向右移 $-m$ 位（相当于时延 $-m$ 位）。例如，已知

$$x(n)=\begin{cases}\dfrac{1}{2}\left(\dfrac{1}{2}\right)^{n}, & n\geqslant -1\\ 0, & n<-1\end{cases}$$

则求 $x(n+1)$ 就是将原序列 $x(n)$ 左移一位，所以有

$$x(n+1)=\begin{cases}\dfrac{1}{2}\left(\dfrac{1}{2}\right)^{n+1}, & n+1\geqslant -1\\ 0, & n+1<-1\end{cases}$$

$$\text{即 } x(n+1)=\begin{cases}\dfrac{1}{4}\left(\dfrac{1}{2}\right)^{n}, & n\geqslant -2\\ 0, & n<-2\end{cases}$$

比较可知，$x(n+1)$ 是将 $x(n)$ 左移了一位。

注意：当 m 为正数时，$x(-n+m)$ 表示将序列 $x(-n)$ 向右移位 m 位（相当于时延 m 位）；当 m 为负数时，$x(-n+m)$ 表示将 $x(-n)$ 向左移 $-m$ 位。例如：已知

$$x(n)=\begin{cases}\dfrac{1}{2}\left(\dfrac{1}{2}\right)^{n}, & n\geqslant -1\\ 0, & n<-1\end{cases}\text{，则 } x(-n)=\begin{cases}\dfrac{1}{2}\left(\dfrac{1}{2}\right)^{-n}, & n\leqslant 1\\ 0, & n>1\end{cases}$$

$$x(1-n)=\begin{cases}\dfrac{1}{2}\left(\dfrac{1}{2}\right)^{(1-n)}, & 1-n\geqslant -1\\ 0, & 1-n<-1\end{cases}=\begin{cases}\dfrac{1}{2}\left(\dfrac{1}{2}\right)^{-(n-1)}, & n\leqslant 2\\ 0, & n>2\end{cases}$$

比较可知：$x(1-n)$ 是将 $x(-n)$ 右移了一位。

9. 累加

设某一序列为 $x(n)$，则 $x(n)$ 的累加序列 $y(n)$ 定义为

$$y(n)=\sum_{k=-\infty}^{n}x(k) \tag{2.10}$$

即表示 n 以前的所有 $x(n)$ 的和。

10. 卷积和（序列卷积）

(1) 设序列 $x(n)$，$h(n)$，它们的卷积和 $y(n)$ 定义为

$$y(n)=\sum_{m=-\infty}^{\infty}x(m)h(n-m)=x(n)*h(n) \tag{2.11}$$

(2) 卷积和的性质

①交换律

$$y(n)=x(n)*h(n)=h(n)*x(n)$$

②结合律

$$\begin{aligned}x(n)*h_1(n)*h_2(n)&=[x(n)*h_1(n)]*h_2(n)\\&=[x(n)*h_2(n)]*h_1(n)\end{aligned}$$

$$=x(n) * [h_1(n) * h_2(n)]$$

③对加法的分配律

$$x(n) * [h_1(n)+h_2(n)]=x(n) * h_1(n)+x(n) * h_2(n)$$

(3) 卷积和计算

根据式（2.11）可见，计算卷积和运算的每一个值 $y(n)$，可采用以下四步来完成。

A. 序列翻褶：用 m 代替 n 作为时间变量，求翻褶序列 $h(m) \Rightarrow h(-m)$。

B. 序列移位：固定一个移位 n 值，求移位序列 $h(-m) \Rightarrow h(n-m)$。

C. 序列相乘：计算两个序列 $x(m)$ 和 $h(n-m)$ 的乘积序列，即 $\Rightarrow x(m) \cdot h(n-m)$。

D. 序列累加：$y(n)=\sum_{m=-\infty}^{\infty} x(m)h(n-m)$。

改变 n 值，重复以上四步，就可以依次计算出卷积和序列 $y(n)$ 的各个值。

【例 2-5】 已知 $x(n)=\begin{cases}\frac{n}{2}, & 1 \leqslant n \leqslant 3 \\ 0, & 其他\end{cases}$，$h(n)=\begin{cases}1, & 0 \leqslant n \leqslant 2 \\ 0, & 其他\end{cases}$，如图 2-8 所示，

求 $y(n)=x(n) * h(n)=\sum_{m=1}^{3} x(m)h(n-m)$。

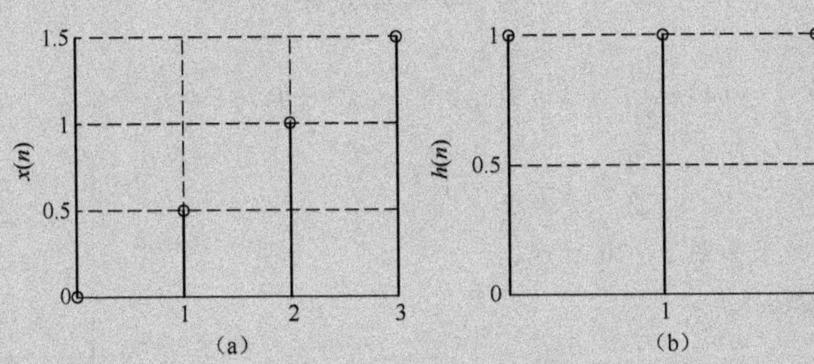

图 2-8　已知序列

解： 方法一（分步）

首先将离散时间变量 n 用 m 代替。

(1) 序列翻褶。以 $m=0$ 为对称轴，翻褶 $h(m)$ 得到 $h(-m)$，即得 $n=0$ 时 $h(-m)$ 的移位序列 $h(0-m)=h(-m)$，对应序号相乘，相加得 $y(0)$，如图 2-9（a）所示；

(2) $h(-m)$ 右移一个单元，即得 $n=1$ 时 $h(-m)$ 的移位序列 $h(1-m)$，对应序号相乘，相加得 $y(1)$，如图 2-9（b）所示；

(3) 重复步骤（2），得 $y(2)$，$y(3)$，$y(4)$，$y(5)$。卷积和过程如图 2-9 所示。

$$y(0)=0$$

$$y(1)=\frac{1}{2} \times 1=\frac{1}{2}=0.5$$

$$y(2)=\frac{1}{2} \times 1+1 \times 1=\frac{3}{2}=1.5$$

$$y(3)=\frac{1}{2} \times 1+1 \times 1+\frac{3}{2} \times 1=3$$

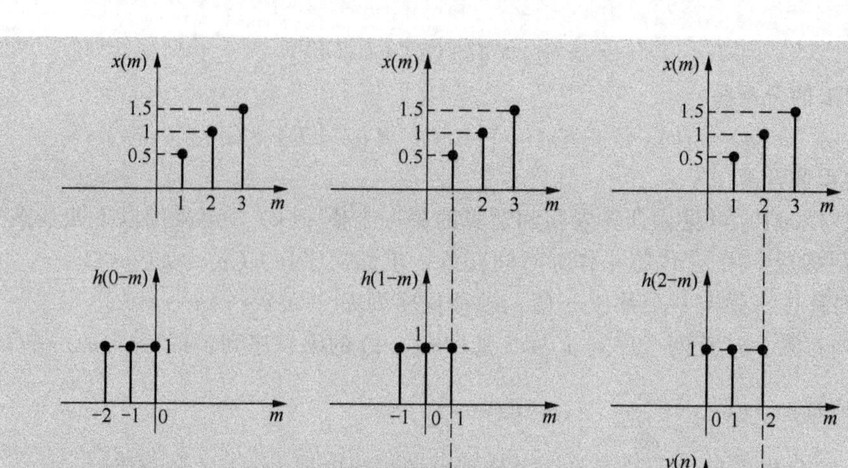

（a）求得序列值 y(0)　（b）再求得序列值 y(1)　（c）再求得序列值 y(2)

图 2-9　卷积和过程

$$y(4)=\frac{1}{2}\times 0+1\times 1+\frac{3}{2}\times 1+0\times 1=\frac{5}{2}=2.5$$

$$y(5)=\frac{3}{2}\times 1=\frac{3}{2}=1.5$$

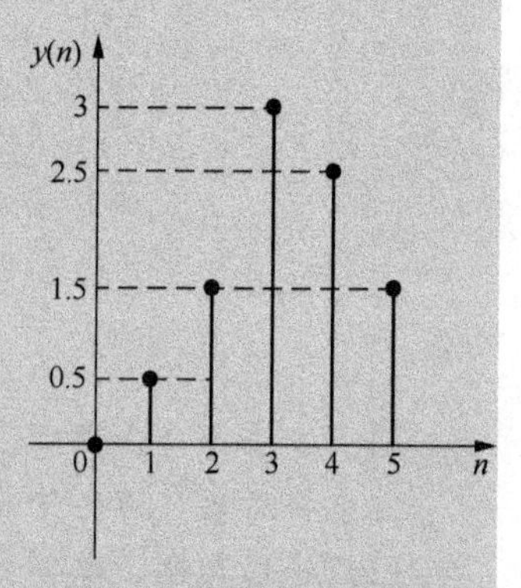

图 2-10　卷积和计算结果

卷积和计算结果如图 2-10 所示。

方法二（分段）

$$y(n)=x(n)*h(n)=\sum_{m=1}^{3}x(m)h(n-m)$$

（1）当 $n<1$ 时，$x(m)$ 与 $h(n-m)$ 无相交，相乘处处为 0，即：$y(n)=0$，$n<1$。

（2）当 $1\leqslant n\leqslant 3$ 时，$x(m)$ 与 $h(n-m)$ 有相交项，从 m

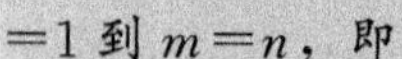
$=1$ 到 $m=n$，即

$$y(n)=\sum_{m=1}^{3}x(m)h(n-m)=\sum_{m=1}^{n}x(m)h(n-m)=\frac{1}{2}\sum_{m=1}^{n}m=\frac{1}{4}n(1+n)。$$

（3）当 $3\leqslant n\leqslant 5$ 时，$x(m)$ 与 $h(n-m)$ 有相交项，从 $m=n-2$ 到 $m=3$，即

$$y(n)=\sum_{m=n-2}^{3}x(m)h(n-m)=\frac{1}{2}\sum_{m=n-2}^{3}m=\frac{1}{4}(n+1)(6-n)。$$

（4）当 $n>5$ 时，$x(m)$ 与 $h(n-m)$ 无相交项，即：$y(n)=0$，$n>5$。

方法三，用 MATLAB 实现

MATLAB 实现的程序如下：

```
nx=0:3;%x序列时间范围
x=nx/2;
```

```
nh=[0,1,2];%h 序列时间范围
h=[1 1 1];
subplot(3,1,1);stem(nx,x);ylabel('x(n)');xlabel('(a)');
grid on;
subplot(3,1,2);stem(nh,h);ylabel('h(n)');xlabel('(b)');
grid on;
nyb=nx(1)+nh(1);%卷积序列的起始位置
nye=nx(length(x))+nh(length(h));%卷积序列的结束位置
ny=[nyb:nye];%卷积序列的范围
y=conv(x,h);%求卷积
subplot(3,1,3);stem(ny,y);ylabel('y(n)');xlabel('(c)');
grid on;
```

输出如图 2-11 所示。

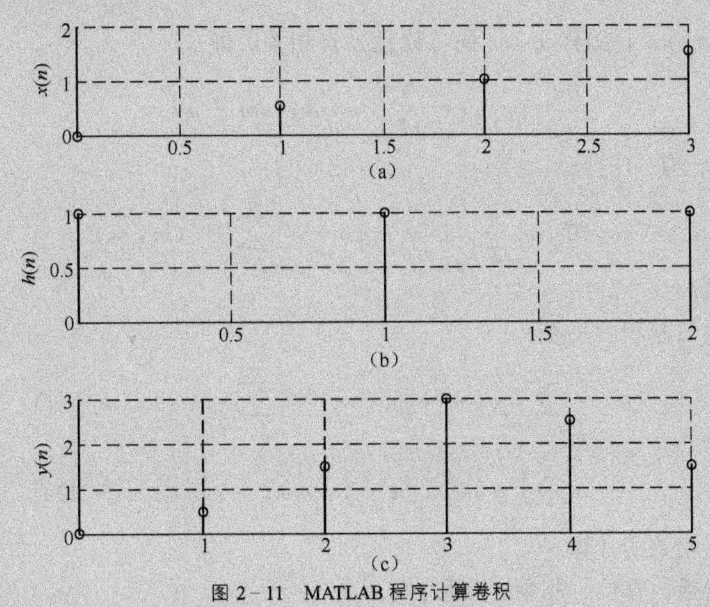

图 2-11 MATLAB 程序计算卷积

定理：若两个序列都是有限长的序列，即：$\{x(n),\ n=N_1,\ \cdots,\ N_2\}$，长度为 N；$\{h(n),\ n=M_1,\ \cdots,\ M_2\}$，长度为 M，那么它们的卷积输出序列 $y(n)=x(n)*h(n)$ 为：$\{y(n),\ n=N_1+M_1,\ \cdots,\ N_2+M_2\}$，且卷积序列的长度为：$L=M+N-1$。

11. 序列线性相关

(1) 线性相关定义

设序列 $x(n)$ 和 $y(n)$，它们的线性相关（互相关）序列定义如下。

① $x(n)$ 和 $y(n)$ 的线性互相关

$$r_{xy}(n)=\sum_{m=-\infty}^{\infty}x(m)y(m-n)=\sum_{m=-\infty}^{\infty}x(n+m)y(m) \tag{2.12}$$

② $y(n)$ 和 $x(n)$ 的线性互相关

$$r_{yx}(n)=\sum_{m=-\infty}^{\infty}y(m)x(m-n)=\sum_{m=-\infty}^{\infty}y(n+m)x(m) \tag{2.13}$$

其中 m 代表两个序列的相对位移。

（2）线性相关序列特点

①不满足交换律

考虑 $r_{yx}(n)=\sum_{m=-\infty}^{\infty}y(m)x(m-n)$，令 $k=m-n$，则 $m=k+n$

$$\begin{aligned}r_{yx}(n)&=\sum_{m=-\infty}^{\infty}y(m)x(m-n)=\sum_{k=-\infty}^{\infty}y(k+n)x(k)\\&=\sum_{m=-\infty}^{\infty}y(m+n)x(m)=\sum_{m=-\infty}^{\infty}x(m)y(m+n)\\&=\sum_{m=-\infty}^{\infty}x(m)y[m-(-n)]\\&=r_{xy}(-n)\end{aligned}\tag{2.14}$$

②自相关

若 $y(n)=x(n)$，则称 $x(n)$ 的（线性）自相关，即

$$r_{xx}(n)=\sum_{m=-\infty}^{\infty}x(m)x(m-n)\tag{2.15}$$

当 $n=0$ 时，有

$$r_{xx}(0)=\sum_{m=-\infty}^{\infty}x(m)x(m)=\sum_{m=-\infty}^{\infty}x^2(m)=E\tag{2.16}$$

称为信号的能量。

③线性相关与卷积的关系

$$\begin{aligned}r_{xy}(n)&=\sum_{m=-\infty}^{\infty}x(m)y(m-n)=\sum_{m=-\infty}^{\infty}y(m)x(m+n)\\&=\sum_{m=-\infty}^{\infty}y(m)x[n-(-m)]=y(n)*x(-n)\end{aligned}\tag{2.17}$$

（3）线性互相关的计算

计算步骤包括：移位、相乘、相加。

【例 2-6】 已知 $x(n)=\begin{cases}1,2,3,4,5, & 其中 1\leqslant n\leqslant 5\\0, & 其他\end{cases}$，$y(n)=\begin{cases}7,8,6, & 其中 1\leqslant n\leqslant 3\\0, & 其他\end{cases}$，计算 x 与 y 的线性互相关 r_{xy}、y 与 x 的线性互相关 r_{yx}。

解：

$$r_{xy}(0)=x(0)y(0)+x(1)y(1)+x(2)y(2)=41$$

$$r_{xy}(-1)=x(0)y(1)+x(1)y(2)=20$$

$$r_{xy}(-2)=x(0)y(2)=6$$

…

MATLAB 程序如下：

```
nx=1:5;%x 序列时间范围
x=1:5;
ny=[1,2,3];%y 序列时间范围
```

```
y=[7 8 6];
subplot(4,1,1);stem(nx,x);ylabel('x(n)');xlabel('(a)');
grid on;
subplot(4,1,2);stem(ny,y);ylabel('y(n)');xlabel('(b)');
grid on;
nrl=2 * max(length(x),length(y))-1;%相关序列的长度
nr=[-(nrl-1)/2:(nrl-1)/2];%相关序列时间的范围
rxy=xcorr(x,y);%x与y相关
ryx=xcorr(y,x);%y与x相关
subplot(4,1,3);stem(nr,rxy);ylabel('rxy(n)');xlabel('(c)');
grid on;
subplot(4,1,4);stem(nr,ryx);ylabel('ryx(n)');xlabel('(d)');
grid on;
```

输出如图 2-12 所示。

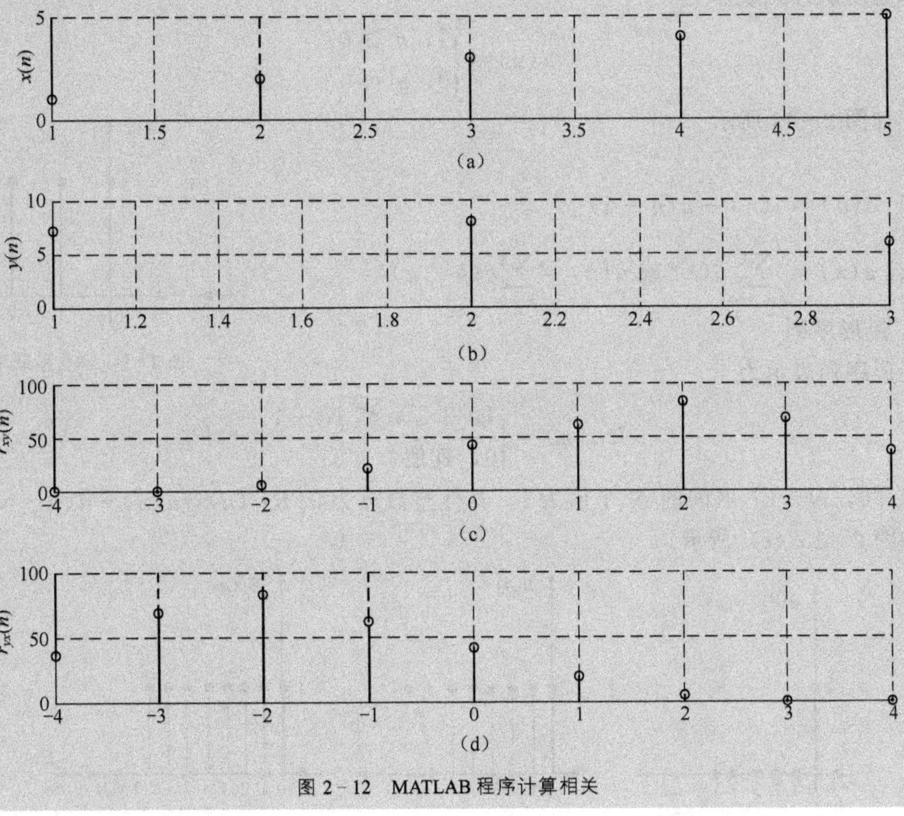

(a)

(b)

(c)

(d)

图 2-12 MATLAB 程序计算相关

2.1.4 常用序列

1. 单位取样序列

单位取样序列表示为

$$\delta(n)=\begin{cases}1, & n=0\\0, & n\neq 0\end{cases} \tag{2.18}$$

如图 2-13（a）所示。

（1）单位取样序列的移位序列 $\delta(n-n_0)=\begin{cases}1, & n=n_0\\0, & n\neq n_0\end{cases}$，当 $n_0=2$ 时图形如图 2-13（b）所示。

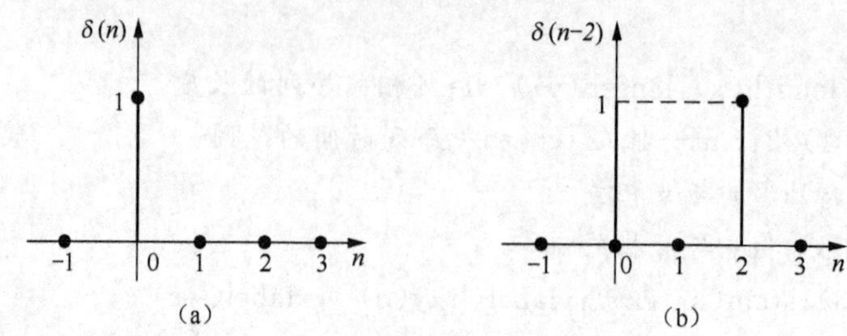

图 2-13　单位取样序列及其移位序列

（2）$x(n)\delta(n)=x(0)$，$x(n)\delta(n-n_0)=x(n_0)$。

2. 单位阶跃序列 $u(n)$

单位阶跃序列表示为

$$u(n)=\begin{cases}1, & n\geqslant 0\\0, & n<0\end{cases} \tag{2.19}$$

其图形如图 2-14 所示。

则

（1）$\delta(n)=u(n)-u(n-1)$。

（2）$u(n)=\sum_{k=-\infty}^{n}\delta(k)$ 或 $u(n)=\sum_{k=0}^{\infty}\delta(n-k)$。

图 2-14　单位阶跃序列

3. 矩形序列

矩形序列表示为

$$R_N(n)=\begin{cases}1, & 0\leqslant n\leqslant N-1\\0, & \text{其他}\end{cases} \tag{2.20}$$

在 $[0, N-1]$ 区间的 N 个值为 1，其他整数点为 0；$R_N(n)=u(n)-u(n-N)$，其波形如图 2-15（c）所示。

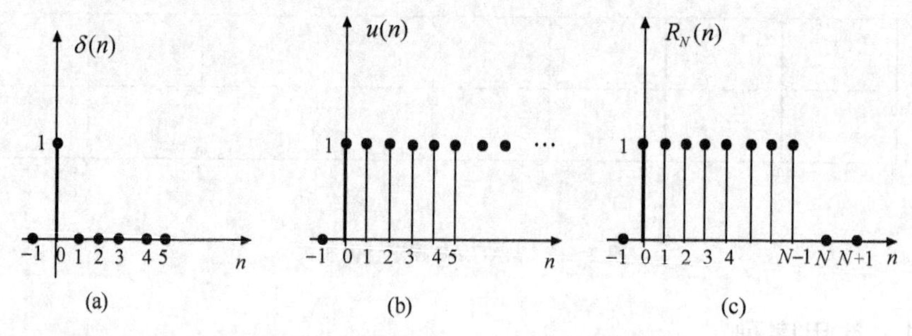

图 2-15　序列 $\delta(n)$，$u(n)$，$R_N(n)$ 的波形

4. 实指数序列

实指数序列表示为

$$x(n)=a^n u(n)=\begin{cases}a^n, & n\geqslant 0\\0, & n<0\end{cases} \tag{2.21}$$

【例 2-7】 求 $x(n)=0.9^n$，$n=0:50$。

解： 用运算符“.^”来实现指数运算。

MATLAB 程序如下：

```
n=0:1:50; %取序列显示范围
x=(0.9).^n;%指数运算
plot(n,x);
stem(n,x);
```

输出如图 2-16 所示。

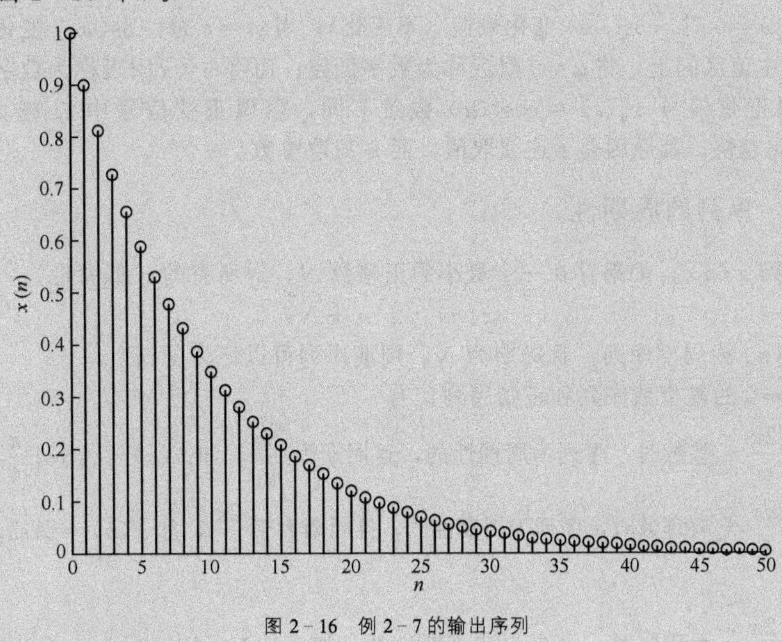

图 2-16 例 2-7 的输出序列

5. 复指数序列和正弦序列

复指数序列表示为

$$x(n)=\mathrm{e}^{(\sigma+\mathrm{j}\omega)n} \tag{2.22}$$

根据欧拉公式（Euler）$\mathrm{e}^{\mathrm{j}\theta}=\cos\theta+\mathrm{j}\sin\theta$ 展开得到

$$x(n)=\mathrm{e}^{(\sigma+\mathrm{j}\omega)n}=\mathrm{e}^{\sigma n}\cos(\omega n)+\mathrm{j}\mathrm{e}^{\sigma n}\sin(\omega n) \tag{2.23}$$

则复指数序列可以分解为两个序列组成，其中实部序列：$y(n)=\mathrm{e}^{\sigma n}\cos(\omega n)$，虚部序列：$z(n)=\mathrm{e}^{\sigma n}\sin(\omega n)$。

一般表达式如下

$$x(n)=A\sin(\omega n+\phi) \tag{2.24}$$

和

$$y(n)=A\cos(\omega n+\phi) \tag{2.25}$$

分别为正弦序列和余弦序列。

其中：A 为幅度，ϕ 为初相，单位为弧度（rad）；ω 为数字域频率，单位为弧度（rad）。

数字信号可以通过对模拟信号取样得到。设模拟信号为

$$x_{\mathrm{a}}(t)=A\sin(\Omega t+\phi)=A\sin(2\pi ft+\phi) \tag{2.26}$$

其中取样周期为 T，其中：$\Omega=2\pi f$ 为模拟域频率，单位为 rad/s；则取样后信号为

$$x_a(nT)=A\sin(n\Omega T+\phi) \tag{2.27}$$

与式（2.24）比较，得到

$$\omega=\Omega T \tag{2.28}$$

注意：

（1）$e^{j\omega n}=e^{j(\omega+2\pi m)n}$，$\cos(\omega n)=\cos((\omega+2\pi m)n)$；但 $e^{j\Omega t}\neq e^{j(\Omega+2\pi m)t}$，$\cos(\Omega t)=\cos[(\Omega+2\pi m)t]$；即正弦序列和复指数序列对 ω 变化以 2π 为周期。在数字域考虑问题时，取数字频率的主值区间：$[-\pi,\pi]$ 或 $[0,2\pi]$。$[-\pi,\pi]$ 用于离散时间信号和系统的傅里叶变换（Fourier Transform，FT）；$[0,2\pi]$ 用于离散傅里叶变换。

（2）当 $\omega=0$ 时，$\cos(\omega n)$ 变化最慢（不变化）；当 $\omega=\pi$ 时，$\cos(\omega n)$ 变化最快。故在DSP中，在主值区间上，将 $\omega=0$ 附近称为数字低频；而将 $\omega=\pi$ 附近称为数字高频。这一特点与模拟正弦信号 $x_a(t)=\cos(\Omega t)$ 截然不同，模拟正弦信号中 Ω 越大，f 越大，$\cos(\Omega t)$ 变化越快。其原因是 t 连续取值，而 n 只取整数。

2.1.5 序列的周期性

对于序列 $x(n)$，如果存在一个最小的正整数 N，对所有的 n 都满足

$$x(n)=x(n+N) \tag{2.29}$$

则称序列 $x(n)$ 为周期序列，且周期为 N。周期序列可以记为 $\tilde{x}(n)$。

对于 $\sigma=0$ 的复指数序列和正弦序列，有

（1）当 $\frac{2\pi}{\omega}=$ 整数时，序列为周期性的，且周期为 $\frac{2\pi}{\omega}$，如 $x(n)=A\cos\left(\frac{\pi}{4}n\right)$，$N=8$；

（2）当 $\frac{2\pi}{\omega}=$ 有理数时，序列为周期性的，且周期大于 $\frac{2\pi}{\omega}$，如 $x(n)=A\sin\left(\frac{3\pi}{7}n+\phi\right)$，$N=14$；

（3）当 $\frac{2\pi}{\omega}=$ 无理数时，序列为非周期性的，如 $x(n)=A\sin\left(\frac{3}{7}n+\phi\right)$。

【例 2-8】 判断以下序列是否为周期序列。若是周期序列，求其周期。

（1）$x(n)=Ae^{j(n/8-\pi)}$；　　（2）$x(n)=2\cos\left(\frac{11\pi}{10}n-\frac{\pi}{2}\right)+2\sin(0.7\pi n)$

解：

（1）假设序列周期为 N。

则：$x(n+N)=Ae^{j[(n+N)/8-\pi]}=Ae^{j(n/8+N/8-\pi)}=Ae^{j(n/8-\pi)}\cdot e^{jN/8}$

$=Ae^{j(n/8-\pi)}\cdot[\cos(N/8)+j\sin(N/8)]$

周期存在即要下式成立

$$Ae^{j(n/8-\pi)}\cdot[\cos(N/8)+j\sin(N/8)]=x(n)=Ae^{j(n/8-\pi)} \tag{2.30}$$

式（2.30）成立则：$\begin{cases}\cos(N/8)=1\\ \sin(N/8)=0\end{cases}$，所以要求：$N/8=2\pi k$，$k=0,\pm1,\pm2,\cdots$，从而得到 $N=16\pi k$，$k=0,\pm1,\cdots$。由于 k 为整数，所以不存在最小正整数 N 能使式（2.30）成立。故序列不是周期序列。

（2）假设周期为 N，则

$$x(n+N)=2\cos\left[\frac{11\pi}{10}n-\frac{\pi}{2}+\frac{11\pi}{10}N\right]+2\sin(0.7\pi n+0.7\pi N)$$

周期存在则要求满足

$$2\cos\left[\frac{11\pi}{10}n-\frac{\pi}{2}+\frac{11\pi}{10}N\right]+2\sin(0.7\pi n+0.7\pi N)$$
$$=x(n)=2\cos\left(\frac{11\pi}{10}n-\frac{\pi}{2}\right)+2\sin(0.7\pi n) \tag{2.31}$$

要该式成立，则要求满足

$$\begin{cases}\frac{11}{10}\pi N=2\pi k_1\\ 0.7\pi N=2\pi k_2,\ k_1,\ k_2=0,\ \pm1,\ \pm2,\ \cdots\text{的整数。}\end{cases}$$

也即要满足 $\begin{cases}\frac{11}{10}\pi N=1.1\pi N=2\pi k_1\\ 0.7\pi N=2\pi k_2\end{cases}\Rightarrow\begin{cases}N=\frac{20}{11}k_1=\frac{140}{77}k_1\\ N=\frac{20}{7}k_2=\frac{220}{77}k_2\end{cases}$，取 140 和 220 的最小公倍数 1540 得到：$N=\frac{1540}{77}=20$，其中 $k_1=11$，$k_2=7$。序列 $x(n)$ 的周期为 20。

MATLAB 实现的程序如下：

```
n=1:80;
pi=3.1415926;
x=cos(11*pi/10.*n-pi/2)+2*sin(7*pi.*n);
stem(x);xlabel('n');ylabel('x(n)');grid on;
```

输出序列 $x(n)$ 如图 2-17 所示。从图可见序列周期的确为 20。

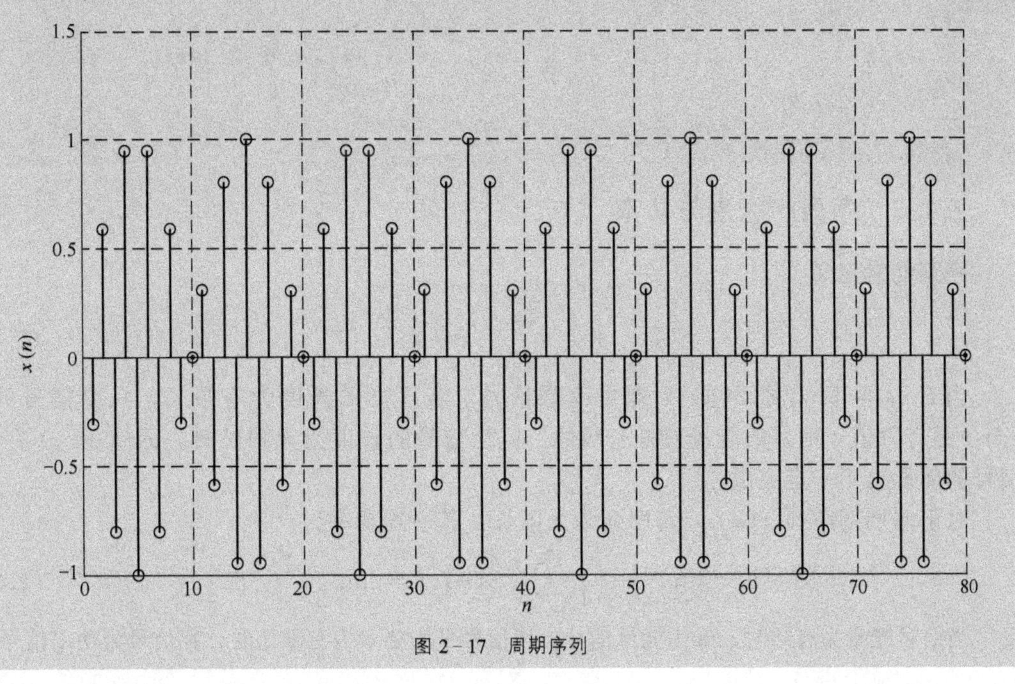

图 2-17　周期序列

2.1.6　用单位取样序列表示任意序列

任意序列 $x(n)$ 都可用单位取样序列 $\delta(n)$ 表示成加权和的形式，即

$$x(n) = \sum_{k=-\infty}^{k=\infty} x(k)\delta(n-k) \tag{2.32}$$

证明：

因为
$$x(n)\cdot\delta(n) = x(0) = x(0)\cdot\delta(n)$$
$$x(n)\cdot\delta(n-n_0) = x(n_0) = x(n_0)\cdot\delta(n-n_0)$$

所以

$$\begin{aligned} x(n) &= \cdots + x(-1)\delta(n+1) + x(0)\delta(n) + x(1)\delta(n-1) + \cdots \\ &= \sum_{k=-\infty}^{+\infty} x(k)\delta(n-k) \end{aligned}$$

由于任意序列皆可以表示成各延迟单位取样序列的幅度加权和，因此，讨论系统的特性时只需讨论系统在单位取样序列作用下的响应即可。

【例2-9】 将序列 $x(n) = \begin{cases} -0.5,\ 0.75,\ 2,\ -1.5,\ 1,\ 2,\ 0.5,\ n=-2,\ -1,\ 0,\ 1,\ 2,\ 3,\ 4 \\ 0，其他 \end{cases}$，表示成单位取样序列的加权和形式。

解：

$$\begin{aligned} x(n) = &-0.5\delta(n+2) + 0.75\delta(n+1) + 2\delta(n) - 1.5\delta(n-1) \\ &+ \delta(n-2) + 2\delta(n-3) + 0.5\delta(n-4) \end{aligned}$$

【例2-10】 已知序列：$x(n) = \begin{cases} a^n，\ -10 \leqslant n \leqslant 10 \\ 0，其他 \end{cases}$，写出其单位取样序列的加权和形式。

解：

$$\begin{aligned} x(n) &= a^{-10}\delta(n+10) + a^{-9}\delta(n+9) + \cdots + a^9\delta(n-9) + a^{10}\delta(n-10) \\ &= \sum_{m=-10}^{10} a^m\delta(n-m) \end{aligned}$$

2.1.7 序列的能量与功率

序列能量定义

$$E = \sum_{n=-\infty}^{+\infty} |x(n)|^2 \tag{2.33}$$

当 $E<\infty$ 时，称 $x(n)$ 为能量有限信号。若序列的长度为有限长，只要信号的值 $x(n)$ 是有限值，信号的能量总是有限的。但当信号的长度为无限长时，即使 $x(n)$ 有界，信号的能量也不一定有限。

对于非周期序列 $x(n)$，若序列为无限长，其平均功率为

$$P = \lim_{k\to\infty} \frac{1}{2k+1} \sum_{n=-k}^{k} |x(n)|^2 = \lim_{k\to\infty} \frac{1}{2k+1} E \tag{2.34}$$

当信号能量为有限时，称为能量信号。当信号平均功率为有限值时，称信号为功率信号。

2.2 离散时间系统

系统可以看作是对信号进行的操作或函数。系统可以分为：(1) 连续时间系统（模拟

系统)；(2) 离散时间系统（数字系统）。连续时间系统是对模拟信号进行操作处理的系统。离散时间系统是对数字信号进行处理并输出数字序列的系统。

2.2.1 线性时不变系统

1. 线性系统

对于离散时间系统，可以表示为

$$y(n)=T[x(n)] \tag{2.35}$$

其中 $x(n)$ 和 $y(n)$ 都是序列，$T[.]$ 表示对序列进行操作，即把系统定义为将输入序列 $x(n)$ 映射成输出响应序列 $y(n)$ 的唯一变换的系统。如图 2-18 所示。

x(n) → T → y(n)

图 2-18 数字系统

对于离散时间系统 $T[]$，设输入序列 $x_1(n)$，$x_2(n)$，输出响应序列分别为：$y_1(n)=T[x_1(n)]$，$y_2(n)=T[x_2(n)]$，如果对于任意常数 a，b 都满足

$$\begin{aligned}T[ax_1(n)+bx_2(n)]&=a\cdot T[x_1(n)]+b\cdot T[x_2(n)]\\&=ay_1(n)+by_2(n)\end{aligned} \tag{2.36}$$

则称该系统为线性系统（Linear System）。

2. 时不变系统

已知 $y(n)=T[x(n)]$，对于任意整数 k，离散系统如果满足

$$y(n-k)=T[x(n-k)] \tag{2.37}$$

则称系统 $T[\ ]$ 为时不变系统。

系统既满足线性条件式（2.36），又满足时不变条件式（2.37）则称为线性时（移）不变系统。

3. 单位取样响应与线性时不变系统的卷积表示

(1) 单位取样响应 $h(n)$

当线性移不变系统的输入为 $\delta(n)$ 时，其输出 $h(n)$ 称为单位取样（脉冲）响应，如图 2-19 所示，即

$$h(n)=T[\delta(n)] \tag{2.38}$$

由于任意序列 $h(n)$ 都可用单位取样序列 $\delta(n)$ 表示成加权和的形式，即 $h(n)=\sum_{m=-\infty}^{\infty}h(m)\delta(n-m)$，所以

$$h(n)=T[\delta(n)]=\sum_{m=-\infty}^{\infty}h(m)\delta(n-m) \tag{2.39}$$

(2) 用卷积表示线性时不变系统的输出

设线性时不变系统如图 2-20 所示。设线性时不变系统输入为 $\delta(n)$ 时，其输出为 $h(n)$。

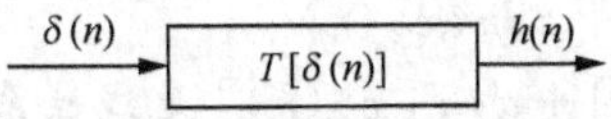

δ(n) → T[δ(n)] → h(n)

图 2-19 系统的单位取样响应

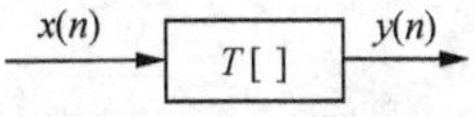

x(n) → T[ ] → y(n)

图 2-20 线性时不变系统

则当输入为 $\delta(n-k)$ 时，根据移不变性质，得 $h(n-k)=T[\delta(n-k)]$，因为 $x(n)=\sum_{k=-\infty}^{\infty}x(k)\delta(n-k)$，所以

$$y(n)=T[x(n)]=T[\sum_{k=-\infty}^{\infty}x(k)\delta(n-k)]$$

$$=\sum_{k=-\infty}^{+\infty}x(k)T[\delta(n-k)] \quad (\text{因 } T[\,] \text{ 为线性系统})$$

$$=\sum_{k=-\infty}^{\infty}x(k)h(n-k) \quad (\text{因 } T[\,] \text{ 为移不变系统})$$

即

$$y(n)=\sum_{k=-\infty}^{\infty}x(k)h(n-k)=x(n)*h(n) \tag{2.40}$$

即：对线性时不变系统，输入 $x(n)$ 和输出 $y(n)$ 满足卷积关系。

4. 线性时不变系统的性质

（1）交换律

$$y(n)=x(n)*h(n)=h(n)*x(n)$$

（2）结合律

$$\begin{aligned}x(n)*h_1(n)*h_2(n)&=[x(n)*h_1(n)]*h_2(n)\\&=[x(n)*h_2(n)]*h_1(n)\\&=x(n)*[h_1(n)*h_2(n)]\end{aligned}$$

结合律可以表示成如图 2-21（a）所示系统串联组合。

（3）对加法的分配律

$$x(n)*[h_1(n)+h_2(n)]=x(n)*h_1(n)+x(n)*h_2(n)$$

对加法的分配律可以表示成如图 2-21（b）所示系统并联组合。

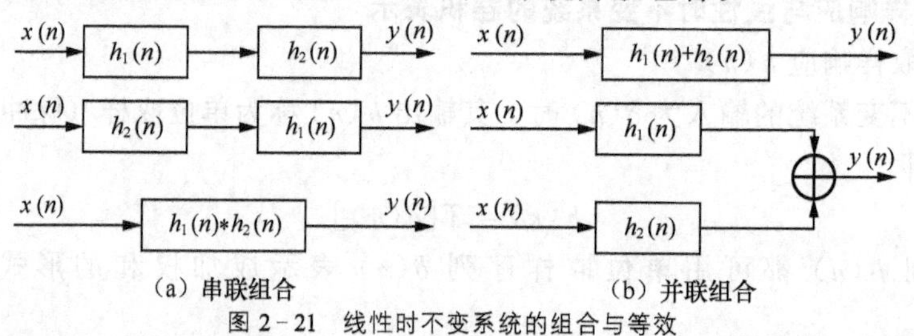

（a）串联组合　　　　（b）并联组合

图 2-21　线性时不变系统的组合与等效

【例 2-11】分别判断下列系统的线性性、时不变性。

（1）$y(n)=n^2x(n)$　　　（2）$y(n)=a+\sum_{l=0}^{3}x(n-l)$，$a$ 为非零常数。

解：设（1）$T[x_1(n)]=n^2x_1(n)$，$T[x_2(n)]=n^2x_2(n)$

则 $$\begin{aligned}T[a_1x_1(n)+a_2x_2(n)]&=n^2[a_1x_1(n)+a_2x_2(n)]\\&=a_1n^2x_1(n)+a_2n^2x_2(n)\\&=a_1T[x_1(n)]+a_2T[x_2(n)]\end{aligned}$$ 是线性系统。

因 $y(n-n_0)=(n-n_0)^2x(n-n_0)$

而：$T[x(n-n_0)]=n^2x(n-n_0)$，$y(n-n_0)\neq T[x(n-n_0)]$，所以为时变系统。

（2）对于系统 $y(n)=a+\sum_{l=0}^{3}x(n-l)$，$a$ 为非零常数。

因为 $T[x_1(n)]=a+\sum_{l=0}^{3}[x_1(n-l)]$，$T[x_2(n)]=a+\sum_{l=0}^{3}[x_2(n-l)]$，而

$$T[a_1x_1(n)+a_2x_2(n)]=a+\sum_{l=0}^{3}[a_1x_1(n-l)+a_2x_2(n-l)]$$

$$=a+\sum_{l=0}^{3}[a_1x_1(n-l)]+\sum_{l=0}^{3}[a_2x_2(n-l)]$$

$\neq a_1T[x_1(n)]+a_2T[x_2(n)]$，所以系统为非线性系统。

由于：$T[x(n-k)]=a+\sum_{l=0}^{3}[x(n-k-l)]=y(n-k)$，所以系统为移不变系统。

2.2.2 系统的稳定性和因果性

1. 稳定系统

对于一个有界的输入 $x(n)$，产生有界输出 $y(n)$ 的系统，称为稳定系统。即如果：$|x(n)|<M\leqslant\infty$，则稳定系统必然有：$|y(n)|<P\leqslant\infty$。

【例 2-12】 判断系统 $y(n)=T[x(n)]=e^{x(n)}$ 的稳定性。

解：设 $|x(n)|\leqslant M$，则：$|y(n)|=|e^{x(n)}|\leqslant e^{|M|}<\infty$，所以系统稳定。

一个线性时不变系统稳定的充要条件是：其单位取样响应绝对可和，即

$$S\triangleq\sum_{k=-\infty}^{+\infty}|h(k)|<\infty \tag{2.41}$$

证明：a. 充分性：设式（2.41）成立并设 $x(n)$ 为一个有界输入序列，即 $|x(n)|\leqslant M$，则

$$|y(n)|=\left|\sum_{k=-\infty}^{\infty}x(n-k)h(k)\right|\leqslant\sum_{k=-\infty}^{\infty}|x(n-k)||h(k)|$$

$$\leqslant M\sum_{k=-\infty}^{\infty}|h(k)|<\infty$$

所以 $|y(n)|<\infty$

b. 必要性：假设系统的单位取样响应不绝对可和，即

$$S\triangleq\sum_{k=-\infty}^{+\infty}|h(k)|=\infty$$

定义一个有界的输入 $x(n)=\begin{cases}\dfrac{h^*(-n)}{|h(-n)|}, & h(n)\neq 0\\ 0, & h(n)=0\end{cases}$，式中 $h^*(n)$ 是 $h(n)$ 的复共轭。

$$\therefore y(0)=\sum_{k=-\infty}^{\infty}x(-k)h(k)=\sum_{k=-\infty}^{\infty}\frac{|h(k)|^2}{|h(k)|}=\sum_{k=-\infty}^{+\infty}|h(k)|=S$$

$\therefore y(0)$ 不是有界的。

2. 因果系统

输出的变化不会领先于输入的变化的系统，称为因果系统（Causal System）。即因果系统的输出值 $y(n)$ 不取决于输入 $x(n)$ 的将来值，$y(n)$ 只与 $x(n)$ 的现在值及过去值 $x(n$

$-1)$，$x(n-2)$，… 有关，与将来值 $x(n+1)$，$x(n+2)$，… 无关。

例如：$y(n)=T[x(n)]=x(n-1)$ 是因果系统；

$y(n)=T[x(n)]=x(n+1)$ 是非因果系统。

一个线性时不变系统为因果系统的充要条件为

$$h(n)=h(n)u(n)=\begin{cases}h(n),\ n\geqslant 0\\ 0,\ n<0\end{cases} \tag{2.42}$$

注：系统的"稳定性"和"因果性"与系统的输入 $x(n)$ 无关，而取决于系统本身的结构 $h(n)$ 。

【例 2-13】 若系统的单位脉冲响应为 $h(n)=-a^n u(-n-1)$，判断系统的稳定性与因果性。

解： 根据式（2.41）与式（2.42）进行判定。

（1）因果性

因为 $n<0$ 时，$h(n)\neq 0$，故系统为非因果系统。

（2）稳定性

$$\sum_{n=-\infty}^{\infty}|h(n)|=\sum_{n=-\infty}^{-1}|a^n|=\sum_{n=1}^{\infty}|a|^{-n}=\begin{cases}\dfrac{1}{|a|-1},\ |a|>1，稳定\\ \infty,\ |a|\leqslant 1，不稳定\end{cases}$$

2.3 线性常系数差分方程

2.3.1 线性时不变系统的差分描述

线性时不变系统可以表示为卷积形式

$$y(n)=\sum_{k=-\infty}^{\infty}x(k)h(n-k) \tag{2.43}$$

在已知取样响应 h 的情况下，这是一个线性常系数差分方程。一般复杂的线性时不变系统可以表示为下列线性常系数差分方程

$$y(n)=\sum_{k=1}^{N}a_k y(n-k)+\sum_{r=0}^{M}b_r x(n-r) \tag{2.44}$$

或

$$\sum_{k=0}^{N}a_k y(n-k)=\sum_{r=0}^{M}b_r x(n-r) \tag{2.45}$$

其中 a_k，b_r 为常系数，M、N 为整数。线性时不变离散系统的输入和输出满足上述线性常系数差分方程。在一般情况下，线性常系数差分方程表示的系统不一定是因果系统。本书为了分析问题的简单化，一般不特别指出时都假设线性常系数差分方程为因果系统。

2.3.2 差分方程的求解

对于差分方程，求解方法有：递推法、经典法、Z 变换法。

求解时，一般给出初始条件，当初始条件为零时，所得的解为零状态响应；当初始条

件不为零时，还需要考虑零输入响应（输入为零求得的初始状态的响应）。输入为单位脉冲序列的零状态响应就是系统的单位脉冲响应。

【例 2-14】 求差分方程 $y(n)=3x(n)+5y(n-1)$ 的单位取样响应，初始条件为 $y(-1)=0$。

解： 采用递推法。当输入单位取样信号时，输出即为单位取样响应，即

$h(n)=3\delta(n)+5h(n-1)$，$h(-1)=0$，所以

$h(0)=3\delta(0)+5h(-1)=3\delta(0)=3$

$h(1)=3\delta(1)+5h(0)=0+5\times3=5\times3$

$h(2)=3\delta(2)+5h(1)=0+5\times5\times3=5\times5\times3=3\times5^2$

$h(3)=3\delta(3)+5h(2)=0+5\times(3\times5^2)=3\times5^3$

……

$h(n)=3\delta(n)+5h(n-1)=3\times5^n$

所以系统单位取样响应为：$h(n)=3\times5^n u(n)$。

【例 2-15】 已知系统的差分方程 $y(n+1)-\frac{10}{3}y(n)+y(n-1)=x(n)$，初始条件为 $y(n)=0(n\leqslant0)$，求系统单位取样响应。

解： 输入单位取样响应的输出即为单位取样响应。采用经典法

（1）当 $n=0$ 时，得到

$h(1)-\frac{10}{3}h(0)+h(-1)=\delta(0)=1$，由初始条件得：$h(1)=\delta(0)=1$

（2）当 $n>0$，输入取样信号 $\delta(n)$ 时，$x(n)=\delta(n)=0$。

方程变为：$h(n+1)-\frac{10}{3}h(n)+h(n-1)=x(n)=\delta(n)=0$，这是齐次方程。

于是得 $h(2)-\frac{10}{3}h(1)+h(0)=0$，所以 $h(2)=\frac{10}{3}$。

齐次方程的特征方程为：$r^2-\frac{10}{3}r+1=0$，解为：$r_1=3$，$r_2=\frac{1}{3}$，所以方程的解为

$h(n)=c_1r_1^n+c_2r_2^n=c_1 3^n+c_2\left(\frac{1}{3}\right)^n$，$n>0$，代入初始条件得到

$$\begin{cases}h(1)=3c_1+\frac{1}{3}c_2=1\\ h(2)=9c_1+\frac{1}{9}c_2=\frac{10}{3}\end{cases}\Rightarrow\begin{cases}c_1=\frac{9}{24}\\ c_2=-\frac{3}{8}\end{cases}$$

综合得到差分方程的解为

$$h(n)=\frac{3^{n+2}}{24}-\frac{3^{1-n}}{8},\ n>0$$

所以系统单位取样响应为

$$h(n)=\begin{cases}0,\ n=0\\ \frac{3^{n+2}}{24}-\frac{3^{1-n}}{8},\ n>0\end{cases}$$

2.3.3 FIR系统和IIR系统的差分方程

线性时不变系统可以用线性常系数差分方程表示为

$$y(n)=\sum_{k=1}^{N}a_k y(n-k)+\sum_{r=0}^{M}b_r x(n-r) \tag{2.46}$$

当其中的系数 a 全为零时，则变为

$$y(n)=\sum_{r=0}^{M}b_r x(n-r) \tag{2.47}$$

式（2.47）为FIR（有限长单位脉冲响应）滤波器的差分方程表示。可见FIR滤波器的差分方程特点是：输出 $y(n)$ 只与输入 $x(n)$ 及其过去的输入 $x(n-1)$，$x(n-2)$，…，$x(n-M)$ 有关。

当线性时不变系统的差分方程式（2.46）中的系数 a 不全为零，即

$$y(n)=\sum_{k=1}^{N}a_k y(n-k)+\sum_{r=0}^{M}b_r x(n-r) \tag{2.48}$$

式（2.48）实际上表示了IIR（无限长单位脉冲响应）滤波器的差分方程。可见IIR滤波器的差分方程特点是：输出 $y(n)$ 不但与输入 $x(n)$ 及其过去的输入 $x(n-1)$、$x(n-2)$，…，$x(n-M)$ 有关，还与以前的输出 $y(n-1)$、$y(n-2)$，…，$y(n-N)$ 有关。

2.4 连续时间信号的数字处理

连续时间信号要经过A/D转换器才能变为数字信号。经过数字信号处理后的输出数字信号，如果要变为模拟信号，还得经过D/A转换器。连续时间信号的数字处理过程如图2-22所示。

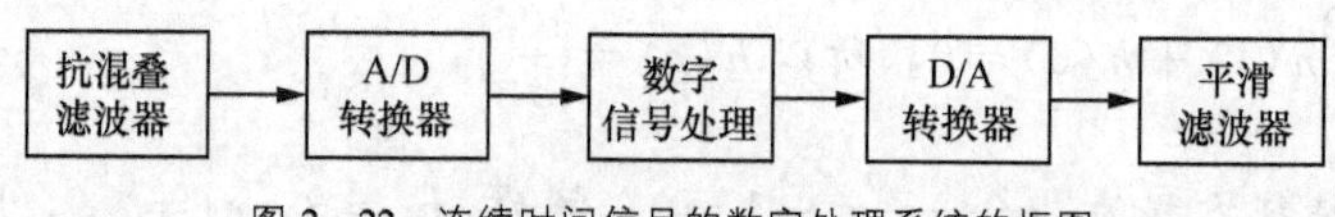

图2-22 连续时间信号的数字处理系统的框图

模拟信号一般先要进行预处理——放大、滤波等。为解决频率混叠，在对模拟信号进行离散化采集前，采用低通滤波器滤除高于1/2抽样频率的频率成分，即增加抗混叠滤波器。经过数字信号处理、D/A转换后、平滑滤波的模拟信号一般还要进行放大、滤波、驱动等处理。

2.4.1 抽样定理与A/D转换

1. 理想抽样及其频谱

（1）理想抽样

如图2-23所示，理想抽样可以表示为

$$\hat{x}_a(t)=x_a(t)\delta_T(t) \tag{2.49}$$

其中，$x_a(t)$ 为模拟信号，$\delta_T(t)$ 为理想抽样信号，$\hat{x}_a(t)$ 为理想抽样后的抽样信号，如图2-24所示。脉冲宽度 $\tau \ll T$（脉冲串周期），这样的抽（取）样称为理想抽样。

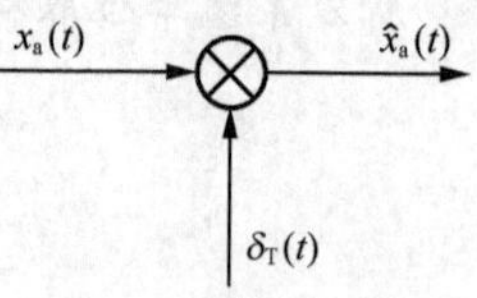

图2-23 理想抽样示意图

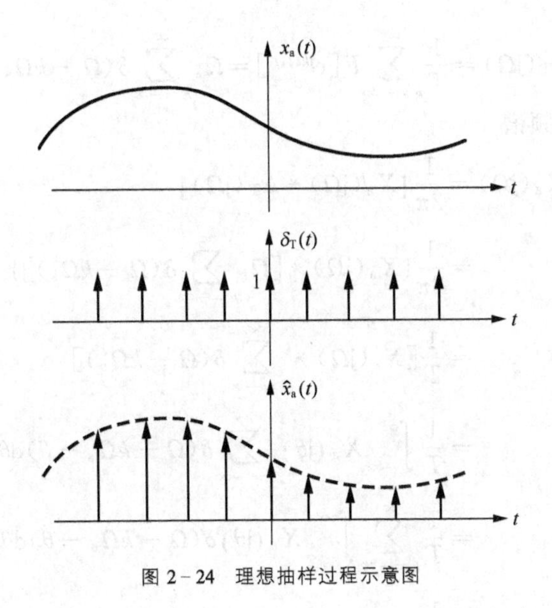

图 2-24 理想抽样过程示意图

(2) 理想抽样信号的频谱

假设

$$\begin{cases} X_a(j\Omega) = F[x_a(t)] \\ \hat{X}_a(j\Omega) = F[\hat{x}_a(t)] \\ \Delta_T(j\Omega) = F[\delta_T(t)] \end{cases} \tag{2.50}$$

分别表示模拟信号 $x_a(t)$、抽样信号 $\hat{x}_a(t)$ 和理想抽样信号 $\delta_T(t)$ 的傅里叶变换。理想抽样的频谱可以是对式 (2.49) 两边取傅里叶变换得到

$$\hat{X}_a(j\Omega) = F[\hat{x}_a(t)] = F[x_a(t) \cdot \delta_T(t)] \tag{2.51}$$

根据频域卷积定理性质继续得到

$$\hat{X}_a(j\Omega) = \frac{1}{2\pi}[X_a(j\Omega) * \Delta_T(j\Omega)] \tag{2.52}$$

由于 $\delta_T(t)$ 是周期函数，可以表示为傅里叶级数

$$\delta_T(t) = \frac{1}{T}\sum_{k=-\infty}^{\infty} e^{jk\Omega_s t} \tag{2.53}$$

其中级数的基频为抽样频率：$f_s = \frac{1}{T}$，$\Omega_s = \frac{2\pi}{T}$。

从而

$$\begin{aligned} \Delta_T(j\Omega) &= F[\delta_T(t)] = F\left[\frac{1}{T}\sum_{k=-\infty}^{\infty} e^{jk\Omega_s t}\right] \\ &= \frac{1}{T}\sum_{k=-\infty}^{\infty} F[e^{jk\Omega_s t}] \end{aligned} \tag{2.54}$$

由于

$$F[e^{jk\Omega_s t}] = 2\pi\delta(\Omega - k\Omega_s) \tag{2.55}$$

即冲激序列的傅氏变换仍为冲激序列，于是

$$\Delta_{\mathrm{T}}(\mathrm{j}\Omega)=\frac{1}{T}\sum_{k=-\infty}^{\infty}F[\mathrm{e}^{\mathrm{j}k\Omega_{\mathrm{s}}t}]=\Omega_{\mathrm{s}}\sum_{k=-\infty}^{\infty}\delta(\Omega-k\Omega_{\mathrm{s}}) \tag{2.56}$$

代入式（2.52），得到频谱

$$\begin{aligned}\hat{X}_{\mathrm{a}}(\mathrm{j}\Omega)&=\frac{1}{2\pi}[X_{\mathrm{a}}(\mathrm{j}\Omega)*\Delta_{\mathrm{T}}(\mathrm{j}\Omega)]\\&=\frac{1}{2\pi}\{X_{\mathrm{a}}(\mathrm{j}\Omega)*[\Omega_{\mathrm{s}}\sum_{k=-\infty}^{\infty}\delta(\Omega-k\Omega_{\mathrm{s}})]\}\\&=\frac{1}{T}[X_{\mathrm{a}}(\mathrm{j}\Omega)*\sum_{k=-\infty}^{\infty}\delta(\Omega-k\Omega_{\mathrm{s}})]\\&=\frac{1}{T}\int_{-\infty}^{\infty}X_{\mathrm{a}}(\mathrm{j}\theta)\sum_{k=-\infty}^{\infty}\delta(\Omega-k\Omega_{\mathrm{s}}-\theta)\mathrm{d}\theta\\&=\frac{1}{T}\sum_{k=-\infty}^{\infty}\int_{-\infty}^{\infty}X_{\mathrm{a}}(\mathrm{j}\theta)\delta(\Omega-k\Omega_{\mathrm{s}}-\theta)\mathrm{d}\theta\\&=\frac{1}{T}\sum_{k=-\infty}^{\infty}X_{\mathrm{a}}(\mathrm{j}\Omega-\mathrm{j}k\Omega_{\mathrm{s}})\\&=\frac{1}{T}\sum_{k=-\infty}^{\infty}X_{\mathrm{a}}(\mathrm{j}\Omega-\mathrm{j}k\frac{2\pi}{T})\end{aligned} \tag{2.57}$$

即

$$\hat{X}_{\mathrm{a}}(\mathrm{j}\Omega)=\frac{1}{T}\sum_{k=-\infty}^{\infty}X_{\mathrm{a}}\left(\mathrm{j}\Omega-\mathrm{j}k\frac{2\pi}{T}\right) \tag{2.58}$$

可见，该频谱为周期性信号，其周期为：$\frac{2\pi}{T}=\Omega_{\mathrm{s}}$。且当 $k=0$ 时，$\hat{X}_{\mathrm{a}}(\mathrm{j}\Omega)$ 取得频谱段为 $\frac{X_{\mathrm{a}}(\mathrm{j}\Omega)}{T}$，所以 $\hat{X}_{\mathrm{a}}(\mathrm{j}\Omega)$ 的频谱是 $X_{\mathrm{a}}(\mathrm{j}\Omega)$ 频谱以 Ω_{s} 为间隔的重复，这种情况称为周期延拓。

如图 2-25（a）所示为模拟信号 $x_{\mathrm{a}}(t)$ 的幅度谱 $|X_{\mathrm{a}}(\mathrm{j}\Omega)|$，其中 Ω_{h} 为模拟信号的最高频率，图 2-25（b）所示为理想抽样信号 $\hat{x}_{\mathrm{a}}(t)$ 的幅度谱 $|\hat{X}_{\mathrm{a}}(\mathrm{j}\Omega)|$，可见理想抽样信号的幅度谱是以模拟信号幅度谱按周期 Ω_{s} 进行的周期延拓。

2. 抽样定理

由图 2-25 可知，用一截止频率为 $\frac{\Omega_{\mathrm{s}}}{2}$ 的低通滤器对抽样信号 $\hat{x}_{\mathrm{a}}(t)$ 滤波即得到原模拟信号 $x_{\mathrm{a}}(t)$。

如果 $\Omega_{\mathrm{h}}\geqslant\frac{\Omega_{\mathrm{s}}}{2}$，则 $\hat{x}_{\mathrm{a}}(t)$ 的频谱 $\frac{X_{\mathrm{a}}(\mathrm{j}\Omega)}{T}$ 和周期延拓部分存在重叠，从而将无法通过低通滤波器滤波得到频谱 $\frac{X_{\mathrm{a}}(\mathrm{j}\Omega)}{T}$ 段的频谱，造成“混叠失真”。因此，要想从抽样后的信号中不失真地还原出原模拟信号，则必须满足

$$\Omega_{\mathrm{h}}\leqslant\frac{\Omega_{\mathrm{s}}}{2} \tag{2.59}$$

即

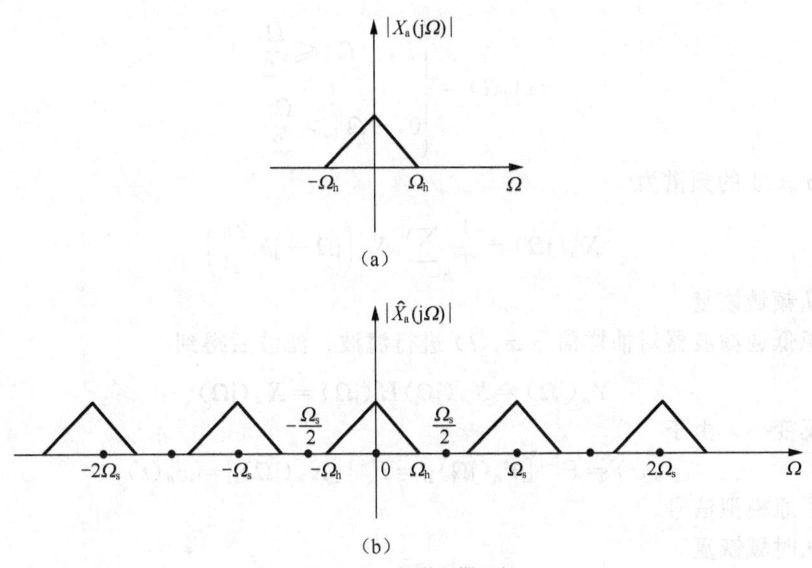

图 2－25　频谱周期延拓

$$\Omega_s \geqslant 2\Omega_h \tag{2.60a}$$

因为：$\Omega = 2\pi f$ ，因此

$$f_s \geqslant 2f_h \tag{2.60b}$$

也就是说：对频带有限的模拟信号，要抽样后能够不失真地还原出原模拟信号，则抽样频率必须大于等于两倍模拟信号最高频率。这就是奈奎斯特抽样定理。$\frac{f_s}{2}$ 常称为折叠频率或奈奎斯特频率，即奈奎斯特频率为抽样频率的一半。

3. A/D 转换原理

如图 2－26 所示是一个完整的模拟信号数字化过程。其中 A/D 转换是将模拟信号变为数字信号的处理。A/D 转换（ADC）过程包括抽样、保持、量化、编码四个步骤。

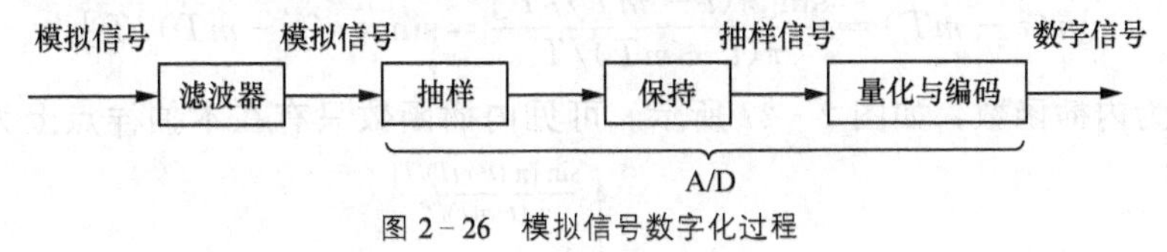

图 2－26　模拟信号数字化过程

①抽样：时间离散化，抽样频率需满足抽样定理。

②保持：在量化编码时间内维持抽样信号不变。

③量化：将无限精度的抽样信号幅度离散化。

④编码：将数字信号表示成数字系统所能接受的形式。

2.4.2　抽样信号的恢复与 D/A 转换

1. 抽样信号的恢复

将抽样信号转换为模拟信号，称为抽样信号的恢复。

设理想低通滤波器

$$H(\mathrm{j}\Omega)=\begin{cases}T, & |\Omega|\leqslant\dfrac{\Omega_{\mathrm{s}}}{2}\\ 0, & |\Omega|>\dfrac{\Omega_{\mathrm{s}}}{2}\end{cases} \tag{2.61}$$

抽样信号 $x_{\mathrm{a}}(t)$ 的频谱为

$$X_{\mathrm{a}}(\mathrm{j}\Omega)=\frac{1}{T}\sum_{k=-\infty}^{\infty}X_{\mathrm{a}}\left(\mathrm{j}\Omega-\mathrm{j}k\,\frac{2\pi}{T}\right) \tag{2.62}$$

(1) 从频域恢复

用理想低通滤波器对抽样信号 $x_{\mathrm{a}}(t)$ 进行滤波，滤波后得到

$$Y_{\mathrm{a}}(\mathrm{j}\Omega)=X_{\mathrm{a}}(\mathrm{j}\Omega)H(\mathrm{j}\Omega)=X_{\mathrm{a}}(\mathrm{j}\Omega) \tag{2.63}$$

取傅里叶反变换，由于

$$y_{\mathrm{a}}(t)=F^{-1}[Y_{\mathrm{a}}(\mathrm{j}\Omega)]=F^{-1}[X_{\mathrm{a}}(\mathrm{j}\Omega)]=x_{\mathrm{a}}(t) \tag{2.64}$$

即恢复出了原模拟信号。

(2) 从时域恢复

理想低通滤波器的冲激响应为

$$h(t)=\frac{1}{2\pi}\int_{-\infty}^{\infty}H(\mathrm{j}\omega)\mathrm{e}^{\mathrm{j}t\Omega}\,\mathrm{d}\Omega=\frac{\sin(\pi t/T)}{(\pi t/T)}=\mathrm{sinc}\left(\frac{\pi t}{T}\right) \tag{2.65}$$

式 (2.65) 为内插函数。滤波是频域相乘，则根据卷积定理，对应时域为相卷，则

$$\begin{aligned}y_{\mathrm{a}}(t)&=x_{\mathrm{a}}(t)*h(t)=\int_{-\infty}^{\infty}x_{\mathrm{a}}(\tau)h(t-\tau)\mathrm{d}\tau\\&=\int_{-\infty}^{\infty}\left\{\sum_{m=-\infty}^{\infty}[x_{\mathrm{a}}(mT)\delta(\tau-mT)]\right\}h(t-\tau)\mathrm{d}\tau\\&=\sum_{M=-\infty}^{\infty}x_{\mathrm{a}}(mT)h(t-mT)\end{aligned} \tag{2.66}$$

式中

$$h(t-mT)=\frac{\sin[\pi(t-mT)/T]}{\pi(t-mT)/T}=\mathrm{sinc}[\pi(t-mT)/T] \tag{2.67}$$

式 (2.67) 为内插函数，如图 2-27 所示。可见内插函数只有在本抽样点上为 1，在其他

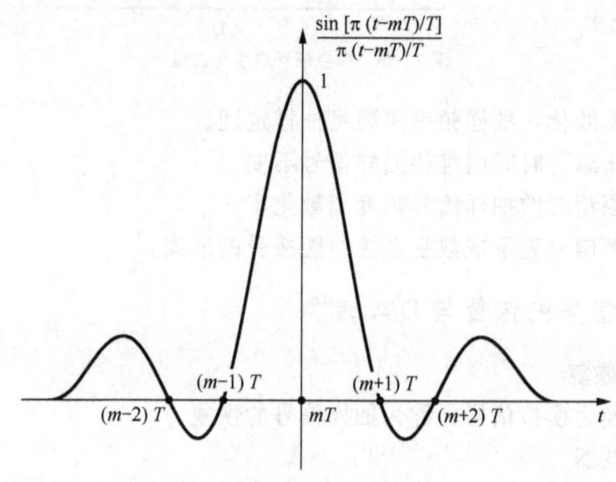

图 2-27 内插函数

抽样点为零，在非抽样点绝对值小于 1。

图 2－28 所示为通过内插函数对抽样信号的恢复。通过滤波器后，在各抽样点可以得到原抽样信号值 $x_a(mT)$，而在非抽样点（各抽样点之间）的信号则由幅度为抽样值的各内插函数的波形延伸叠加而成。

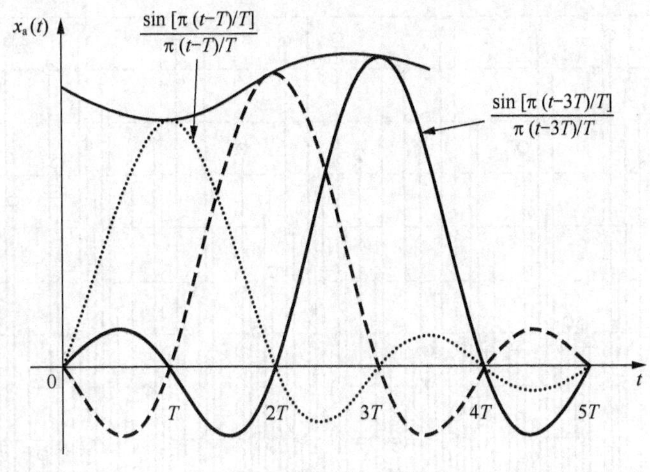

图 2－28　抽样的内插恢复

2. D/A 转换原理

图 2－29 所示是数字信号模拟化过程。其中 D/A 转换（DAC）是将数字信号变成模拟信号的处理。DAC 包括译码、保持器。

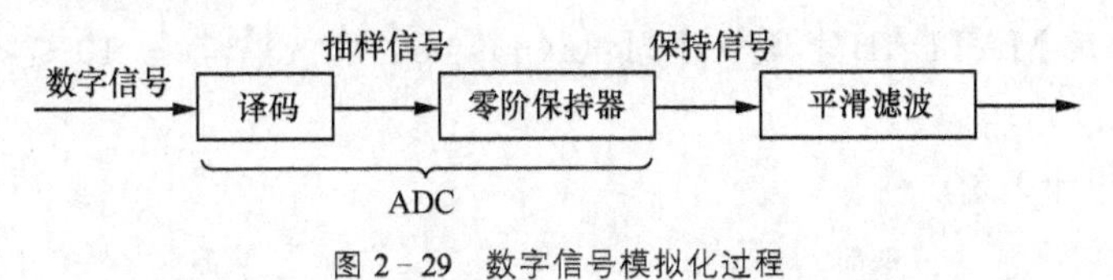

图 2－29　数字信号模拟化过程

译码：将数字信号转换为抽样信号。

零阶保持器：$h(t)=\begin{cases}1, & 0\leqslant t<T\\ 0, & \text{其他}\end{cases}$，实际为一个低通滤波器，将每个抽样信号保持一个抽样时间段，变成阶梯信号。

平滑滤波：将阶梯信号变为模拟连续信号。

2.5　MATLAB 在离散时间信号与系统中的应用

2.5.1　MATLAB 在离散时间信号中的应用

本章前面的例题介绍了 MATLAB 处理离散时间信号的程序实现，例如求序列运算、卷积、周期序列。这里再通过例题补充 MATLAB 在离散时间信号中的应用。

【例 2－16】 用 MATLAB 产生并输出随机序列，序列长度取 100。

```
len=100;  %序列长度
n=[1:len];
```

```
x=rand(1,len);%产生随机序列
stem(n,x); xlabel('n');ylabel('x(n)');
grid on;
```

输出结果如图 2-30 所示。

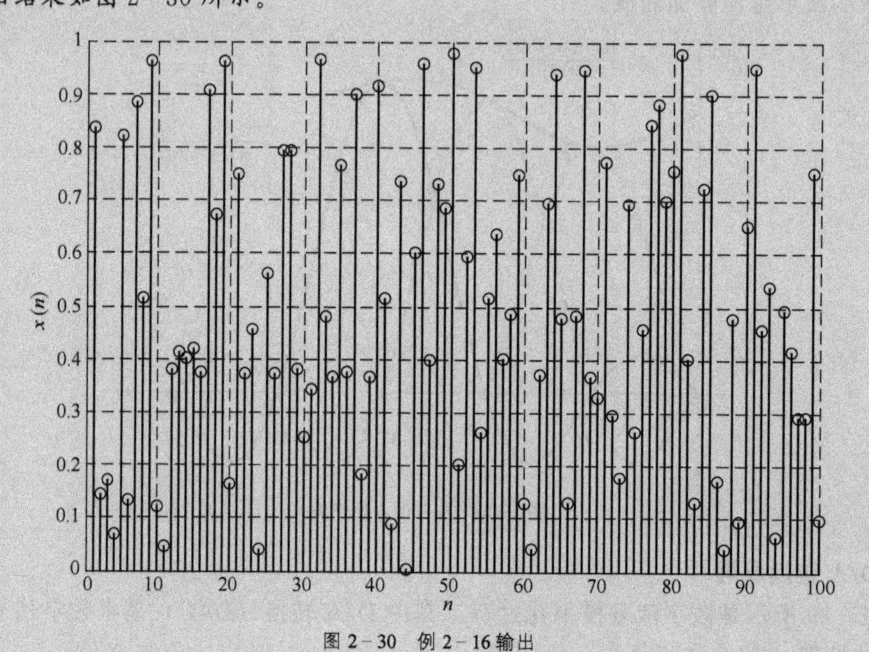

图 2-30 例 2-16 输出

【例 2-17】用 MATLAB 求复数序列：$x(n)=e^{(-0.1+0.3j)n}$，$-10\leqslant n\leqslant 10$

```
n=[-10:1:10];
alpha=-0.1+0.3j;
```

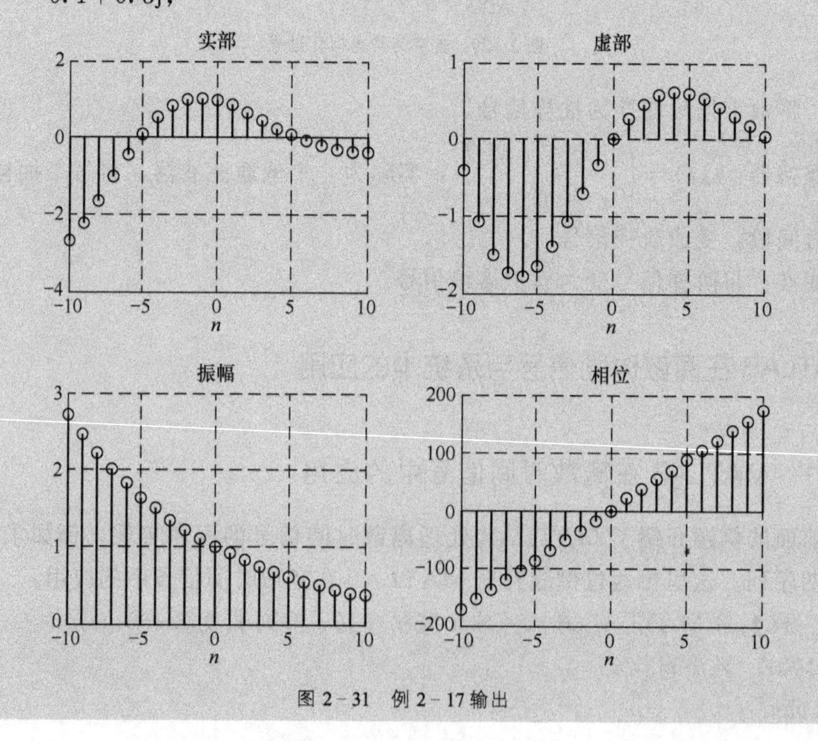

图 2-31 例 2-17 输出

```
x=exp(alpha * n);
subplot(2,2,1);stem(n,real(x));title(' 实部 ');xlabel('n');grid on;
subplot(2,2,2);stem(n,imag(x));title(' 虚部 ');xlabel('n');grid on;
subplot(2,2,3);stem(n,abs(x));title(' 振幅 ');xlabel('n');grid on;
subplot(2,2,4);stem(n,(180/pi) * angle(x));title(' 相位 ');xlabel('n');grid on;
```

输出结果如图 2-31 所示。

2.5.2 MATLAB 在离散时间系统中的应用

1. 数字系统的单位脉冲响应——impz 函数

调用格式：

(1) $[h,\ t]=\text{impz}(b,\ a)$

其中 t 记录取样点矢量，取样点由系统自动选取。b，a 分别为差分方程 $\sum_{i=0}^{N} a_i y(n-i)=\sum_{k=0}^{M} b_k x(n-k)$ 的系数向量。

(2) $[h,\ t]=\text{impz}(b,\ a,\ n)$

其中用户指定取样点 n，当 n 为标量时，$t=[0:\ n-1]$。不带输出变量的 impz 将在当前图形窗口利用 stem（t，h）绘出脉冲响应。

【例 2-18】 已知系统的差分方程 $2y(n)+0.5y(n-1)+y(n-2)=0.3x(n-1)+x(n-2)$，绘出单位脉冲响应。

程序如下：

```
b=[0.3  1];
a=[2  0.5  1];
[H,T]=impz(b,a,50);
plot(T,H,'.');
```

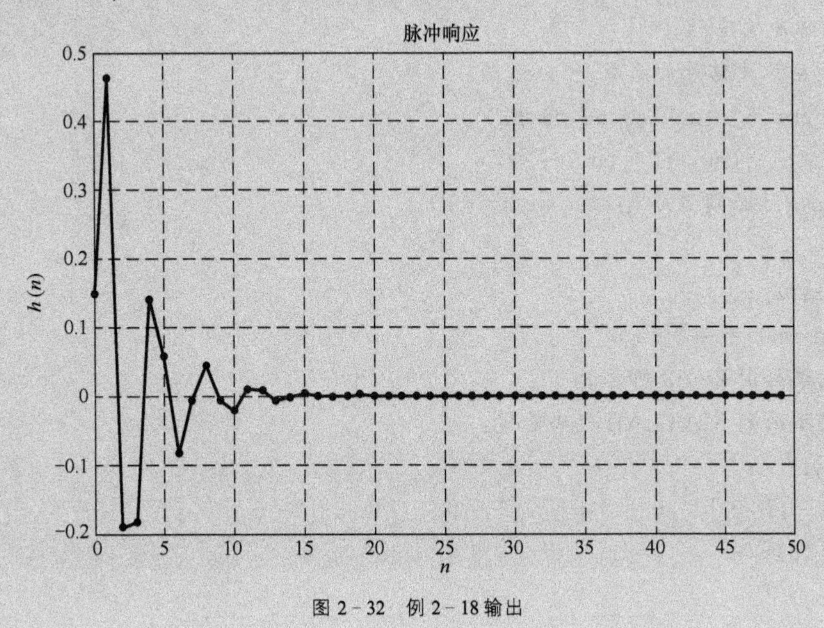

图 2-32 例 2-18 输出

```
hold on;
plot(T,H);
title('脉冲响应');xlabel('n');ylabel('h(n)');grid on;
```

输出结果如图 2-32 所示。

2. 数字系统的阶跃响应

对于数字系统的阶跃响应，可以将阶跃信号输入数字系统进行数字滤波，得到滤波后的输出即为阶跃响应式。

(1) y=filter (b, a, x)

其中，x 为输入序列，y 为系统滤波后输出序列。

(2) [y, z_f]=filter(b, a, x, z_i)

其中 z_i 和 z_f 分别为输入信号 x 的初始状态和最终状态向量。

【例 2-19】 已经差分方程 $y(n)=y(n-1)-0.9y(n-2)+x(n)$

(1) 计算并画出系统的脉冲响应 $h(n)$，$n=-20$，…，120；

(2) 计算并画出系统的阶跃响应 $s(u)$，$n=-20$，…，120；

(3) 判断根据此 $h(n)$ 规定的系统是否稳定。

解：(1) MATLAB 代码如下：

```
b=[1];
a=[1,-1,0.9];
x=impseq(0,-20,120);
n=[-20:120];
h=filter(b,a,x);
stem(n,h);
axis([-20,120,-1.1,1.1]);
xlabel('n');ylabel('h(n)');
title('脉冲响应');
```

其中产生脉冲信号的函数 impseq 为：

```
function[x,n]=impseq(n0,n1,n2)
if((n0<n1)|(n0>n2)|(n1>n2))
    error('必须满足 n1<=n0<=n2')
end
n=[n1:n2];
x=[(n-n0)==0];
```

输出结果如图 2-33 所示。

也可用下面的 MATLAB 代码实现：

```
b=[1];
a=[1,-1,0.9];
impz(b,a);
```

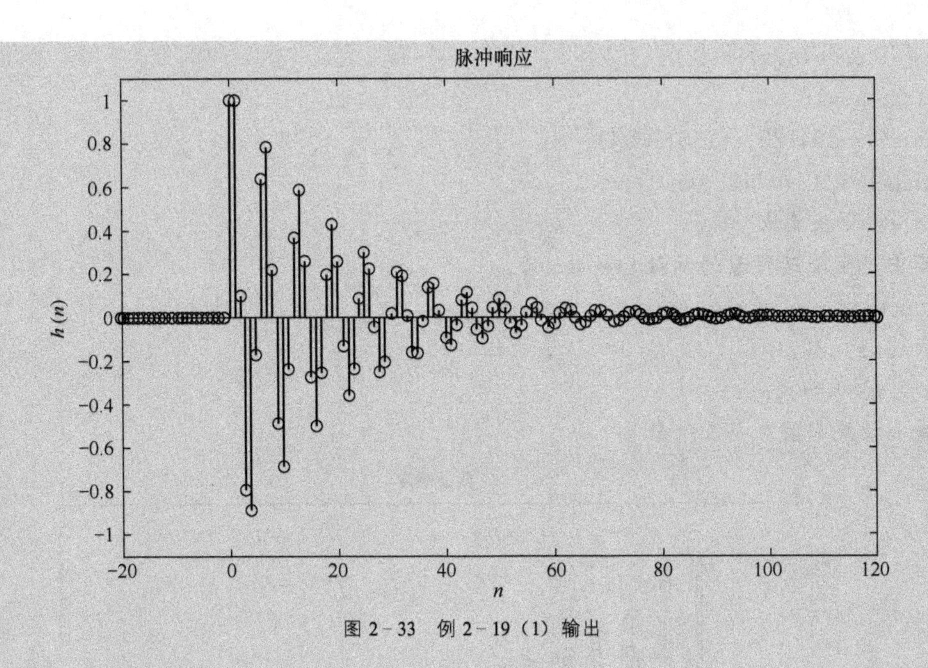

图 2-33 例 2-19（1）输出

输出结果如图 2-34 所示。

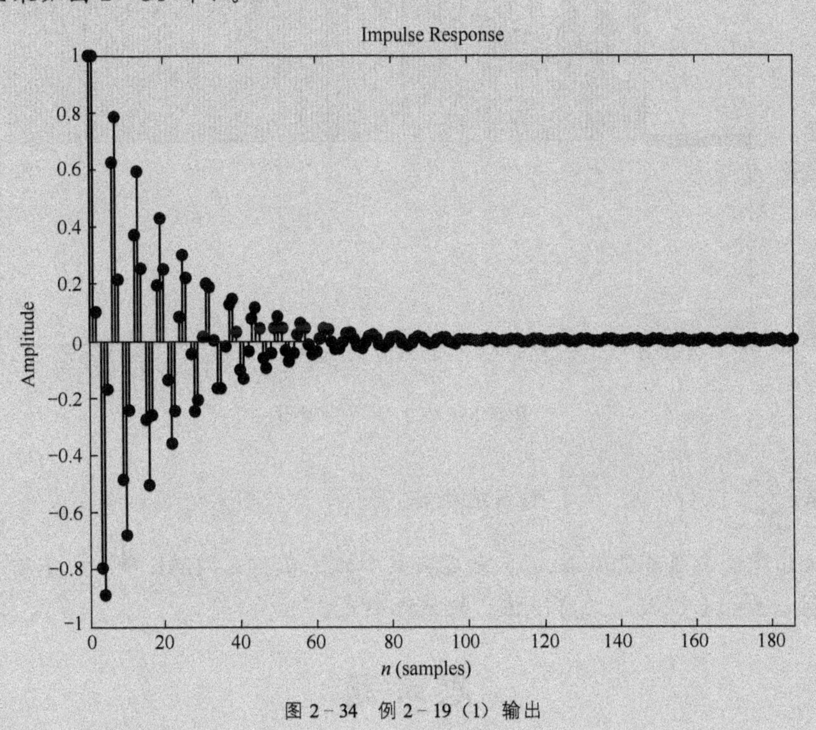

图 2-34 例 2-19（1）输出

（2）MATLAB 代码如下：

```
b=[1];
a=[1,-1,0.9];
x=stepseq(0,-20,120); %实际上系统是对阶跃序列滤波,得到滤波后的序列即为阶跃响应
n=[-20:120];
```

```
s=filter(b,a,x);
stem(n,s);
axis([-20,120,-1.5,2.5]);
xlabel('n');ylabel('s(n)');
title('阶跃响应');
```

其中产生阶跃信号的函数 stepseq 为：

```
function[x,n]=stepseq(n0,n1,n2)
n=[n1:n2];
x=[n>=n0];
```

输出结果如图 2-35 所示。

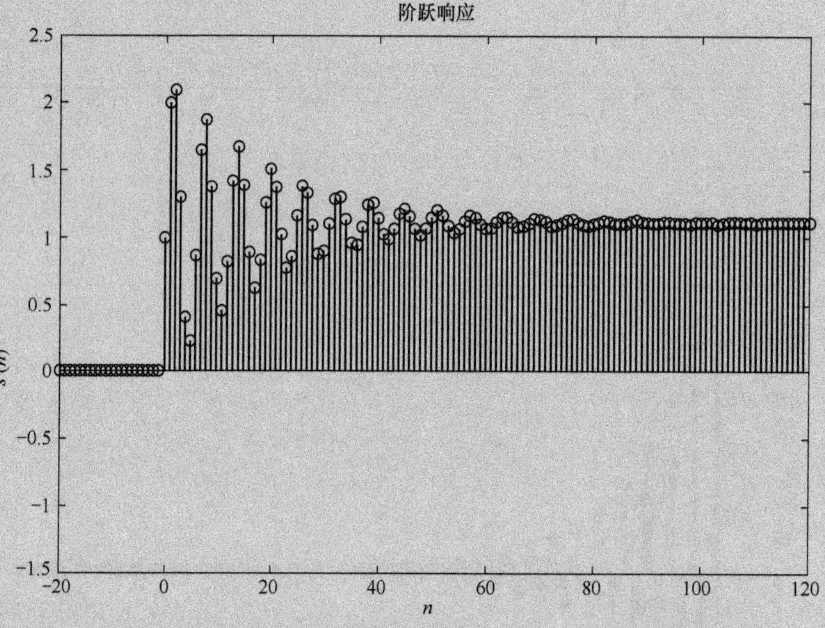

图 2-35 例 2-19（2）输出

（3）若 $\sum_{n=-\infty}^{\infty}|h(n)|<\infty$，则系统稳定。

从单位脉冲响应图可见，$|h(n)|$ 是逐渐减小的。在 MATLAB 命令行下输入 sum(abs(h))，得到 ans=14.8785，为有限值，故系统稳定。

思考题

1. 序列的表示方法有哪几种？

2. 已知序列 $x(n)=\begin{cases}n^2+n+1, & n\geqslant 0\\ -n+5, & n<0\end{cases}$，求序列的翻褶序列 $x(-n)$、时延序列 $x(n-2)$。

3. 判断下列序列是否是周期序列，若是周期序列则求出其周期。

(1) $x(n)=A\cos\left(\frac{2}{3}\pi n-5\right)$　　(2) $x(n)=A\cos\left(\frac{1}{7}\pi n+\frac{\pi}{3}\right)$

(3) $x(n)=e^{j\left(\frac{2}{3}\pi n+1\right)}$　　(4) $x(n)=e^{j\left(\frac{2}{5}n+3\pi\right)}$

4. 求下式的卷积。

(1) $\delta(n)*\delta(n)$　　(2) $u(n)*u(n)$　　(3) $u(n)*\delta(n)$

(4) $R_N(n)*R_N(n)$　　(5) $R_N(n)*\delta(n)$　　(6) $R_N(n)*u(n)$

5. 已知：$x(n)=\begin{cases}3^n, & n\geqslant 0\\ 0, & n<0\end{cases}$，$y(n)=\begin{cases}-5^n, & n\geqslant 0\\ 0, & n<0\end{cases}$，求 $x(n)*y(n)$ 的卷积表达式。

6. 判断系统的线性性、移不变性

(1) $T[x(n)]=x(n-n_0)$　　(2) $T[x(n)]=x(3n)$

(3) $T[x(n)]=x(n+2)-x(n)$　　(4) $T[x(n)]=a^{x(n)}$

7. 已知系统的单位抽样响应如下，判断系统的因果性、稳定性。

(1) $u(-n)$　　(2) $2^n u(-n)$

(3) $\delta(-n)$　　(4) $\frac{1}{n}u(n)$

8. 一个因果系统由以下差分方程表示为

$$y(n)+2y(n-1)=x(n)-3x(n-1)$$

(1) 求系统的单位抽样响应；(2) 已知输入为 $x(n)=e^{jn\omega}$，求输出响应。

9. 模拟信号的频谱与该模拟信号的抽样信号的频谱有何关系？

10. ADC 包含哪些步骤？各实现什么功能？

11. 抽样信号是通过什么实现恢复的？

12. DAC 包含哪些步骤？各实现什么功能？

第3章 序列的傅里叶变换与Z变换

【本章学习目标】

1. 掌握序列的傅里叶变换及其基本性质；
2. 掌握周期序列的傅里叶级数；
3. 掌握序列的Z变换及其性质；
4. 掌握离散时间系统的系统函数。

【本章能力目标】

1. 学会求解序列以及周期序列的傅里叶变换和反变换；
2. 能够求解序列的Z变换和逆Z变换，并能运用MATLAB进行求解；
3. 能够求解离散时间系统的系统函数。

3.1 序列的傅里叶变换

3.1.1 序列的傅里叶变换定义

序列 $x(n)$ 的傅里叶变换定义为

$$X(e^{j\omega})=FT[x(n)]=\sum_{n=-\infty}^{\infty}x(n)e^{-j\omega n} \tag{3.1a}$$

其中，FT（Fourier Transform）表示傅里叶变换。序列的傅里叶变换是将以 n 为自变量的时域信号 $x(n)$ 变换为以 ω 为数字频率自变量的频域信号 $X(e^{j\omega})$。序列 $x(n)$ 的傅里叶变换可以表示成幅度相位的关系

$$X(e^{j\omega})=FT[x(n)]=|X(e^{j\omega})|e^{j\varphi(\omega)} \tag{3.1b}$$

其中 $|X(e^{j\omega})|$ 为幅度谱，$\varphi(\omega)$ 为相位谱，分别反映了序列的幅频特性和相频特性。由于 $X(e^{j(\omega+2\pi)})=\sum\limits_{n=-\infty}^{\infty}x(n)e^{-j(\omega+2\pi)n}=\sum\limits_{n=-\infty}^{\infty}x(n)e^{-j\omega n}=X(e^{j\omega})$，所以 $X(e^{j\omega})$ 是以 2π 为周期的周期函数。

FT收敛的充分必要条件是序列 $x(n)$ 绝对可和，即满足下式

$$\sum_{n=-\infty}^{\infty}|x(n)|<\infty \tag{3.2}$$

【例3-1】 设 $x(n)=R_N(n)$ 为有限长序列，求 $x(n)$ 的傅里叶变换，当 $N=4$ 时求其幅频和相频特性。

解：

$$X(e^{j\omega})=FT[x(n)]=\sum_{n=-\infty}^{\infty}[R_N(n)e^{-j\omega n}]=\sum_{n=0}^{N-1}e^{-j\omega n}$$

$$=\frac{1-\mathrm{e}^{-\mathrm{j}\omega N}}{1-\mathrm{e}^{-\mathrm{j}\omega}}=\frac{\mathrm{e}^{-\mathrm{j}\omega N/2}(\mathrm{e}^{\mathrm{j}\omega N/2}-\mathrm{e}^{-\mathrm{j}\omega N/2})}{\mathrm{e}^{-\mathrm{j}\omega/2}(\mathrm{e}^{\mathrm{j}\omega/2}-\mathrm{e}^{-\mathrm{j}\omega/2})}$$
$$=\mathrm{e}^{-\mathrm{j}(N-1)\omega/2}\frac{\sin(N\omega/2)}{\sin(\omega/2)} \tag{3.3}$$

其幅度谱和相位谱分别为

$$|X(\mathrm{e}^{\mathrm{j}\omega})|=\left|\frac{\sin(N\omega/2)}{\sin(\omega/2)}\right|$$

$$\varphi(\omega)=-(N-1)\omega/2+\arg\left[\frac{N\omega/2}{\omega/2}\right]$$

MATLAB 实现的程序如下：

```
clf                %清除所有的图形窗口
N1=4;              %设置 DFT 的长度
n=0:N1-1;
k1=n;
w=(0:2047)*2*pi/2048;    %将 w 在 0~2*pi 区间分成 2048 点
Xw=(1-exp(-j*4*w))./(1-exp(-j*w));    %对 x(n)的频谱抽样 2048 点
xn=[n>=0 & n<4];                      %产生序列 x(n)
Xk1=fft(xn,N1);                       %计算序列 x(n)的 4 点 DFT
subplot(2,1,1);
plot(w/pi,abs(Xw));                   %绘制序列 x(n)的 FT 的幅频曲线
hold
H1=stem(k1*2/N1,abs(Xk1),'*');
set(H1,'color','r')
legend('幅频特性','傅里叶序列幅度');
subplot(2,1,2);
plot(w/pi,angle(Xw));                 %绘制序列 x(n)的 FT 的相频曲线
legend('相频特性');
```

输出结果如图 3-1 所示。

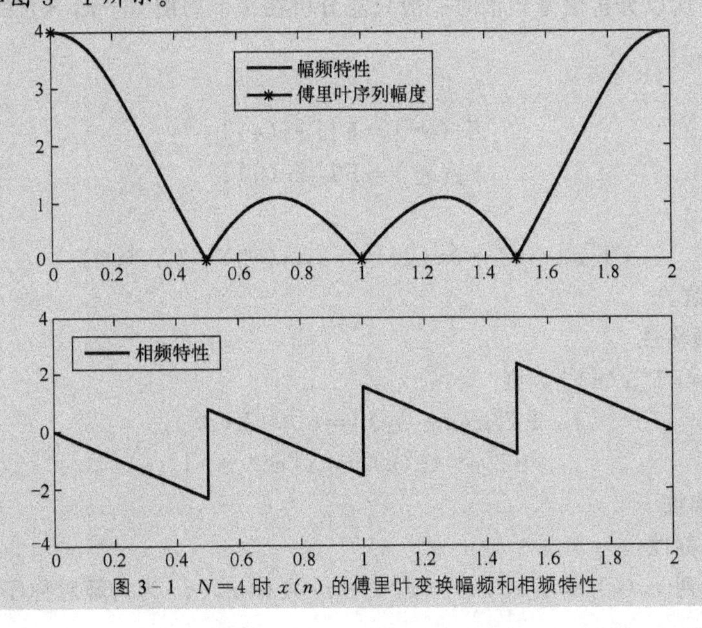

图 3-1 $N=4$ 时 $x(n)$ 的傅里叶变换幅频和相频特性

3.1.2 序列的傅里叶反变换

FT 反变换定义为

$$x(n)=\mathrm{IFT}[X(\mathrm{e}^{\mathrm{j}\omega})]=\frac{1}{2\pi}\int_{-\pi}^{\pi}X(\mathrm{e}^{\mathrm{j}\omega})\mathrm{e}^{\mathrm{j}n\omega}\mathrm{d}\omega \tag{3.4}$$

式（3.1）和式（3.4）组成一对傅里叶变换对。

如果序列不满足式（3.2）的条件，则该序列的傅里叶变换不收敛，因而傅里叶变换不存在。但引入冲击函数后，一些绝对不可和的序列（如周期序列），其傅里叶变换可用冲激函数的形式表示出来，见下一节内容。

【例 3-2】 已知 $X(\mathrm{e}^{\mathrm{j}\omega})=\begin{cases}1, & |\omega|\leqslant\omega_0\\0, & \omega_0<|\omega|\leqslant\pi\end{cases}$，求傅里叶反变换 $x(n)$。

解：

$$x(n)=\frac{1}{2\pi}\int_{-\omega_0}^{\omega_0}[(1\cdot\mathrm{e}^{\mathrm{j}n\omega})]\mathrm{d}\omega=\frac{\sin(n\omega_0)}{n\pi} \tag{3.5}$$

3.1.3 序列的傅里叶变换基本性质

1. FT 的周期性

在 FT 定义式中，n 取整数，因此下式成立

$$X(\mathrm{e}^{\mathrm{j}\omega})=\sum_{n=-\infty}^{\infty}x(n)\mathrm{e}^{-\mathrm{j}\omega n}=\sum_{n=-\infty}^{\infty}x(n)\mathrm{e}^{-\mathrm{j}(\omega+2\pi M)n}=X(\mathrm{e}^{\mathrm{j}(\omega+2\pi M)}) \tag{3.6}$$

其中 M 为整数。可见：

（1）序列的傅里叶变换是频率 ω 的连续周期函数，周期是 2π。

（2）$X(\mathrm{e}^{\mathrm{j}\omega})$ 可展成傅里叶级数，$x(n)$ 是其系数。$X(\mathrm{e}^{\mathrm{j}\omega})$ 表示了信号在频域中的分布规律。

（3）在 $\omega=0$，$\pm2\pi$，$\pm4\pi\cdots$时，表示信号的直流分量，在 $\omega=\pm(2M+1)\pi$ 时是最高的频率分量。所以分析信号频谱时一般只需分析在一个周期（$-\pi$，π）的 FT 即可。

2. 线性

设

$$X_1(\mathrm{e}^{\mathrm{j}\omega})=\mathrm{FT}[x_1(n)]$$
$$X_2(\mathrm{e}^{\mathrm{j}\omega})=\mathrm{FT}[x_2(n)]$$

则

$$\mathrm{FT}[ax_1(n)+bx_2(n)]=aX_1(\mathrm{e}^{\mathrm{j}\omega})+bX_2(\mathrm{e}^{\mathrm{j}\omega}) \tag{3.7}$$

式中 a，b 为常数。

3. 时移与频移性

设 $X(\mathrm{e}^{\mathrm{j}\omega})=\mathrm{FT}[x(n)]$，则

$$\mathrm{FT}[x(n-n_0)]=\mathrm{e}^{-\mathrm{j}\omega n_0}X(\mathrm{e}^{\mathrm{j}\omega}) \tag{3.8}$$

$$\mathrm{FT}[\mathrm{e}^{\mathrm{j}\omega_0 n}x(n)]=X[\mathrm{e}^{\mathrm{j}(\omega-\omega_0)}] \tag{3.9}$$

4. FT 的对称性

（1）共轭对称性

定义：设序列 $x_{\mathrm{e}}(n)$ 满足 $x_{\mathrm{e}}(n)=x_{\mathrm{e}}^{*}(-n)$ 则称 $x_{\mathrm{e}}(n)$ 为共轭对称序列。

共轭对称序列有如下性质。

将 $x_e(n)$ 用其实部与虚部表示：$x_e(n)=x_{er}(n)+jx_{ei}(n)$ (3.10)

两边 n 用 $-n$ 代替，并取共轭，得

$$x_e^*(-n)=x_{er}(-n)-jx_{ei}(-n) \tag{3.11}$$

$$x_{er}(n)=x_{er}(-n) \tag{3.12}$$

$$x_{ei}(n)=-x_{ei}(-n) \tag{3.13}$$

共轭对称序列其实部是偶函数，而虚部是奇函数。

(2) 共轭反对称性

定义：满足下式的序列称为共轭反对称序列。

$$x_o(n)=-x_o^*(-n) \tag{3.14}$$

共轭反对称序列有如下性质。

将 $x_o(n)$ 用实部与虚部表示

$$x_o(n)=x_{or}(n)+jx_{oi}(n) \tag{3.15}$$

得

$$x_{or}(n)=-x_{or}(-n) \tag{3.16}$$

$$x_{oi}(n)=x_{oi}(-n) \tag{3.17}$$

共轭反对称序列的实部是奇函数，而虚部是偶函数。

(3) 一般序列可用共轭对称与共轭反对称序列之和表示

$$x(n)=x_e(n)+x_o(n) \tag{3.18}$$

将式 (3.18) 中的 n 用 $-n$ 代替，再取共轭得到

$$x^*(-n)=x_e(n)-x_o(n) \tag{3.19}$$

比较式 (3.18) 和式 (3.19)，得 $x_e(n)$、$x_o(n)$

$$x_e(n)=\frac{1}{2}[x(n)+x^*(-n)] \tag{3.20}$$

$$x_o(n)=\frac{1}{2}[x(n)-x^*(-n)] \tag{3.21}$$

在频域，函数 $X(e^{j\omega}$ 也有类似的概念和结论

$$X(e^{j\omega})=x_e(e^{j\omega})+X_o(e^{j\omega}) \tag{3.22}$$

共轭对称部分 $X_e(e^{j\omega})$ 和共轭反对称部分 $X_o(e^{j\omega})$ 满足

$$X_e(e^{j\omega})=X_e^*(e^{-j\omega}) \tag{3.23}$$

$$X_o(e^{j\omega})=-X_o^*(e^{-j\omega}) \tag{3.24}$$

同理可得下列公式

$$X_e(e^{j\omega})=\frac{1}{2}[X(e^{j\omega})+X^*(e^{-j\omega})] \tag{3.25}$$

$$X_o(e^{j\omega})=\frac{1}{2}[X(e^{j\omega})-X^*(e^{-j\omega})] \tag{3.26}$$

(4) FT 的对称性

将序列 $x(n)$ 分成实部 $x_r(n)$ 与虚部 $x_i(n)$，即

$$x(n)=x_r(n)+jx_i(n) \tag{3.27}$$

$$X(e^{j\omega})=X_e(e^{j\omega})+X_o(e^{j\omega})$$

可以证明：

$$\mathrm{FT}[x_{\mathrm{r}}(n)]=\sum_{n=-\infty}^{\infty}x_{\mathrm{r}}(n)\mathrm{e}^{-\mathrm{j}\omega n}=X_{\mathrm{e}}(\mathrm{e}^{\mathrm{j}\omega})$$

$$\mathrm{FT}[\mathrm{j}x_{\mathrm{i}}(n)]=\mathrm{j}\sum_{n=-\infty}^{\infty}x_{\mathrm{i}}(n)\mathrm{e}^{-\mathrm{j}\omega n}=X_{\mathrm{o}}(\mathrm{e}^{\mathrm{j}\omega})$$

结论：序列分成实部与虚部两部分，实部对应着 FT 的共轭对称部分，虚部（包含 j）对应着 FT 的共轭反对称部分。

将序列 $x(n)$ 分成共轭对称部分 $x_{\mathrm{e}}(n)$ 和共轭反对称部分 $x_{\mathrm{o}}(n)$，即

$$\begin{aligned}x(n)&=x_{\mathrm{e}}(n)+x_{\mathrm{o}}(n)\\X(\mathrm{e}^{\mathrm{j}\omega})&=X_{\mathrm{R}}(\mathrm{e}^{\mathrm{j}\omega})+\mathrm{j}X_{\mathrm{I}}(\mathrm{e}^{\mathrm{j}\omega})\end{aligned}\tag{3.28}$$

可以证明：

$$因\ x_{\mathrm{e}}(n)=\frac{1}{2}[x(n)+x(-n)],\ x_{\mathrm{o}}(n)=\frac{1}{2}[x(n)-x(-n)]$$

$$则\ \mathrm{FT}[x_{\mathrm{e}}(n)]=\frac{1}{2}[X(\mathrm{e}^{\mathrm{j}\omega})+X^{*}(\mathrm{e}^{\mathrm{j}\omega})]=R\mathrm{e}[X(\mathrm{e}^{\mathrm{j}\omega})]=X_{\mathrm{R}}(\mathrm{e}^{\mathrm{j}\omega})$$

$$\mathrm{FT}[x_{\mathrm{o}}(n)]=\frac{1}{2}[X(\mathrm{e}^{\mathrm{j}\omega})-X^{*}(\mathrm{e}^{\mathrm{j}\omega})]=\mathrm{jIm}[X(\mathrm{e}^{\mathrm{j}\omega})]=\mathrm{j}X_{I}(\mathrm{e}^{\mathrm{j}\omega})$$

结论：序列的共轭对称部分 $x_{\mathrm{e}}(n)$ 对应着 FT 的实部 $X_{\mathrm{R}}(\mathrm{e}^{\mathrm{j}\omega})$，而序列的共轭反对称部分 $x_{\mathrm{o}}(n)$ 对应着 FT 的虚部 $\mathrm{j}X_{\mathrm{I}}(\mathrm{e}^{\mathrm{j}\omega})$。

利用 FT 的对称性，可得以下四个结论。

(1) $x(n)$ 为实序列 $[x_{\mathrm{i}}(n)=0]$，得 $X(\mathrm{e}^{\mathrm{j}\omega})=X_{\mathrm{e}}(\mathrm{e}^{\mathrm{j}\omega})$ 为共轭对称函数，即 $X(\mathrm{e}^{\mathrm{j}\omega})=X^{*}(\mathrm{e}^{-\mathrm{j}\omega})$。

(2) $x(n)$ 为实偶序列 $[x_{\mathrm{i}}(n)=0$ 且 $x(n)=x(-n)$，$x_{\mathrm{o}}(n)=0]$，得 $X(\mathrm{e}^{\mathrm{j}\omega})$ 为实偶函数，即 $X(\mathrm{e}^{\mathrm{j}\omega})=X(\mathrm{e}^{-\mathrm{j}\omega})$。

(3) $x(n)$ 为实奇序列 $[x_{\mathrm{i}}(n)=0$ 且 $x_{\mathrm{n}}=-x(-n)$，$x_{\mathrm{e}}(n)=0]$，得 $X(\mathrm{e}^{\mathrm{j}\omega})$ 为纯虚奇对称函数，即 $X(\mathrm{e}^{\mathrm{j}\omega})=X^{*}(\mathrm{e}^{-\mathrm{j}\omega})=-X(\mathrm{e}^{-\mathrm{j}\omega})$。

(4) $x(n)$ 为实因果序列：$x(n)=x_{\mathrm{e}}(n)+x_{\mathrm{o}}(n)$

$$x_{\mathrm{e}}(n)=\frac{1}{2}[x(n)+x(-n)]$$

$$x_{\mathrm{o}}(n)=\frac{1}{2}[x(n)-x(-n)]$$

$$x(n)=\begin{cases}2x_{\mathrm{e}}(n),\ n>0\\x_{\mathrm{e}}(n),\ n=0\\0,\ n<0\end{cases}\qquad x(n)=\begin{cases}2x_{\mathrm{o}}(n),\ n>0\\x(0),\ n=0\\0,\ n<0\end{cases}$$

$$x_{\mathrm{e}}(n)=\begin{cases}x(0),\ n=0\\\frac{1}{2}x(n),\ n>0\\\frac{1}{2}x(-n),\ n<0\end{cases}\qquad x_{\mathrm{o}}(n)=\begin{cases}0,\ n=0\\\frac{1}{2}x(n),\ n>0\\-\frac{1}{2}x(-n),\ n<0\end{cases}$$

【例 3-3】若序列 $x(n)$ 为实因果序列，其傅里叶变换的实部为 $X_R(e^{j\omega})=1+\cos\omega$，求 $x(n)$ 及其 $X(e^{j\omega})$。

解：因 $X_R(e^{j\omega})=\mathrm{FT}[x_e(n)]=1+0.5e^{j\omega}+0.5e^{-j\omega}=\sum_{n=-\infty}^{\infty}x_e(n)e^{-j\omega n}$

则 $x_e(n)=\mathrm{IFT}[X_e(e^{j\omega})]=\begin{cases}0, & n>1\\ 0.5, & n=1\\ 1, & n=0\\ 0.5, & n=-1\\ 0, & n<-1\end{cases}$ $\quad x(n)=\begin{cases}0, & n>1\\ 1, & n=1\\ 1, & n=0\\ 0, & n<0\end{cases}$

根据傅里叶变换定义：$X(e^{j\omega})=\mathrm{FT}[x(n)]=\sum_{n=-\infty}^{\infty}x(n)e^{-j\omega n}=1+e^{-j\omega}$

5. 时域卷积定理

设 $y(n)=x(n)*h(n)$，则

$$Y(e^{j\omega})=X(e^{j\omega})H(e^{j\omega}) \tag{3.29}$$

证明：$y(n)=\sum_{m=-\infty}^{\infty}x(m)h(n-m)$

$$Y(e^{j\omega})=\mathrm{FT}[y(n)]=\sum_{n=-\infty}^{\infty}\Big[\sum_{m=-\infty}^{\infty}x(m)h(n-m)\Big]e^{-j\omega n}$$

令 $k=n-m$，则

$$\begin{aligned}Y(e^{j\omega})&=\sum_{k=-\infty}^{\infty}\sum_{m=-\infty}^{\infty}h(k)e^{-j\omega k}x(m)e^{j\omega k}e^{-j\omega n}\\&=\sum_{k=-\infty}^{\infty}h(k)e^{-j\omega k}\sum_{k=-\infty}^{\infty}x(m)e^{-j\omega m}\\&=H(e^{j\omega})X(e^{j\omega})\end{aligned}$$

6. 频域卷积定理

设 $y(n)=x(n)h(n)$，则

$$Y(e^{j\omega})=\frac{1}{2\pi}X(e^{j\omega})*H(e^{j\omega})=\frac{1}{2\pi}\int_{-\pi}^{\pi}X(e^{j\theta})H(e^{j(\omega-\theta)})d\theta \tag{3.30}$$

证明：$Y(e^{j\omega})=\sum_{n=-\infty}^{\infty}x(n)h(n)e^{-j\omega n}$

$$\begin{aligned}&=\sum_{n=-\infty}^{\infty}x(n)\left[\frac{1}{2\pi}\int_{-\pi}^{\pi}H(e^{j\theta})e^{j\theta n}d\theta\right]e^{-j\omega n}\\&=\frac{1}{2\pi}\int_{-\pi}^{\pi}H(e^{j\theta})\Big[\sum_{n=-\infty}^{\infty}x(n)e^{-j(\omega-\theta)n}\Big]d\theta\\&=\frac{1}{2\pi}\int_{-\pi}^{\pi}H(e^{j\theta})X(e^{j(\omega-\theta)})d\theta\\&=\frac{1}{2\pi}H(e^{j\omega})*H(e^{j\omega})\end{aligned}$$

7. 帕斯维尔（Parseval）定理

$$\sum_{n=-\infty}^{\infty}|x(n)|^2=\frac{1}{2\pi}\int_{-\pi}^{\pi}|X(e^{j\omega})|^2 d\omega \tag{3.31}$$

证明：
$$\begin{aligned}\sum_{n=-\infty}^{\infty}|x(n)|^2&=\sum_{n=-\infty}^{\infty}x(n)x^*(n)=\sum_{n=-\infty}^{\infty}x^*(n)\left[\frac{1}{2\pi}\int_{-\pi}^{\pi}X(e^{j\omega})e^{j\omega n}d\omega)\right]\\&=\frac{1}{2\pi}\int_{-\pi}^{\pi}X(e^{j\omega})\sum_{n=-\infty}^{\infty}x^*(n)e^{j\omega n}d\omega\\&=\frac{1}{2\pi}\int_{-\pi}^{\pi}X(e^{j\omega})X^*(e^{j\omega})d\omega=\frac{1}{2\pi}\int_{-\pi}^{\pi}\left|X(e^{j\omega})\right|^2 d\omega\end{aligned}$$

定理说明，信号时域的总能量等于频域的总能量。

8. 尺度变换

设 $X(e^{j\omega})=FT[x(n)]$，a 为常数，则 $FT[x(an)]=X(e^{\frac{j\omega}{a}})$。

3.2 周期序列的离散傅里叶级数与傅里叶变换

3.2.1 周期序列的离散傅里叶级数 DFS

设 $\tilde{x}(n)$ 是周期为 N 的周期序列，$\tilde{x}(n)$ 满足

$$\tilde{x}(n)=\tilde{x}(n+kN) \tag{3.32}$$

其中 k 为任意整数。周期序列在 n 取 $0\sim N-1$ 的区间称为主值区间，周期序列在主值区间的取值称为主值序列。

周期序列 $\tilde{x}(n)$ 可以展开成傅里叶级数

$$\tilde{x}(n)=\sum_{k=-\infty}^{+\infty}a_k e^{j\frac{2\pi}{N}kn} \tag{3.33}$$

式（3.33）中 a_k 为傅里叶级数的系数。基频序列：$e_1(n)=e^{j\frac{2\pi}{N}n}$。$k$ 次谐波序列 $e_k(n)=e^{j\frac{2\pi}{N}kn}$。又因为 $e^{j(2\pi/N)(k+N)n}=e^{j(2\pi/N)kn}$，所以周期序列的离散傅里叶级数中只有 N 个独立的谐波成分，取 $k=0\sim N-1$ 的 N 个独立谐波，其中 $k=0$ 表示周期序列的直流分量。因此周期序列 $\tilde{x}(n)$ 的傅里叶级数可以写成

$$\tilde{x}(n)=\sum_{k=0}^{N-1}a_k e^{j\frac{2\pi}{N}kn} \tag{3.34}$$

为求系数 a_k，将式（3.34）两边分别乘以 $e^{-j\frac{2\pi}{N}mn}$，并对 n 在一个周期 N 内求和

$$\sum_{n=0}^{N-1}\tilde{x}(n)e^{-j\frac{2\pi}{N}mn}=\sum_{n=0}^{N-1}\left[\sum_{k=-\infty}^{+\infty}a_k e^{j\frac{2\pi}{N}kn}\right]e^{-j\frac{2\pi}{N}mn}=\sum_{k=-\infty}^{+\infty}a_k\sum_{n=0}^{N-1}e^{j\frac{2\pi}{N}(k-m)n}$$

式中

$$\sum_{n=0}^{N-1}e^{j\frac{2\pi}{N}(k-m)n}=\begin{cases}N, & k=m\\0, & k\neq m\end{cases} \tag{3.35}$$

所以

$$a_k=\frac{1}{N}\sum_{n=0}^{N-1}\tilde{x}(n)e^{-j\frac{2\pi}{N}kn},\quad -\infty<k<+\infty \tag{3.36}$$

系数 a_k 也是周期为 N 的周期序列，令 $\widetilde{X}(k)=Na_k$，将式（3.36）代入得到

$$\widetilde{X}(k)=\mathrm{DFS}[\widetilde{x}(n)]=\sum_{n=0}^{N-1}\widetilde{x}(n)\mathrm{e}^{-\mathrm{j}\frac{2\pi}{N}kn} \tag{3.37}$$

$\widetilde{X}(k)$ 也为周期序列，$k=0\sim N-1$ 为主值区间，$\widetilde{X}(k)$ 在主值区间的值称为主值序列。$\widetilde{X}(k)$ 称为 $\widetilde{x}(n)$ 的傅里叶级数，用 DFS 表示。

若对式（3.37）两端乘以 $\mathrm{e}^{\mathrm{j}\frac{2\pi}{N}kl}$，并对 k 在一个周期内求和，则

$$\sum_{k=0}^{N-1}\widetilde{X}(k)\mathrm{e}^{\mathrm{j}\frac{2\pi}{N}kl}=\sum_{k=0}^{N-1}\left[\sum_{n=0}^{N-1}\widetilde{x}(n)\mathrm{e}^{-\mathrm{j}\frac{2\pi}{N}kn}\right]\mathrm{e}^{\mathrm{j}\frac{2\pi}{N}kl}=\sum_{n=0}^{N-1}\widetilde{x}(n)\sum_{n=0}^{N-1}\mathrm{e}^{\mathrm{j}\frac{2\pi}{N}(l-n)k}$$

同理可得

$$\widetilde{x}(n)=\mathrm{IDFS}[\widetilde{X}(k)]=\frac{1}{N}\sum_{k=0}^{N-1}\widetilde{X}(k)\mathrm{e}^{\mathrm{j}\frac{2\pi}{N}kn} \tag{3.38}$$

式（3.37）和式（3.38）称为周期序列的一对离散傅里叶级数（DFS）。

【例 3-4】 设周期序列的主值序列为 $\widetilde{x}(n)=\begin{cases}1, & 0\leqslant n\leqslant 3\\ 0, & 4\leqslant n\leqslant 7\end{cases}$，求周期序列的离散傅里叶级数 DFS $[\widetilde{x}(n)]$。

解： 由题意可知 $N=8$，根据式（3.37），有

$$\widetilde{X}(k)=\sum_{n=0}^{7}\widetilde{x}(n)\mathrm{e}^{-\mathrm{j}\frac{2\pi}{8}kn}=\sum_{n=0}^{3}\mathrm{e}^{-\mathrm{j}\frac{\pi}{4}kn}=\frac{1-\mathrm{e}^{-\mathrm{j}\frac{\pi}{4}k.4}}{1-\mathrm{e}^{-\mathrm{j}\frac{\pi}{4}k}}=\frac{1-\mathrm{e}^{-\mathrm{j}\pi k}}{1-\mathrm{e}^{-\mathrm{j}\frac{\pi}{4}k}}$$

$$=\frac{\mathrm{e}^{-\mathrm{j}\frac{\pi}{2}}(\mathrm{e}^{\mathrm{j}\frac{\pi}{2}k}-\mathrm{e}^{-\mathrm{j}\frac{\pi}{2}k})}{\mathrm{e}^{-\mathrm{j}\frac{\pi}{8}}(\mathrm{e}^{\mathrm{j}\frac{\pi}{8}k}-\mathrm{e}^{-\mathrm{j}\frac{\pi}{8}k})}=\mathrm{e}^{-\mathrm{j}\frac{3}{8}\pi k}\frac{\sin\dfrac{\pi}{2}k}{\sin\dfrac{\pi}{8}k}$$

其中，$k=0\sim7$ 为主值区间。

3.2.2 周期序列的傅里叶变换表达式

可以证明，对于时域周期序列：$x(n)=\mathrm{e}^{\mathrm{j}\omega_0 n}$，$-\pi\leqslant\omega_0\leqslant\pi$，$2\pi/\omega_0$ 为有理数，其傅里叶变换对为

$$\begin{cases}X(\mathrm{e}^{\mathrm{j}\omega})=\mathrm{FT}[\mathrm{e}^{\mathrm{j}\omega_0 n}]=\displaystyle\sum_{r=-\infty}^{\infty}2\pi\delta(\omega-\omega_0-2\pi r)\\ \mathrm{e}^{\mathrm{j}\omega_0 n}=\mathrm{IFT}[X(\mathrm{e}^{\mathrm{j}\omega})]=\dfrac{1}{2\pi}\displaystyle\int_{-\pi}^{\pi}X(\mathrm{e}^{\mathrm{j}\omega})\mathrm{e}^{\mathrm{j}\omega n}\mathrm{d}\omega\end{cases} \tag{3.39a}$$

其中 $\delta(\omega)$ 表示单位冲击函数（$\delta(n)$ 为单位脉冲序列）。

同样，对于一般的周期序列 $\widetilde{x}(n)$，可以展成 DFS，其 k 次谐波为 $(\widetilde{X}(k)/N)\mathrm{e}^{\mathrm{j}\frac{2\pi}{N}kn}$，其傅里叶变换为：$\dfrac{2\pi\widetilde{X}(k)}{N}\displaystyle\sum_{r=-\infty}^{\infty}\delta\left(\omega-\frac{2\pi}{N}k-2\pi r\right)$，因此周期序列 $\widetilde{x}(n)$（以 N 为周期）的傅里叶变换为

$$\widetilde{X}(\mathrm{e}^{\mathrm{j}\omega})=\mathrm{FT}[\widetilde{x}(n)]=\frac{2\pi}{N}\sum_{k=-\infty}^{+\infty}\widetilde{X}(k)\delta\left(\omega-\frac{2\pi}{N}k\right) \tag{3.39b}$$

式中：$\widetilde{X}(k)=\sum_{n=0}^{N-1}\widetilde{x}(n)\mathrm{e}^{-\mathrm{j}\frac{2\pi}{N}kn}$ 为周期序列的离散傅里叶级数。

表 3-1 列出了一些基本序列的傅里叶变换。

表 3-1 一些基本序列的傅里叶变换

序 列	傅里叶变换
$\delta(n)$	1
$a^n u(n)$，$\lvert a\rvert<1$	$(1-a\mathrm{e}^{-\mathrm{j}\omega})^{-1}$
$R_N(n)$	$\mathrm{e}^{-\mathrm{j}(N-1)\omega/2}\sin(\omega N/2)/\sin(\omega/2)$
$u(n)$	$(1-\mathrm{e}^{-\mathrm{j}\omega})^{-1}+\sum_{k=-\infty}^{\infty}\pi\delta(\omega-2\pi k)$
$x(n)=1$	$2\pi\sum_{k=-\infty}^{\infty}\delta(\omega-2\pi k)$
$\mathrm{e}^{\mathrm{j}\omega_0 n}$，$2\pi/\omega_0$ 有理数，$\omega_0\in[-\pi,\pi]$	$2\pi\sum_{l=-\infty}^{\infty}\delta(\omega-\omega_0-2\pi l)$
$\cos\omega_0 n$，$2\pi/\omega_0$ 有理数，$\omega_0\in[-\pi,\pi]$	$\pi\sum_{l=-\infty}^{\infty}[\delta(\omega-\omega_0-2\pi l)+\delta(\omega+\omega_0-2\pi l)]$
$\sin\omega_0 n$，π/ω_0 有理数，$\omega_0\in[-\pi,\pi]$	$-\mathrm{j}\pi\sum_{l=-\infty}^{\infty}[\delta(\omega-\omega_0-2\pi l)-\delta(\omega+\omega_0-2\pi l)]$

3.3 Z变换

3.3.1 Z变换及其收敛域

1. Z 变换的定义

离散时间序列的 Z 变换是将时域信号变换到 Z 域的一种变换处理，是分析离散系统和离散信号的重要工具。Z 变换其实是离散时间序列的拉普拉斯变换。

序列 $x(n)$ 的 Z 变换定义为

$$X(z)=\mathrm{ZT}[x(n)]=\sum_{n=-\infty}^{\infty}x(n)z^{-n}\quad R_{x-}<\lvert z\rvert<R_{x+}\tag{3.40}$$

其中 z 为复变量，是一个以实部为横坐标，虚部为纵坐标构成的平面上的变量，这个平面也称 z 平面。式（3.40）也称为双边 Z 变换。

单边 Z 变换定义为

$$X(z)=\sum_{n=0}^{\infty}x(n)z^{-n}\tag{3.41}$$

即只对单边序列（$n\geqslant0$ 部分）进行 Z 变换。单边 Z 变换可以看成是双边 Z 变换的一种特例，即因果序列情况下的双边 Z 变换。

2. Z 变换的收敛域

一般序列的 Z 变换并不一定对任何 z 值都收敛，z 平面上使上述级数收敛的区域称为"收敛域"。一般 Z 变换的收敛域为：$R_{x-}<\lvert z\rvert<R_{x+}$。

我们知道，级数一致收敛的条件是绝对值可和，因此 z 平面的收敛域应满足

$$\sum_{n=-\infty}^{\infty}\lvert x(n)z^{-n}\rvert<\infty\tag{3.42}$$

对于实数序列应满足

$$\sum_{n=-\infty}^{\infty}|x(n)z^{-n}|=\sum_{n=-\infty}^{\infty}|x(n)||z|^{-n}<\infty \tag{3.43}$$

因此，$|z|$值在一定范围内才能满足绝对可和条件，这个范围一般表示为$R_{x-}<|z|<R_{x+}$。这就是收敛域，一个以R_{x-}和R_{x+}为半径的两个圆所围成的环形区域，R_{x-}和R_{x+}称为收敛半径，R_{x-}和R_{x+}的大小即收敛域的位置与具体序列有关，特殊情况为R_{x-}和R_{x+}等于 0，这时圆环变成圆或空心圆，如图 3－2 所示。

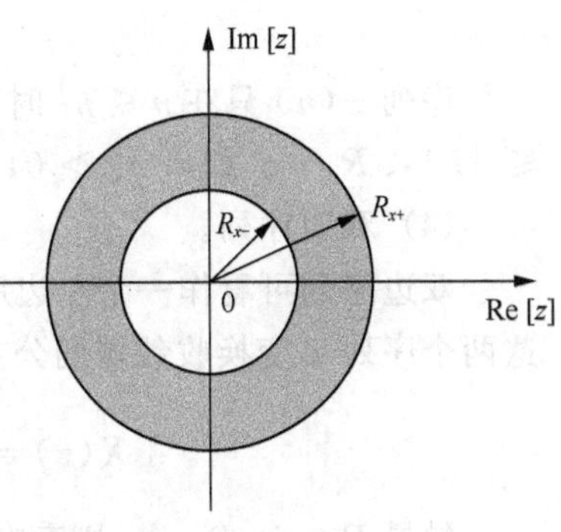

图 3－2　Z 变换的收敛域

3. 四种序列的 Z 变换收敛域

（1）有限长序列

序列 $x(n)=\begin{cases}x(n), & n_1\leqslant n\leqslant n_2\\ 0, & \text{其他 } n\end{cases}$，则其 Z 变换为

$X(z)=\sum\limits_{n=n_1}^{n_2}x(n)z^{-n}$，收敛域为 $0\leqslant|z|\leqslant\infty$。

因为 $X(z)$ 是有限项的级数和，只要级数每一项有界，则有限项和也有界，所以有限长序列 Z 变换的收敛域取决于 $|z|^{-n}\leqslant\infty$，$n_1\leqslant n\leqslant n_2$。

显然$|z|$在整个开域（0，∞）都能满足以上条件，因此有限长序列的收敛域是除 0 及∞两个点（对应 $n>0$ 和 $n<0$ 不收敛）以外的整个 z 平面：$0\leqslant|z|\leqslant\infty$。如果对 n_1，n_2 加以一定的限制，如 $n_1\geqslant0$ 或 $n_2\leqslant0$，则根据条件 $|z|^{-n}\leqslant\infty$（$n_1\leqslant n\leqslant n_2$），收敛域可进一步扩大为包括 0 点或∞点的半开域

$$\begin{cases}0<|z|\leqslant\infty, & n_1\geqslant0,\ n_2>0\\ 0<|z|<\infty, & n_1<0,\ n_2>0\\ 0\leqslant|z|<\infty, & n_1<0,\ n_2\leqslant0\end{cases}$$

【例 3－5】 求序列 $x(n)=\delta(n)$ 的 Z 变换的收敛域。

解：

$$X(z)=\sum_{n=-\infty}^{\infty}\delta(n)z^{-n}=1\times z^{-0}=1$$

由于 $n_1=n_2=0$，其收敛域为整个闭域子平面，$0\leqslant|z|\leqslant\infty$。

【例 3－6】 求矩形序列 $x(n)=R_N(n)$ 的 Z 变换的收敛域。

解：

$$X(z)=\sum_{n=-\infty}^{\infty}R_N(n)z^{-n}=\sum_{n=0}^{N-1}z^{-n}=1+z^{-1}+z^{-2}-1+\cdots+z^{-(N-1)}$$

利用等比级数求和公式得到

$$X(z)=\frac{1-z^{-N}}{1-z^{-1}},\quad 0<|z|\leqslant\infty$$

（2）右边序列

$$X(z)=\sum_{n=n_1}^{\infty}x(n)z^{-n}$$

序列 $x(n)$ 只在 $n\geqslant n_1$ 时有值，其收敛域为收敛半径 R_{x-} 以外的 z 平面，即 $|z|>R_{x-}$。右边序列中最重要的一种序列是“因果序列”，如果是因果序列其收敛域为 $R_{x-}<|Z|\leqslant\infty$。

(3) 左边序列

$$X(z)=\sum_{n=-\infty}^{n_2} x(n)z^{-n}$$

序列 $x(n)$ 只在 $n \leqslant n_2$ 时有值，当 $n_2<0$，其收敛域在收敛半径为 R_{x+} 的圆内，即 $0 \leqslant |z|<R_{x+}$。如果 $n_2>0$，则收敛域为 $0<|z|<R_{x+}$。

(4) 双边序列。

双边序列可看作一个左边序列和一个右边序列之和，因此双边序列Z变换的收敛域是这两个序列Z变换收敛域的公共部分。

$$X(z)=\sum_{n=-\infty}^{\infty} x(n)z^{-n} \quad R_{x-}<|z|<R_{x+}$$

如果 $R_{x+}>R_{x-}$，则存在公共的收敛区间，$X(z)$ 有收敛域，$R_{x-}<|z|<R_{x-}$；如果 $R_{x+}<R_{x-}$，无公共收敛区间，$X(z)$ 无收敛域，不收敛。

【例 3-7】 $x(n)=a^{|n|}$，a 为实数，求 $x(n)$ 的Z变换及其收敛域。

解：

$$X(z)=\sum_{n=-\infty}^{\infty} a^{|n|}z^{-n}=\sum_{n=-\infty}^{-1} a^{-n}z^{-n}+\sum_{n=0}^{\infty} a^{n}z^{-n}=\sum_{n=1}^{\infty} a^{n}z^{n}+\sum_{n=0}^{\infty} a^{n}z^{-n}$$

第一部分收敛域为 $|az|<1$，得 $|z|<|a|^{-1}$；第二部分收敛域为 $|az^{-1}|<1$，得到 $|z|>|a|$。如果 $|a|<1$，两部分的公共收敛域为 $|a|<|z|<|a|^{-1}$，其Z变换如下式

$$X(z)=\frac{az}{1-az}+\frac{1}{1-az^{-1}}$$

$$=\frac{1-a^2}{(1-az)(1-az^{-1})} \quad |a|<|z|<|a|^{-1}$$

如果 $|a| \geqslant 1$，则无公共收敛域，因此 $X(z)$ 不存在。当 $0<a<1$ 时，$X(z)$ 的收敛域如图3-3所示。

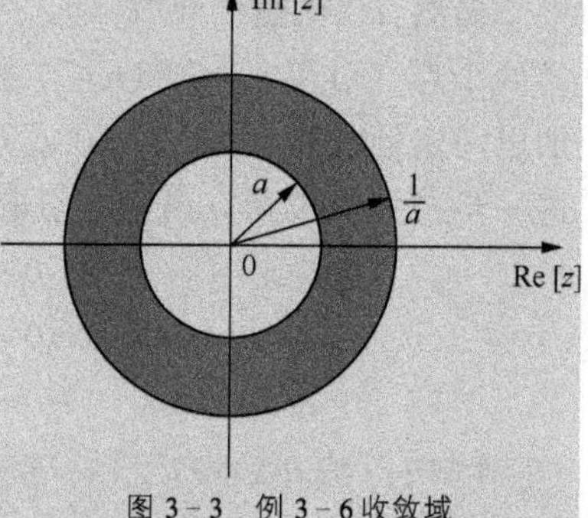

图 3-3 例 3-6 收敛域

3.3.2 逆Z变换

已知函数 $X(z)$ 及其收敛域如式（3.40）所示，反过来求序列 $x(n)$ 的变换称为逆Z变换，常用 $Z^{-1}[X(z)]$ 表示。

$$x(n)=Z^{-1}[X(z)]=\frac{1}{2\pi j}\oint_c X(z)z^{n-1}dz \quad c \in (R_{x-}, R_{x+}) \tag{3.44}$$

逆Z变换是一个对 $X(z)z^{n-1}$ 进行的围线积分，积分路径 c 是一条在 $X(z)$ 收敛环域 (R_{x-}, R_{x+}) 以内反时针方向绕原点一周的单闭合围线。

求解逆Z变换常用的三种方法有：留数定律法、幂级数法、部分分式展开法。

1. 留数定理法

令 $F(z)=X(z)z^{n-1}$

设 $F(z)$ 在围线 c 内有 N_1 个极点 z_{1k}，在围线 c 外有 N_2 个极点 z_{2k}，根据留数定理

$$x(n)=\frac{1}{2\pi j}\oint_c X(z)z^{n-1}dz=\sum_{k=1}^{N_1}\text{Res}[F(z), z_{1k}] \tag{3.45}$$

$$x(n) = -\sum_{k=1}^{N_2} \text{Res}[F(z), z_{2k}] \tag{3.46}$$

使用式（3.45）的条件是 $F(z)$ 的分母阶次（z 的正次幂）比分子阶次必须高二阶以上。即

$$N - (M + n - 1) \geqslant 2 \tag{3.47}$$

设 $X(z) = P(z)/Q(z)$，则 $P(z)$ 与 $Q(z)$ 分别是 M 与 N 阶多项式。

求极点留数的方法如下。

如果 z_k 是单阶极点，则

$$\text{Res}\,[X(z)z^{n-1}, z_k] = (z - z_k) \cdot X(z)z^{n-1} \Big|_{z=z_k} \tag{3.48}$$

如果 z_k 是 N 阶极点，则

$$\text{Res}\,[X(z)z^{n-1}, z_k] = \frac{1}{(N-1)!} \frac{\mathrm{d}^{N-1}}{\mathrm{d}z^{N-1}}[(z - z_k)^N X(z)z^{n-1}] \Big|_{z=z_k} \tag{3.49}$$

如果 c 内有多阶极点，而 c 外没有多阶极点，可以根据留数辅助定理式（3.46）改求 c 外的所有极点留数之和，使问题简化。

【例 3-8】 已知 $X(z) = (1 - az^{-1})^{-1}$，$|z| > a$，求其逆 Z 变换 $x(n)$。

解：

由于收敛域是 $|z| > a$，根据前面分析的序列特性对收敛域的影响知道，$x(n)$ 一定是因果的右序列，这样 $n < 0$ 部分一定为零，只需求 $n \geqslant 0$ 部分。

当 $n \geqslant 0$ 时，$F(z)$ 只有一个极点 a，所以

$$\begin{aligned} x(n) &= \text{Res}[F(z), a] = \text{Res}\,[X(z)z^{n-1}, a] \\ &= \{(z-a)X(z)z^{n-1}\}\Big|_{z=a} \\ &= \{(z-a)(1-az^{-1})^{-1}z^{n-1}\}\Big|_{z=a} \\ &= \{(z-a)\frac{z^n}{z-a}\}\Big|_{z=a} \\ &= a^n \end{aligned}$$

则

$$x(n) = a^n u(n)$$

2. 幂级数法

Z 变换式一般是 z 的有理函数，可表示为

$$X(z) = \frac{N(z)}{D(z)} = \frac{b_0 + b_1 z + b_2 z^2 + \cdots + b_{r-1}z^{r-1} + b_r z^r}{a_0 + a_1 z + a_2 z^2 + \cdots + a_{k-1}z^{k-1} + a_k z^k}$$

直接用长除法进行逆变换

$$\begin{aligned} X(z) &= \sum_{n=-\infty}^{\infty} x(n)z^{-n} \\ &= \cdots + x(-2)z^2 + x(-1)z^1 + x(0)z^0 + x(1)z^{-1} + x(2)z^{-2} + \cdots \end{aligned} \tag{3.50}$$

级数的系数就是序列 $x(n)$。

右边序列的逆 Z 变换

$$X(z) = \sum_{n=0}^{\infty} x(n)z^{-n} = x(0)z^0 + x(1)z^{-1} + x(2)z^{-2} + \cdots \tag{3.51}$$

$X(z)$ 以 z 的降幂排列。

左边序列的逆Z变换

$$X(z)=\sum_{n=-\infty}^{-1}x(n)z^{-n}=x(-1)z^{1}+x(-2)z^{2}+x(-3)z^{3}+\cdots \tag{3.52}$$

$X(z)$ 以 z 的升幂排列。

3. 部分分式展开法

Z变换式的一般形式

$$X(z)=\frac{N(z)}{D(z)}=\frac{b_0+b_1z+b_2z^2+\cdots+b_{r-1}z^{r-1}+b_rz^r}{a_0+a_1z+a_2z^2+\cdots+a_{k-1}z^{k-1}+a_kz^k}$$

Z变换的基本形式 $\frac{z}{z-a}\leftrightarrow\begin{cases}a^nu(n), & |z|>|a|\\ -a^nu(-n-1), & |z|<|a|\end{cases}$

极点决定部分分式展开的形式，$X(z)$ 的极点也可分为一阶极点和高阶极点。

(1) 一阶极点情形

$$X(z)=A_0+\sum_{m=1}^{N}\frac{A_mz}{z-z_m} \tag{3.53}$$

$$\frac{X(z)}{z}=\frac{A_0}{z}+\sum_{m=1}^{N}\frac{A_m}{z-z_m}=\frac{A_0}{z}+\frac{A_1}{z-z_1}+\frac{A_2}{z-z_2}+\cdots+\frac{A_N}{z-z_N}$$

$$A_0=\frac{b_0}{a_0}\text{（极点 }z=0\text{ 的系数）}$$

$$A_m=(z-z_m)\left.\frac{X(z)}{z}\right|_{z=z_m}\quad\text{（极点 }z=z_m\text{ 的系数）}$$

所以 $$X(z)=A_0+\frac{A_1z}{z-z_1}+\frac{A_2z}{z-z_2}+\cdots+\frac{A_Nz}{z-z_N} \tag{3.54}$$

$$x(n)=A_0\delta(n)+A_1(z_1)^n+A_2(z_2)^n+\cdots+A_N(z_N)^n,\ n\geqslant0 \tag{3.55}$$

(2) 高阶极点（重根）情形

设 $X(z)=\sum_{j=1}^{s}\frac{B_jz}{(z-z_i)^j}$，$z=z_i$ 为 s 阶极点。

则 $$B_j=\frac{1}{(s-j)!}\left[\frac{d^{s-j}}{dz^{s-j}}(z-z_i)^s\frac{X(z)}{z}\right]_{z=z_i} \tag{3.56}$$

【例3-9】 已知 $X(z)=\frac{z^2}{z^2-1.5z+0.5}$ 收敛域为 $|z|>1$，试求 z 的反变换。

解：

$$X(z)=\frac{z^2}{z^2-1.5z+0.5}=\frac{z^2}{(z-1)(z-0.5)}$$

则 $$\frac{X(z)}{z}=\frac{z^2}{z(z-1)(z-0.5)}=\frac{A_0}{z}+\frac{A_1}{(z-1)}+\frac{A_2}{(z-0.5)}$$

$$A_0=[X(z)]_{z=0}=0$$

$$A_1=\left[(z-1)\frac{X(z)}{z}\right]_{z=1}=\left[\frac{z}{z-0.5}\right]_{z=1}=2$$

$$A_2=\left[(z-0.5)\frac{X(z)}{z}\right]_{z=0.5}=\left[\frac{z}{z-1}\right]_{z=0.5}=-1$$

则 $$X(z)=\frac{2z}{z-1}+\frac{-z}{z-0.5}$$

所以其反变换为 $$x(n)=2\cdot u(n)-(0.5)^n u(n)$$

3.3.3 Z 变换的基本性质

1. 线性

设 $$X(z)=\mathrm{ZT}[x(n)],\ R_{x-}<|z|<R_{x+}$$
$$Y(z)=\mathrm{ZT}[y(n)],\ R_{y-}<|z|<R_{y+}$$

则

$$\mathrm{ZT}[ax(n)+by(n)]=aX(z)+bX(z)R_{m-}>|z|>R_{m+} \tag{3.57}$$

其中 $R_{m-}=\max[R_{x-},R_{y-}]$，$R_{m+}=\min[R_{x+},R_{y+}]$，即 Z 变换的收敛域 (R_{m-},R_{m+}) 是 $X(z)$ 和 $Y(z)$ 的公共收敛域，若无公共收敛域则 Z 变换不存在。

2. 序列移位

设 $$X(z)=\mathrm{ZT}[x(n)],\ R_{x-}<|z|<R_{x+}$$

则 $$\mathrm{ZT}[x(n-n_0)]=z^{-n_0}X(z),\ R_{x-}<|z|<R_{x+} \tag{3.58}$$

3. 乘指数序列

设 $$X(z)=\mathrm{ZT}[x(n)],\ R_{x-}<|z|<R_{x+}$$
$$Y(z)=\mathrm{ZT}[y(n)],\ R_{y-}<|z|<R_{y+}$$

且 $y(n)=a^n x(n)$，a 为常数，则

$$Y(z)=\mathrm{ZT}[a^n x(n)]=X(a^{-1}z)$$
$$|a|R_{X-}<|z|<|a|R_{X+} \tag{3.59}$$

4. 序列乘 n

设：$X(z)=\mathrm{ZT}[x(n)]$，$R_{X-}<|z|<R_{x+}$，则

$$\mathrm{ZT}[nx(n)]=-z\frac{\mathrm{d}X(z)}{\mathrm{d}z},\ R_{X-}<|z|<R_{X+} \tag{3.60}$$

5. 复序列的共轭

设：$X(z)=\mathrm{ZT}[x(n)]$，$R_{x-}<|z|<R_{x+}$，则

$$X^*(z^*)=\mathrm{ZT}[x^*(n)],\ R_{x-}<|z|<R_{x+} \tag{3.61}$$

6. 初值定理

设：$x(n)$ 是因果序列，$X(z)=\mathrm{ZT}[x(n)]$，则

$$x(0)=\lim_{z\to\infty}X(z) \tag{3.62}$$

7. 终值定理

若 $x(n)$ 是因果序列，其 Z 变换的极点，除可以有一个一阶极点在 $z=1$ 上，其他极点均在单位圆内，则

$$\lim_{n\to\infty}x(n)=\lim_{z\to 1}[(z-1)X(z)] \tag{3.63}$$

终值定理也可用 $X(z)$ 在 $z=1$ 点的留数表示

$$x(\infty)=\mathrm{Res}[X(z),1]$$

如果单位圆上 $X(z)$ 无极点，则 $x(\infty)=0$。

8. 序列卷积

设 $w(n)=x(n)*y(n)$，$\begin{cases}X(z)=\text{ZT}[x(n)],\ R_{x-}<|z|<R_{x+}\\Y(z)=\text{ZT}[y(n)],\ R_{y-}<|z|<R_{y+}\end{cases}$，则

$$\begin{aligned}&W(z)=\text{ZT}[w(n)]=X(z)Y(z),\ R_{w-}<|z|<R_{w+}\\&R_{w-}=\max(R_{x-},\ R_{y-}),\ R_{w+}=\min(R_{x+},\ R_{y+})\end{aligned} \tag{3.64}$$

9. 复卷积定理

设 $X(z)=\text{ZT}[x(n)]$，$R_{x-}<|z|<R_{x+}$，$Y(z)=\text{ZT}[y(n)]$，$R_{y-}<|z|<R_{y+}$，$w(n)=x(n)y(n)$，则

$$W(z)=\frac{1}{2\pi \text{j}}\oint_C X(v)Y\left(\frac{z}{v}\right)\frac{\text{d}v}{v} \tag{3.65}$$

$W(z)$ 的收敛域：$R_{x-}R_{y-}<|z|<R_{x+}R_{y+}$。$C$ 为收敛域内的一条顺时针闭合曲线。

10. 帕斯维尔（Parseval）定理

设 $X(z)=\text{ZT}[x(n)]$，$R_{x-}<|z|<R_{x+}$，

$$Y(z)=\text{ZT}[y(n)],\ R_{y-}<|z|<R_{y+}$$

$R_{x-}R_{y-}<1$，$R_{x+}R_{y+}>1$，则

$$\sum_{n=-\infty}^{\infty}x(n)y^*(n)=\frac{1}{2\pi \text{j}}\oint_C X(v)Y^*\left(\frac{1}{v^*}\right)\frac{\text{d}v}{v} \tag{3.66}$$

v 平面上，c 所在的收敛域为：$\max\left(R_{x-},\ \frac{1}{R_{y+}}\right)<|v|<\min\left(R_{x+},\ \frac{1}{R_{y-}}\right)$。

3.4 离散系统的变换域分析

3.4.1 传输函数与系统函数

系统的时域特性用它的单位脉冲响应 $h(n)$ 表示，如果将 $h(n)$ 进行傅里叶变换，则可得到

$$H(\text{e}^{\text{j}\omega})=\sum_{n=-\infty}^{\infty}h(n)\text{e}^{-\text{j}\omega n} \tag{3.67}$$

一般称 $H(\text{e}^{\text{j}\omega})$ 为系统的传输函数，它表征系统的频率特性。

如果将 $h(n)$ 进行 Z 变换，则可得到 $H(z)$，它表征系统的复频域特性。为了区别 $H(\text{e}^{\text{j}\omega})$，一般称 $H(z)$ 为系统的系统函数。对于 N 阶差分方程，系统函数表示成

$$H(z)=\frac{Y(Z)}{X(Z)}=\frac{\sum_{i=0}^{M}b_i z^{-i}}{\sum_{k=0}^{N}a_k z^{-k}} \tag{3.68}$$

如果 $H(z)$ 的收敛域包含单位圆 $|z|=1$，则 $H(\text{e}^{\text{j}\omega})$ 和 $H(z)$ 之间的关系为

$$H(\text{e}^{\text{j}\omega})=H(z)\Big|_{z=\text{e}^{\text{j}\omega}} \tag{3.69}$$

3.4.2 系统的因果性和稳定性变换域分析

系统函数的极点分布影响着系统的因果性和稳定性。因果系统的单位脉冲响应 $h(n)$

一定满足：当 $n<0$ 时，$h(n)=0$，那么其系统函数 $H(Z)$ 的收敛域一定包含∞点，即∞点不是极点，极点分布在某个圆内，收敛域在某个圆外。

若系统稳定，则系统的单位脉冲响应一定服从绝对可和的条件，即 $h(n)$ 满足

$$\sum_{n=-\infty}^{\infty} |h(n)| < \infty \tag{3.70}$$

即系统稳定则收敛域包含单位圆。

系统因果稳定要求它的收敛域包含单位圆在内的某个圆的圆外，且包含∞点，其收敛域的公式用下式表示

$$1 \leqslant |z| \leqslant \infty \tag{3.71}$$

【例 3-10】 系统函数用下式表示

$$H(z)=\frac{1-a^2}{(1-az)(1-az^{-1})},\quad |a|<1$$

试分析该系统的因果性和稳定性。

解： 该系统有两个极点，即 $z=a$ 和 $z=a^{-1}$ 。

根据系统极点分布情况，系统的因果性和稳定性有三种情况，分别分析如下。

(1) 收敛域取 $a^{-1}<|z|\leqslant\infty$ 。由于收敛域包含∞点，因此系统是因果系统。但由于 $a^{-1}>1$，收敛域不包含单位圆，因此系统不稳定。

(2) 收敛域取 $a<|z|<a^{-1}$ 。由于收敛域包含单位圆，系统稳定；但收敛域不包含∞点，系统不是因果系统。

(3) 收敛域取 $|z|<a$ 。因为收敛域既不包含∞点，也不包含单位圆，因此系统既不稳定也不是因果系统。

3.4.3 系统的零极点分布与系统函数特性

如果系统用 N 阶差分方程描述，一般系统函数用式（3.68）描述，再将它的分子、分母进行因式分解，得到

$$H(z)=A\frac{\prod_{r=1}^{M}(1-c_r z^{-1})}{\prod_{r=1}^{N}(1-d_r z^{-1})},\quad A=\frac{b_0}{a_0} \tag{3.72}$$

式中 c_r 是 $H(z)$ 的零点，d_r 是其极点。零极点矢量如图 3-4 所示。

假设 $M=N$，得到

$$H(z)=A\frac{\prod_{r=1}^{N}(z-c_r)}{\prod_{r=1}^{N}(z-d_r)} \tag{3.73}$$

传输函数为

$$H(e^{j\omega})=A\frac{\prod_{r=1}^{N}(e^{j\omega}-c_r)}{\prod_{r=1}^{N}(e^{j\omega}-d_r)} \tag{3.74}$$

$$|H(e^{j\omega})|=|A|\frac{\prod_{r=1}^{N}\overrightarrow{c_rB}}{\prod_{r=1}^{N}\overrightarrow{d_rB}} \tag{3.75}$$

$$\phi(\omega)=\sum_{r=1}^{N}\alpha_r-\sum_{r=1}^{N}\beta_r \tag{3.76}$$

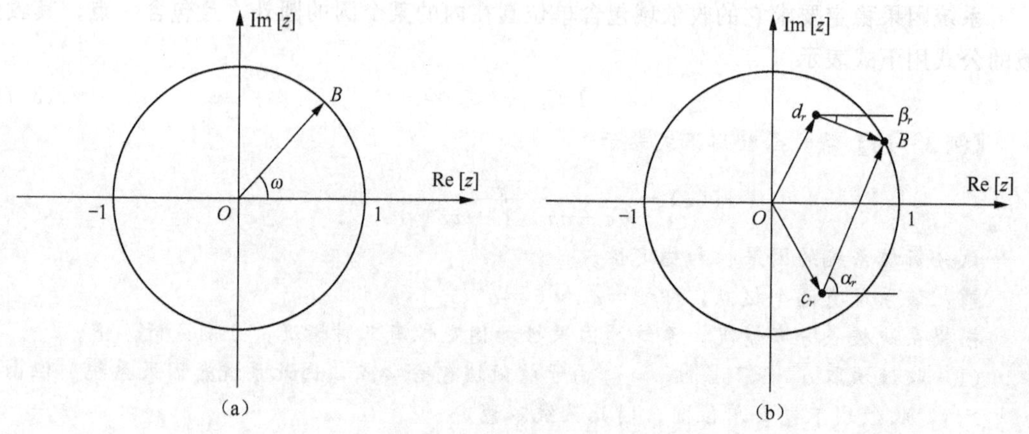

图 3-4 用矢量表示零极点

【例 3-11】 利用几何分析法分析矩形序列的幅度特性。

解： 令 $x(n)=R_N(n)$

$$X(z)=\mathrm{ZT}[R_N(n)]=\sum_{n=0}^{N-1}R_N(n)z^{-n}=\sum_{n=0}^{N-1}z^{-n}=\frac{1-z^{-N}}{1-z^{-1}}=\frac{z^{-N}-1}{z^{-N-1}(z-1)}$$

式中，分子是一个 N 阶多项式，有 N 个零点，它们是

$$z_k=e^{j\frac{2\pi}{N}k},\ k=0,\ 1,\ 2,\ \cdots,\ N-1$$

极点有两个，一个是 $z=0$，这是一个 $N-1$ 阶极点，另一个是 $z=1$。观察上式，当 $k=0$ 时，$z=1$ 也是零点，那么该处的零极点相互抵销。设 $N=8$，该系统的零极点分布如图 3-5（a）所示。该系统的幅度特性如图 3-5（b）所示。

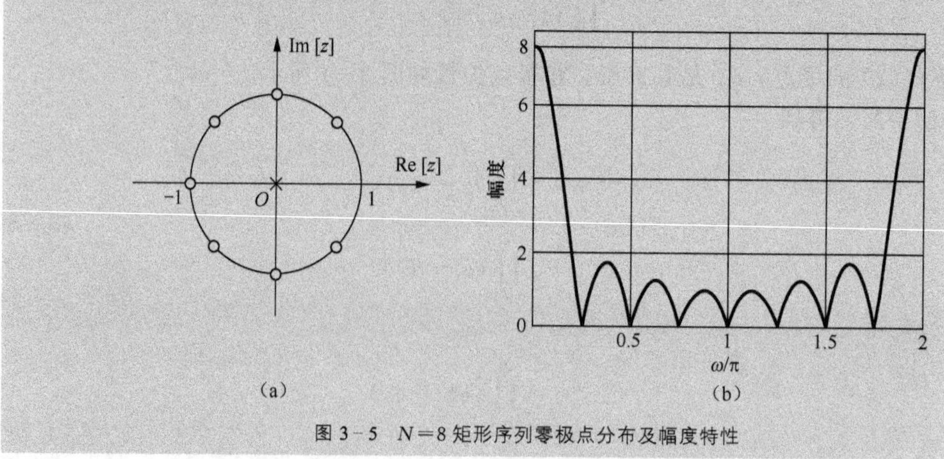

图 3-5 $N=8$ 矩形序列零极点分布及幅度特性

【例 3-12】 设一阶系统的差分方程

$$y(n)=x(n)+ay(n-1),\ |a|<1$$

a 为实数，求系统的频率响应。

$$H(z)=\frac{Y(z)}{X(z)}=\frac{1}{1-az^{-1}},\ |a|>|z|$$

解：

$$h(n)=a^n u(n)$$

$$H(e^{j\omega})=\frac{1}{1-ae^{-j\omega}}=\frac{1}{(1-a\cos\omega)+ja\sin\omega}$$

$$|H(e^{j\omega})|=(1+a^2-2a\cos\omega)^{-1/2}$$

$$\arg[H(e^{j\omega})]=-\arctan\frac{a\sin\omega}{1-a\cos\omega}$$

零极点分布对幅度特性的影响可以总结为以下几点。

（1）系统函数的极点主要影响幅度特性的峰值，峰值频率在极点附近。极点愈靠近单位圆，峰值愈高、愈尖锐。如果极点在单位圆上，则幅度为∞，系统不稳定。

（2）系统函数的零点主要影响幅度特性的谷值，谷值频率在零点附近。零点愈靠近单位圆，谷值愈接近 0。当零点处在单位圆上时，谷值为 0。

（3）处于坐标圆点的零极点不影响幅度特性。

3.5　Z 变换的 MATLAB 实现

3.5.1　MATLAB 的 Z 变换函数

序列 $x(n)$ 的 Z 变换定义为

$$X(z)=\sum_{n=-\infty}^{\infty}x(n)z^{-n},\ R_{x-}<|z|<R_{x+}$$

单边 Z 变换定义为

$$X(z)=\sum_{n=0}^{\infty}x(n)z^{-n}$$

用 ztrans（）函数实现 MATLAB 的 Z 变换。

调用方式：ztrans(F)，ztrans(F,z)，ztrans(F,n,z)

使用 ztrans 函数可以求出离散时间信号的 Z 变换，并用 pretty 函数进行结果美化。编写函数时养成良好的注释习惯，有利于对函数的理解。复习 MATLAB 的基本应用，如 help，可以帮助查询相关的函数的使用方法。

【例 3-13】 求 $x(n)=\left[\left(\frac{1}{2}\right)^n+\left(\frac{1}{3}\right)^n\right]u(n)$ 的 Z 变换。

程序如下：

```
clear all;
close all;
clc;
```

```
syms n; %定义 n 为符号变量
f=0.5^n+(1/3)^n; %定义离散信号的表达式
F=ztrans(f) ;%Z 变换
pretty(F);
运行结果为

                z          z
            2 ----- +3 -----
              2 z-1      3 z-1
```

3.5.2 MATLAB 的 Z 反变换函数

已知函数 $X(z)$ 及其收敛域如式（3.40）所示，反过来求序列 $x(n)$ 的变换称为逆 Z 变换，常用 $Z^{-1}[X(z)]$ 表示。

$$x(n)=Z^{-1}[X(z)]=\frac{1}{2\pi j}\oint_c X(z)z^{n-1}dz,\ c\in(R_{x-},\ R_{x+})$$

1. iztrans（）函数

调用方式：iztrans(F)，iztrans(F,n)，iztrans(F,z,n)

使用 iztrans 函数可以求出离散时间信号的 Z 反变换，并用 pretty 函数进行结果美化。

【例 3-14】 求 $X(z)=\dfrac{z(z-1)}{z^2+2z+1}$ 逆 Z 变换。

```
程序如下：
clear all;
close all;
clc;
syms k z;        %定义 k、z 为符号变量
F=z*(z-1)/(z^2+2*z+1);      %定义逆 z 反变换的表达式
f=iztrans(F);     %逆 Z 变换
pretty(f);
运行结果为
```

$$(-1)^n+2(-1)^n n$$

2. zplane( )函数

调用方式:zplane(b,a)，b 为 $H(z)$ 的分子系数向量，a 为 $H(z)$ 的分母系数向量。zplane 函数用来绘制系统响应 $H(z)$ 的零极点分布图。

【例 3-15】 求系统响应 $H(z)=\dfrac{10z}{(z-1)(z-2)^2}=\dfrac{10z}{z^3-5z^2+8z-4}$ 的零极点分布。

```
程序如下：
clear all;
close all;
clc;
b=[0 0 10 0];%分子的系数向量
a=[1 -5 8 -4]; %分母的系数向量
```

zplane(b,a)；%使用 zplane 函数绘制如下系统的零极点分布

运行结果如图 3-6 所示。

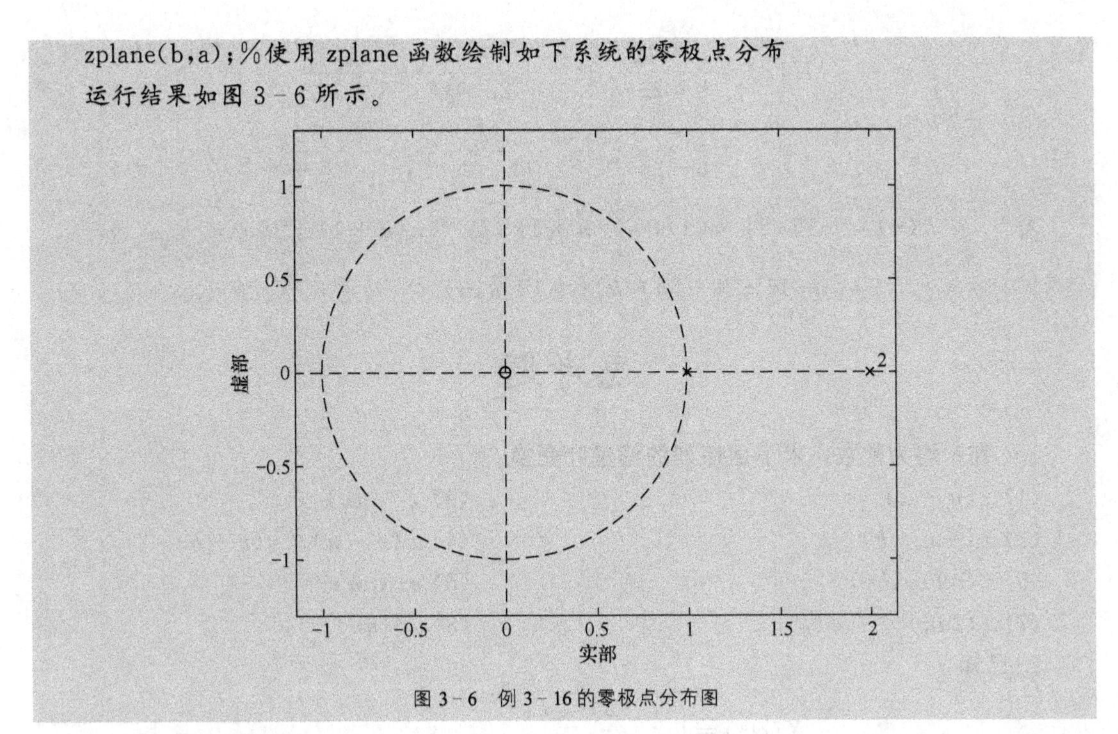

图 3-6 例 3-16 的零极点分布图

3. residuez( )函数

调用方式：[r,p,C]=residuez(b,a)。

residuez 函数是用来计算离散信号的极点留数。其中 b，a 是 $H(z)$ 中分子分母多项式以 z^{-1} 的升幂排列的系数向量，p 是极点向量即分母的根，r 是部分分式分解后，各极点所对应的留数，C 是无穷项多项式系数向量，仅在 $M \geqslant N$ 时存在。

【例 3-16】求 $H(z)=\dfrac{10z}{(z-1)(z-2)^2}=\dfrac{10z}{z^3-5z^2+8z-4}$ 的反变换。

程序如下：

```
clear all;
close all;
clc;
b=[0 0 10 0]; %分子的系数向量
a=[1 -5 8 -4]; %分母的系数向量
[r,p,C]=residuez(b,a);%将 H(z)分解成为多个简单有理分式之和
```

运行结果为

```
r=-15.0000
   5.0000
   10.0000
p=2.0000
   2.0000
   1.0000
C=0
```

分解如下：

$$H(z)=\frac{-15}{1-2z^{-1}}+\frac{5}{(1-2z^{-1})^2}+\frac{10}{1-z^{-1}}$$

$$=\frac{-15}{1-2z^{-1}}+\frac{5z}{2}\frac{2z^{-1}}{(1-2z^{-1})^2}+\frac{10}{1-z^{-1}}$$

所以 $h(n)=-15\,(2)^n u(n)+\frac{5}{2}(n+1)\,(2)^{n+1}u(n+1)+10u(n)$

$=[(-15+5+5n)\,(2)^n+10]u(n)$

思考题

1. a 和 b 均为常数，求下面序列的傅里叶变换。

(1) $x(n-a)$ (2) $x^*(an)$

(3) $x(-n+b)$ (4) $x(n-a)*y(n-b)$

(5) $x(an)y(bn)$ (6) $nx(an)$

(7) $x(2an)$ (8) $x^2(an)$

2. 已知

$$X(e^{j\omega})=\begin{cases}0, & |\omega|<\omega_0\\ a, & \omega_0<|\omega|<\pi,\ a\text{ 为常数}\end{cases}$$

求 $X(e^{j\omega})$ 的傅里叶反变换 $x(n)$。

3. 设

$$x(n)=\begin{cases}1, & n=0\\ 0, & \text{其他}\end{cases}$$

将 $x(n)$ 以 3 为周期进行周期延拓，形成周期序列 $\tilde{x}(n)$，画出 $x(n)$ 和 $\tilde{x}(n)$ 的波形，求出 $\tilde{x}(n)$ 的离散傅里叶级数和傅里叶变换。

4. 设序列 $x(n)$ 的 FT 用 $X(e^{j\omega})$ 表示，不直接求出 $X(e^{j\omega})$，完成下列运算或工作。已知 $x(n)$ 为：$x(n)=\{2,1,0,1,2,1,0,-1\}$

$$\uparrow$$
$$n=0$$

(1) $X(e^{j0})$

(2) $\int_{-\pi}^{\pi}X(e^{j\frac{\omega}{2}})d\omega$

(3) $X(e^{-j\pi})$

(4) $\int_{-\pi}^{\pi}|X(e^{j\omega})|^2 d\omega$

(5) $\int_{-\pi}^{\pi}\left|\frac{dX(e^{j\omega})}{d\omega}\right|^2 d\omega$

5. 求如下序列的傅里叶变换。

(1) $x_1(n)=\delta(n-7)$

(2) $x_2(n)=b^n u(2n)$，$0<b<1$

(3) $x_3(n)=u(n+2)-u(n-4)$

6. 若序列 $h(n)$ 是实因果序列，$h(0)=1$，其傅里叶变换的虚部为

$$H_I(e^{j\omega}) = -\cos 2\omega$$

求序列 $h(n)$ 及其傅里叶变换 $H(e^{j\omega})$。

7. 设系统的单位脉冲响应 $h(n)=b^n u(n)$，$0<b<1$，输入序列为

$$x(n)=\delta(n-1)+2\delta(n-b)$$

完成下面各题。

(1) 求出系统输出序列 $y(n)$；

(2) 分别求出 $x(n)$、$h(n)$ 和 $y(n)$ 的傅里叶变换。

8. a 和 b 均为常数，求出以下序列的 Z 变换及收敛域

(1) $2^{-n}u(n)$　　(2) $-2^{-n}u(-n-1)$

(3) $2^{-n}u(-n)$　　(4) $\delta(n)$

(5) $\delta(n-a)$　　(6) $2^{-n}[u(n)-u(n-b)]$

9. 求以下序列的 Z 变换及其收敛域，并在 z 平面上画出极零点分布图。

$$x(n)=\begin{cases} n-1, & 0\leqslant n\leqslant M \\ 2M-n, & M+1\leqslant n\leqslant 2M \\ 0, & \text{其他} \end{cases}$$

10. 已知

$$X(z)=\frac{2}{1-0.5z^{-1}}+\frac{1}{1-z^{-1}}$$

求出对应 $X(z)$ 的各种可能的原序列表达式。

11. 用 Z 变换法解下列差分方程

(1) $y(n)-0.2y(n-1)=0.06u(n)$，$y(n)=0$　$(n\leqslant -1)$

(2) $y(n)-0.7y(n-1)=0.04u(n)$，$y(-1)=1$，$y(n)=0$　$(n<-1)$

(3) $y(n)-0.3y(n-1)-0.16y(n-2)=2\delta(n)$，

$y(-1)=0.2$，$y(-2)=0.6$，$y(n)=0$，当 $n\leqslant -3$ 时。

12. 时域离散线性非移变系统的系统函数 $H(z)$ 为

$$H(z)=\frac{1}{(z-a)(z-b)}，a \text{ 和 } b \text{ 为常数}$$

(1) 要求系统稳定，确定 a 和 b 的取值范围。

(2) 要求系统因果稳定，确定 a 和 b 的取值范围。

第 4 章 离散傅里叶变换与快速傅里叶变换

【本章学习目标】

1. 掌握离散傅里叶变换及其基本性质；
2. 掌握按时间抽取的快速傅里叶变换的算法原理；
3. 掌握按频率抽取的快速傅里叶变换的算法原理。

【本章能力目标】

1. 学会求解离散傅里叶变换和反变换；
2. 能够熟练画出按时间抽取和按频率抽取的快速傅里叶变换的信号流程图；
3. 能够估算 FFT 算法的计算工作量，并运用 MATLAB 计算 FFT。

4.1 离散傅里叶变换

4.1.1 离散傅里叶变换的定义

设 $x(n)$ 是一个长度为 N 的有限长序列，将其以 N 为周期进行周期延拓，形成周期序列 $\widetilde{x}(n)$。根据上一章介绍的周期序列的离散傅里叶级数变换对，可以得到

$$\begin{cases}\widetilde{X}(k)=\sum_{n=0}^{N-1}\widetilde{x}(n)\mathrm{e}^{-\mathrm{j}\frac{2\pi}{N}kn}\\ \widetilde{x}(n)=\frac{1}{N}\sum_{k=0}^{N-1}\widetilde{X}(k)\mathrm{e}^{\mathrm{j}\frac{2\pi}{N}kn}\end{cases}\tag{4.1}$$

DFS 的正变换和反变换的周期都为 N 的周期序列。如果取正、反变换的主值序列（有限长 N 点序列）组成一个新的变换对，则得到 N 点离散傅里叶变换正变换为

$$\begin{aligned}X(k)&=\mathrm{DFT}[x(n)]=\sum_{n=0}^{N-1}x(n)\mathrm{e}^{-\mathrm{j}\frac{2\pi}{N}nk}\\&=\sum_{n=0}^{N-1}x(n)W_N^{nk},\ k=0,\ 1,\ \cdots,\ N-1\end{aligned}\tag{4.2a}$$

离散傅里叶反变换（Inverse Discrete Fourier Transform，IDFT）为

$$\begin{aligned}x(n)&=\mathrm{IDFT}[X(k)]=\frac{1}{N}\sum_{k=0}^{N-1}X(k)\mathrm{e}^{\mathrm{j}\frac{2\pi}{N}nk}\\&=\sum_{k=0}^{N-1}x(k)W_N^{-nk},\ n=0,\ 1,\ \cdots,\ N-1\end{aligned}\tag{4.2b}$$

式中：$W_N=\mathrm{e}^{-\mathrm{j}\frac{2\pi}{N}}$，$N$ 为 DFT 变换区间长度。

【例 4-1】 已知 $x(n)=R_4(n)$，求 $x(n)$ 的 8 点和 16 点 DFT。

解： 设变换点数 $N=8$，则

$$X(k)=\sum_{n=0}^{7}x(n)W_N^{kn}=\sum_{n=0}^{3}W_N^{kn}=\frac{1-W_8^{k\cdot 4}}{1-W_8^k}$$

$$=\frac{1-e^{-j\pi k}}{1-e^{-j\pi k/4}},\ k=0,\ 1,\ \cdots,\ 7$$

设变换点数为 $N=16$，则

$$X(k)=\sum_{n=0}^{15}W_{16}^{kn}=\frac{1-W_{16}^{k\cdot 4}}{1-W_{16}^k}$$

$$=\frac{1-e^{-j\frac{2\pi}{16}4k}}{1-e^{-j\frac{2\pi}{16}k}}$$

$$=\frac{e^{-j\frac{\pi}{4}k}(e^{j\frac{\pi}{4}k}-e^{-j\frac{\pi}{4}k})}{e^{-j\frac{\pi}{16}k}(e^{j\frac{\pi}{16}k}-e^{-j\frac{\pi}{16}k})}$$

$$=e^{-j\frac{3\pi}{16}k}\frac{\sin\left(\frac{\pi}{4}k\right)}{\sin\left(\frac{\pi}{16}k\right)},\ k=0,\ 1,\ \cdots,\ 15$$

可见，$x(n)$ 的离散傅里叶变换结果与变换点数 N 的取值有关。通常可以用：$X(k)=\mathrm{DFT}[x(n)]_N$，$k=0,\ 1,\ \cdots,\ N-1$ 表示 N 点的 DFT。

【例 4-2】 试求 $x(n)=\delta(n)$ 的 N 点 DFT。

解： $X(k)=\mathrm{DFT}[x(n)]_N=\sum_{n=0}^{N-1}\delta(n)W_N^{nk}=1,\ k=0,\ 1,\ \cdots,\ N-1$

4.1.2 离散傅里叶变换的性质与定理

学习 DFT 的性质要与 FT 的性质对照，弄清两者的主要区别：FT 的变换区间为 $(-\infty,\ +\infty)$，有限长序列的 FT 是数字频率的连续频谱；DFT 的变换区间为 $0\leqslant n\leqslant N-1$，有限长序列的 DFT 是离散频率序列。

1. 线性性质

如果 $x_1(n)$ 和 $x_2(n)$ 是两个有限长序列，长度分别为 N_1 和 N_2，取 $N\geqslant\max[N_1,\ N_2]$，通过尾部补零值总可以使 $x_1(n)$ 和 $x_2(n)$ 长度增加为 N。设 $X_1(k)$ 和 $X_2(k)$ 分别为 $x_1(n)$ 和 $x_2(n)$ 的 N 点 DFT，即 $X_1(k)=\mathrm{DFT}[x_1(n)]_N$，$X_2(k)=\mathrm{DFT}[x_2(n)]_N$，如果 $y(n)=ax_1(n)+bx_2(n)$，a、b 为常数，则有

$$Y(k)=\mathrm{DFT}[y(n)]_N=aX_1(k)+bX_2(k),\ 0<k<N-1 \tag{4.3}$$

2. 隐含周期性

DFT 的定义式（4.2a）和式（4.2b）中的 $X(k)$ 和 $x(n)$ 只有有限长的 N 个值。实际上通过以 N 为周期对序列进行延拓，就得到周期序列：$\tilde{x}(n)=x(n+rN)$ 和 $\tilde{X}(k)=X(k+rN)$，其中 r 为整数。$\tilde{x}(n)$ 中 $n\in[-\infty,\ +\infty]$，$\tilde{X}(k)$ 中 $k\in[-\infty,\ +\infty]$。对周期序列 $\tilde{x}(n)$ 进行求周期序列的傅里叶级数（DFS），仍然得到周期为 N 的周期序列 $\tilde{X}(k)$。即 $\tilde{x}(n)$ 和 $\tilde{X}(k)$ 构成了周期序列的傅里叶变换对，且周期都为 N。$\tilde{x}(n)$ 和 $\tilde{X}(k)$ 的主值序列恰好分别为有限长序列 $x(n)$ 和 $X(k)$。

因此，DFT 可以看成是将有限长序列 $x(n)$ 周期延拓成周期序列，然后求周期序列傅里叶级数 DFS，再取结果的主值序列（$n=0, 1, \cdots, N-1$）；IDFT 可以看成将有限长序列 $X(k)$ 周期延拓为周期序列，然后求周期序列的 IDFS，再取结果的主值序列（$k=0, 1, \cdots, N-1$）。这一特性称为 DFT 的隐含周期性。

序列 $x(n)$ 以 N 进行周期延拓，得到周期序列。可以表示为 $\tilde{x}(n)=x((n))_N$ 。

3. 循环移位性质

有限长序列的循环移位又称圆周移位。

设序列 $x(n)$ 长度为 M，设 $N \geqslant M$ ，通过补零，总可以得到 N 点长度序列

$$x(n), \ n=0, 1, \cdots, M, \cdots, N-1 \tag{4.4}$$

对 $x(n)$ 进行 N 点的周期延拓得到

$$\tilde{x}_N(n)=\sum_{r=-\infty}^{\infty} x(n+rN), \ n=0, 1, \cdots, N-1 \tag{4.5}$$

其中 r 为整数。一个有限长序列 $x(n)$ 的循环移位定义为

$$y(n)=\tilde{x}((n+m))_N R_N(n) \tag{4.6}$$

这里包括 3 层意思：

①先将 $x(n)$ 进行周期延拓 $\tilde{x}(n)=x((n))_N$ ；

②再进行移位 $\tilde{x}(n+m)=x((n+m))_N$ ；

③最后取主值序列：$y(n)=x((n+m))_N R_N(n)$。

则 $x(n)$ 的循环移位序列

$$y(n)=\tilde{x}_N(n+m)R_N(n)=x((n+m))_N R_N(n)$$

图 4-1 给出了 $x(n)$ 以及按上述定义得到 $x(n)$ 的循环移位的过程。可见，循环移位后的序列值仍然是原序列的那 N 个独立值。

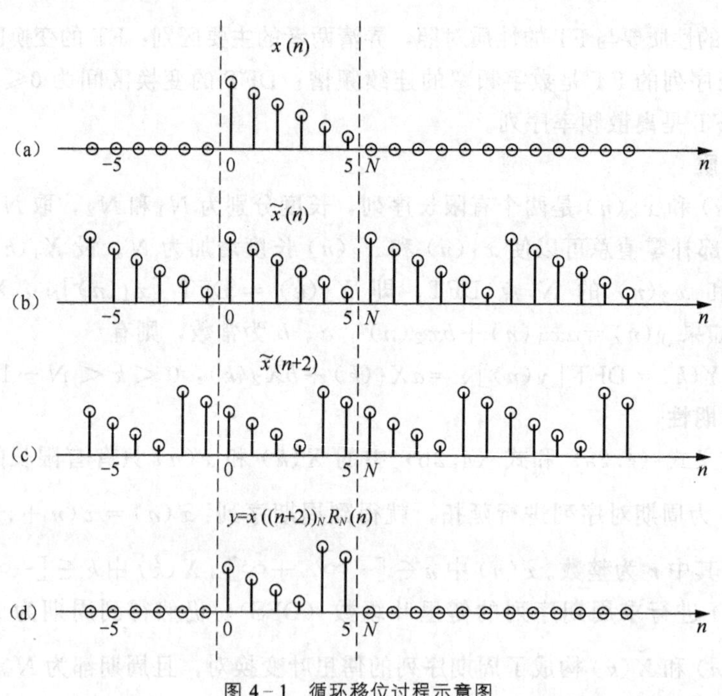

图 4-1　循环移位过程示意图

设序列 $x(n)$ 长度为 M，$x(n)$ 的循环移位序列为

$$y(n)=\tilde{x}_N(n+m)R_N(n),\ N\geqslant M$$

令 $X(k)=\mathrm{DFT}[x(n)]N$ ，则

$$Y(k)=\mathrm{DFT}[y(n)]_N=W_N^{-km}X(k),\ 0\leqslant k\leqslant N-1 \tag{4.7}$$

4. DFT 的循环（圆周）卷积定理

（1）两个有限长序列的循环卷积。

设序列 $x_1(n)$ 和 $x_2(n)$ 的长度分别为 N_1 和 N_2，取 $N=\max[N_1,\ N_2]$ 。则 $x_1(n)$ 和 $x_2(n)$ 的循环卷积定义为

$$x(n)=\sum_{m=0}^{N-1}x_1(m)x_2((n-m))_N R_N(n)=x_1(n)\otimes x_2(n) \tag{4.8a}$$

或者

$$x(n)=\sum_{m=0}^{N-1}x_2(m)x_1((n-m))_N R_N(n)=x_2(n)\otimes x_1(n) \tag{4.8b}$$

式中，N 称为循环卷积的长度。

可见参与循环卷积的序列长度一样（通过补零），都有 N 个独立值，循环卷积的结果值也只有 N 个。为了区分前面章节提到的线性卷积，此处用⊗代表循环卷积。为了体现是 N 点的循环卷积，用Ⓝ来表示 N 点的循环卷积为

$$x(n)=\sum_{m=0}^{N-1}x_2(m)x_1((n-m))_N R_N(n)=x_1(n)\ Ⓝ\ x_2(n) \tag{4.8c}$$

同样，对于 L 点循环卷积，可以表示为：$x(n)=x_1(n)\ Ⓛ\ x_2(n)$。

（2）DFT 的时域循环卷积定理。

设序列 $x_1(n)$ 和 $x_2(n)$ 是长度分别为 N_1 和 N_2 的有限长序列，$N=\max[N_1,\ N_2]$，且 N 点 DFT 分别为：

$$\begin{cases}X(k)=\mathrm{DFT}[x(n)]\\X_1(k)=\mathrm{DFT}[x_1(n)]\\X_2(k)=\mathrm{DFT}[x_2(n)]\end{cases} \tag{4.9}$$

如果

$$x(n)=\mathrm{IDFT}[X(k)]=\left[\sum_{m=0}^{N-1}x_1(m)x_2((n-m))_N\right]R_N(n)=x_1(n)\otimes x_2(n) \tag{4.10a}$$

或者

$$x(n)=\mathrm{IDFT}[X(k)]=\left[\sum_{m=0}^{N-1}x_2(m)x_1((n-m))_N\right]R_N(n)=x_2(n)\otimes x_1(n) \tag{4.10b}$$

则

$$X(k)=X_1(k)\cdot X_2(k) \tag{4.11}$$

即时域循环卷积，则对应的 DFT 相乘。

证明：

直接对式（4.8a）两边进行 DFT

$$X(k)=\text{DFT}[x(n)]=\sum_{n=0}^{N-1}[\sum_{m=0}^{N-1}x_1(m)x_2((n-m))_NR_N(n)]W_N^{kn}$$
$$=\sum_{m=0}^{N-1}x_1(m)\sum_{n=0}^{N-1}x_2((n-m))_NW_N^{kn}$$

令 $n-m=n'$，则有

$$X(k)=\sum_{m=0}^{N-1}x_1(m)\sum_{n'=-m}^{N-1-m}x_2((n'))_NW_N^{k(n'+m)}=\sum_{m=0}^{N-1}x_1(m)W_N^{km}\sum_{n'=-m}^{N-1-m}x_2((n'))_NW_N^{kn'}$$

因为上式中 $x_2((n'))_NW_N^{kn'}$ 以 N 为周期，所以对其在任一个周期上求和的结果不变。故

$$X(k)=\sum_{m=0}^{N-1}x_1(m)W_N^{km}\sum_{n'=0}^{N-1}x_2((n'))_NW_N^{kn'}=X_1(k)X_2(k),\ 0\leqslant k\leqslant N-1$$

时域循环卷积定理表明，两序列时域的循环卷积，相当于两序列的DFT相乘，因此，利用该定理可以使两序列时域的循环卷积计算得到大大简化。

(3) DFT的频域循环卷积定理。

设序列 $x_1(n)$ 和 $x_2(n)$ 是长度分别为 N_1 和 N_2 的有限长序列，$N=\max[N_1,N_2]$。且 N 点DFT分别为 $X_1(k)=\text{DFT}[x_1(n)]$，$X_2(k)=\text{DFT}[x_2(n)]$，如果

$$x(n)=x_1(n)\cdot x_2(n)$$

则有

$$X(k)=\text{DFT}[x(n)]=\frac{1}{N}X_1(k)\otimes X_2(k)=\frac{1}{N}X_2(k)\otimes X_1(k)$$
$$=\frac{1}{N}\sum_{l=0}^{N-1}X_1(l)X_2((k-l))_NR_N(k) \tag{4.12}$$
$$=\frac{1}{N}\sum_{l=0}^{N-1}X_2(l)X_1((k-l))_NR_N(k)$$

即时域的乘积，则对应的DFT进行循环卷积。

由此可见，循环卷积既可在时域直接计算，也可按照如图4-2所示的框图计算（在频域计算）。由于DFT有快速算法FFT，当 N 很大时，在频域计算的速度快得多，因而常用DFT（FFT）计算循环卷积。

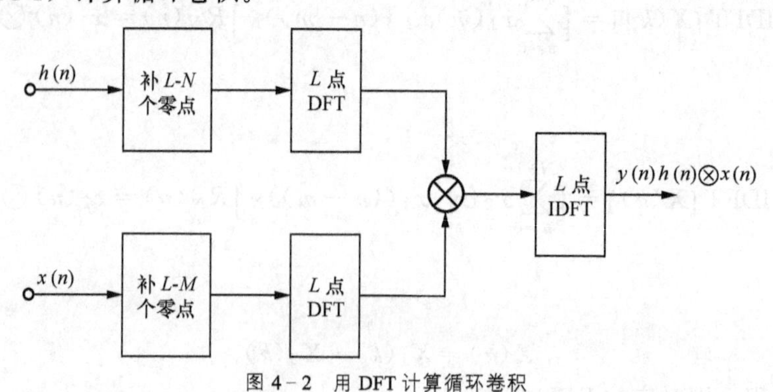

图4-2 用DFT计算循环卷积

(4) 线性卷积与循环卷积的关系。

假设 $h(n)$ 和 $x(n)$ 都是有限长序列，长度分别是 N 和 M。它们的线性卷积 $y_l(n)$ 为

$$y_l(n)=h(n)*x(n)=\sum_{m=0}^{N-1}h(m)x(n-m)=\sum_{m=0}^{N-1}x(m)h(n-m) \tag{4.13}$$

$y_l(n)$ 的长度为参与卷积的两个序列的长度和减 1，即 $M+N-1$。

$h(n)$ 和 $x(n)$ 循环卷积 $y_c(n)$ 为

$$y_c(n)=h(n)\otimes x(n)=\left[\sum_{m=0}^{L-1}h(m)x((n-m))_L\right]R_L(n) \tag{4.14}$$

其中，$L\geqslant\max[N,M]$，由于 $x((n-m))_L$ 是周期为 L 的周期延拓序列，因此有 $x[(n-m)]_L=\sum_{q=-\infty}^{\infty}x(n-m+qL)$，所以

$$y_c(n)=\sum_{m=0}^{N-1}h(m)\sum_{q=-\infty}^{\infty}x(n-m+qL)R_L(n)=\sum_{q=-\infty}^{\infty}\sum_{m=0}^{N-1}h(m)x(n-m+qL)R_L(n)$$

对照式（4.13）可以看出，上式中

$$\sum_{m=0}^{N-1}h(m)x(n+qL-m)=y_l(n+qL)$$

故

$$y_c(n)=\sum_{q=-\infty}^{\infty}y_l(n+qL)R_L(n) \tag{4.15}$$

该式说明，周期卷积为线性卷积的周期延拓，其周期为 L。由于 $y_l(n)$ 长度为 $N+M-1$，所以周期 L 必须满足：$L\geqslant N+M-1$。

【例 4-3】 已知 $x(n)=R_5(n)$，$h(n)=R_4(n)$，分别求其线性卷积及 6 点、8 点、10 点周期卷积。

解： 作图求解。结果如图 4-3 所示。

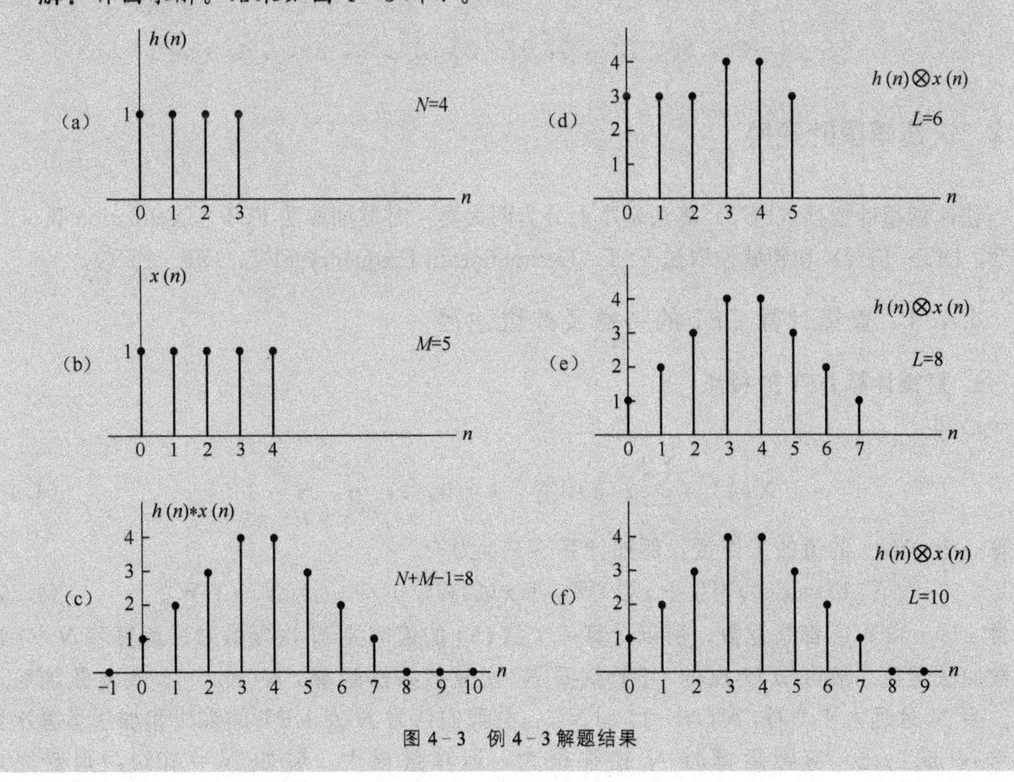

图 4-3　例 4-3 解题结果

【例4-4】 若 $x(n)=\{4, 2, 1, 2, 1, 2\}$，$0 \leqslant n \leqslant 5$，

(1) 求序列 $x(n)$ 的6点DFT，$X(k)=?$

(2) 若 $G(k)=\text{DFT}[g(n)]=W_6^{2k}X(k)$，试确定6点序列 $g(n)=?$

(3) 若 $y(n)=x(n)⑨x(n)$，求 $y(n)=?$

解：

(1)
$$\begin{aligned}X(k)&=\sum_{n=0}^{5}x(n)W_6^{nk}\\&=4+2W_6^k+W_6^{2k}+2W_6^{3k}+W_6^{4k}+2W_6^{5k}\\&=4+2W_6^k+W_6^{2k}+2W_6^{3k}+W_6^{-2k}+2W_6^{-k}\\&=4+4\cos\frac{k\pi}{3}+2\cos\frac{2k\pi}{3}+2(-1)^k\\&=[12, 3, 3, 0, 3, 3]\quad 0\leqslant k\leqslant 5\end{aligned}$$

(2)
$$\begin{aligned}g(n)&=\text{IDFT}[W_6^{2k}X(k)]=\frac{1}{6}\sum_{k=0}^{5}X(k)W_6^{-nk}W_6^{2k}=\frac{1}{6}\sum_{k=0}^{5}X(k)W_6^{-(n-2)k}\\&=\frac{1}{6}x(n-2)=\frac{1}{6}\{4, 2, 1, 2, 1, 2\},\quad 2\leqslant n\leqslant 7\end{aligned}$$

(3)
$$\begin{aligned}y_l(n)&=x(n)*x(n)=\sum_{m=0}^{5}x(m)x(n-m)\\&=\{16, 16, 12, 20, 17, 24, 14, 8, 9, 4, 4\},\ 0\leqslant n\leqslant 10\end{aligned}$$

$$\begin{aligned}y(n)&=\sum_{m=0}^{8}x(m)x((n-m))_9R_9(n)\\&=\{20, 20, 12, 20, 17, 24, 14, 8, 9\},\ 0\leqslant n\leqslant 8\end{aligned}$$

4.2 快速傅里叶变换

快速傅里叶变换（FFT）算法基本上分为两大类：时域抽取法FFT（Decimation In Time FFT，DIT-FFT）和频域抽取法FFT（Decimation In Frequency FFT，DIF-FFT）。

4.2.1 直接计算DFT的特点及改进途径

1. 直接计算DFT的特点

已知

$$X(k)=\sum_{n=0}^{N-1}x(n)W_N^{nk},\ k=0, 1, \cdots, N-1 \tag{4.16}$$

计算一个 $X(k)$ 的值的工作量，例如计算 $X(1)$ 为

$$X(1)=x(0)W_N^0+x(1)W_N^1+x(2)W_N^2+\cdots+x(N-1)W_N^{N-1} \tag{4.17}$$

通常 $x(n)$ 和 W_N^{nk} 都是复数，所以计算一个 $X(k)$ 的值需要 N 次复数乘法运算和 $N-1$ 次复数加法运算。故可知 N 点的DFT就要 N^2 次复数乘法运算，$N(N-1)$ 次复数加法运算。当 N 远远大于1时，$N(N-1)\approx N^2$，故我们认为 N 点DFT的乘法和加法运算次数均与 N^2 成正比。实际运算时 N 往往很大，运算量很大，譬如 $N=1024$，则要完成

1048576 次（一百多万次）运算。这样，难以做到实时处理。

2. 改进的途径

把 N 点 DFT 分解为几个较短的 DFT，可使乘法次数大大减少。另外，旋转因子 W_N^{nk} 具有明显的对称性和周期性也是改进计算方法的主要依据。

对称性
$$\begin{cases}(W_N^{nk})^*=W_N^{-nk}\\ W_N^{-m}=W_N^{N-m}\\ W_N^{m+\frac{N}{2}}=-W_N^m\end{cases}\tag{4.18a}$$

周期性
$$\begin{cases}W_N^{nk}=W_N^{(n+N)k}=W_N^{n(k+N)}\\ W_N^{m+lN}=W_N^m\end{cases}\tag{4.18b}$$

常用的化简公式还有

$$W_N^{n(N-k)}=W_N^{(N-n)k}=W_N^{-nk}(\because W_N^{Nk}=W_N^{Nn}=\mathrm{e}^{-2\pi k(n)}=1),$$
$$W_N^{N/2}=-1(\because W_N^{N/2}=\mathrm{e}^{-\mathrm{j}\pi}=-1)$$

4.2.2 按时间抽取的基 2 FFT 算法

1. 基 2DIT FFT（DIT－FFT）算法原理

设序列 $x(n)$ 的点数 $N=2^L$，L 为正整数。若不满足这个条件，可给 $x(n)$ 补零，使其满足该条件。常把这种 N 为 2 的整数幂的 FFT 称为基 2FFT。

(1) N 点 DFT 分解成 $N/2$ 点 DFT

①先将 $x(n)$ 按 n 值的奇偶分为两组序列，分别做 DFT，即

n 为偶数时：$x_1(r)=x(2r)$，$r=0, 1, \cdots, \frac{N}{2}-1$

n 为奇数时：$x_2(r)=x(2r+1)$，$r=0, 1, \cdots, \frac{N}{2}-1$

则序列 $x(n)$ 的 DFT 就变为

$$\begin{aligned}X(k)&=\mathrm{DFT}[x(n)]=\sum_{n=0}^{N-1}x(n)W_N^{nk}\\&=\sum_{n=\text{偶数}}x(n)W_N^{kn}+\sum_{n=\text{奇数}}x(n)W_N^{kn}\\&=\sum_{r=0}^{N/2-1}x(2r)W_N^{2kr}+\sum_{r=0}^{N/2-1}x(2r+1)W_N^{k(2r+1)}\\&=\sum_{r=0}^{N/2-1}x_1(r)W_N^{2kr}+W_N^k\sum_{r=0}^{N/2-1}x_2(r)W_N^{2kr}\end{aligned}$$

由于

$$W_N^{2kr}=\mathrm{e}^{-\mathrm{j}\frac{2\pi}{N}2kr}=\mathrm{e}^{-\mathrm{j}\frac{2\pi}{N/2}kr}=W_{N/2}^{kr}$$

所以

$$X(k)=\sum_{r=0}^{N/2-1}x_1(r)W_{N/2}^{kr}+W_N^k\sum_{r=0}^{N/2-1}x_2(r)W_{N/2}^{kr}=X_1(k)+W_N^kX_2(k)\tag{4.19}$$

其中 $X_1(k)$ 和 $X_2(k)$ 分别为 $x_1(r)$ 和 $x_2(r)$ 的 $N/2$ 点 DFT，即

$$X_1(k)=\sum_{r=0}^{N/2-1}x_1(r)W_{N/2}^{kr}=\mathrm{DFT}[x_1(r)] \tag{4.20a}$$

$$X_2(k)=\sum_{r=0}^{N/2-1}x_2(r)W_{N/2}^{kr}=\mathrm{DFT}[x_2(r)] \tag{4.20b}$$

式（4.19）表明，一个 N 点的 DFT 可以分解为两个 $N/2$ 点的 DFT。

但此时由于 $x_1(r)$、$x_2(r)$ 以及 $X_1(k)$ 和 $X_2(k)$ 都是 $N/2$ 点的序列，因此按式（4.19）仅仅只能求 $X(k)$ 的 $k=0$，1，…$N/2-1$ 个值，即前一半的结果。

② $X(k)$ 的后一半（$k=N/2$，$N/2+1$，...，$N-1$）的确定。

由于 $X_1(k)$ 和 $X_2(k)$ 均以 $N/2$ 为周期，所以将式（4.19）中 k 替换为 $k+N/2$，得

$$\begin{aligned}X\left(k+\frac{N}{2}\right)&=X_1\left(k+\frac{N}{2}\right)+W_N^{k+\frac{N}{2}}X_2\left(k+\frac{N}{2}\right)\\&=X_1(k)+W_N^{k+\frac{N}{2}}X_2(k)\end{aligned} \tag{4.21}$$

由于

$$W_N^{k+\frac{N}{2}}=-W_N^k \tag{4.22}$$

故

$$X\left(k+\frac{N}{2}\right)=X_1(k)-W_N^kX_2(k),\ k=0,\ 1,\ \cdots,\ \frac{N}{2}-1 \tag{4.23}$$

结合式（4.19），即

$$\begin{cases}X(k)=X_1(k)+W_N^kX_2(k),\ k=0,\ 1,\ \cdots,\ \dfrac{N}{2}-1\\[2ex] X(k+\dfrac{N}{2})=X_1(k)-W_N^kX_2(k),\ k=0,\ 1,\ \cdots,\ \dfrac{N}{2}-1\end{cases} \tag{4.24}$$

$X(k)$ 的前一半（$k=0$，1，…，$N/2-1$）和后一半 $X(k+N/2)$ 都可以由式（4.24）确定。而 $X_1(k)$ 和 $X_2(k)$ 为 $x_1(r)$、$x_2(r)$ 的 $N/2$ 点的 DFT，即 $X(n)$ 序列 N 点的 DFT，可以转化为先求两个序列 $x_1(r)$、$x_2(r)$ 的 $N/2$ 点的 DFT，再按式（4.24）来求解。

③蝶形运算。

式（4.24）反映了由 $X_1(k)$ 和 $X_2(k)$ 表示 $X(k)$ 的运算结构。实现式（4.24）运算的流图如图 4-4 所示，常被称为蝶形运算。

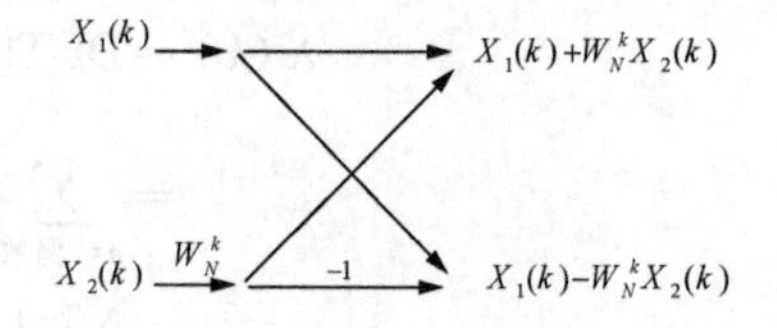

图 4-4　按时间抽取的蝶形运算流图

④以 $N=2^3=8$ 点 DFT 为例，详细说明分解过程。

A. 当 n 为偶数时的序列为 $x(0)$，$x(2)$，$x(4)$，$x(6)$，分别记作

$$x_1(0)=x(0),\ x_1(1)=x(2),\ x_1(2)=x(4),\ x_1(3)=x(6)$$

对这组序列进行 $N/2=4$ 点的 DFT，可以得到

$$X_1(k)=\sum_{r=0}^{3}x_1(r)W_4^{rk}=\sum_{r=0}^{3}x(2r)W_4^{rk},\ k=0,\ 1,\ 2,\ 3$$

B. 当 n 为奇数时的序列为 $x(1)$，$x(3)$，$x(5)$，$x(7)$，分别记作

$$x_2(0)=x(1),\ x_2(1)=x(3),\ x_2(2)=x(5),\ x_2(3)=x(7)$$

对这组序列进行 $N/2=4$ 点的 DFT，得

$$X_2(k)=\sum_{r=0}^{3}x_2(r)W_4^{rk}=\sum_{r=0}^{3}x(2r+1)W_4^{rk}, \ k=0, 1, 2, 3$$

因此

$$X(k)=X_1(k)+W_N^kX_2(k), \ k=0, 1, 2, 3$$

$$X(k+4)=X_1(k)-W_N^kX_2(k), \ k=0, 1, 2, 3$$

C. 对 $X_1(k)$ 和 $X_2(k)$ 进行蝶形运算，前一半项数为 $X(0)$ ~$X(3)$，后一半项数为 $X(4)$ ~$X(7)$，整个过程如图 4-5 所示。

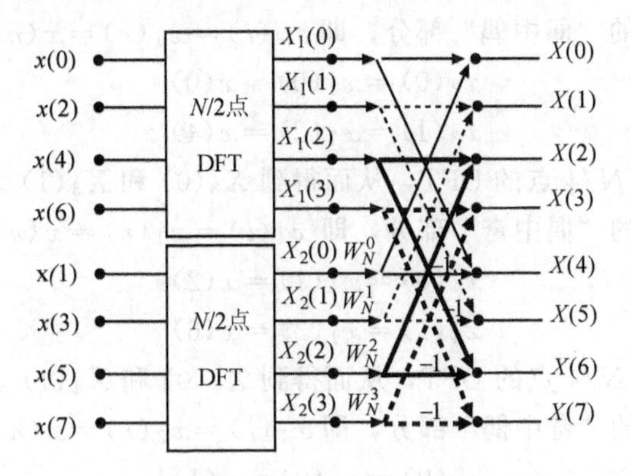

图 4-5　按时间抽取，将一个 8 点 DFT 分解成两个 N/2 点的 DFT 和蝶形运算的运算流图

(2) 继续将 $N/2$ 点的 DFT 分解成 $N/4$ 点 DFT

由于 $N=2^L$，所以 $N/2$ 仍为偶数，可以进一步把每个 $N/2$ 点的 DFT 按其奇偶分组，进而将每个 $N/2$ 点的 DFT 分解为两个 $N/4$ 点的 DFT。

首先，将原来 n 为偶数时的 $N/2$ 序列 $x_1(r)$ 按照奇偶分解成两个 $N/4$ 长的子序列，即偶中偶序列 $x_3(l)$ 和偶中奇序列 $x_4(l)$，即

$$\left.\begin{aligned}x_3(l)=x_2(2l)\\ x_4(l)=x_1(2l+1)\end{aligned}\right\}, \ l=0, 1, \cdots, \frac{N}{4}-1$$

对这两个 $N/4$ 点的序列进行 DFT，得到

$$X_3(k)=\sum_{l=0}^{N/4-1}x_3(l)W_{N/4}^{kl}=\sum_{l=0}^{N/4-1}x_1(2l)W_{N/2}^{2kl}=\mathrm{DFT}[x_3(l)]$$

$$X_4(k)=\sum_{l=0}^{N/4-1}x_4(l)W_{N/4}^{kl}=\sum_{l=0}^{N/4-1}x_1(2l+1)W_{N/2}^{(2l+1)k}=\mathrm{DFT}[x_4(l)]$$

从而可得到 $X_1(k)$ 前 $N/4$ 项为

$$X_1(k)=X_3(k)+W_{N/2}^kX_4(k), \ k=0, 1, \cdots, \frac{N}{4}-1 \tag{4.25a}$$

则 $X_1(k)$ 后 $N/4$ 项为

$$X_1\left(k+\frac{N}{4}\right)=X_3(k)-W_{N/2}^kX_4(k), \ k=0, 1, \cdots, \frac{N}{4}-1 \tag{4.25b}$$

其次，对序列中原来 n 为奇数的 $N/2$ 点序列 $x_2(r)$ 也按奇偶分为两个 $N/4$ 点序列，即奇中偶序列 $x_5(n)$ 和奇中奇序列 $x_6(n)$，即

$$\left.\begin{aligned}x_5(l)=x_2(2l)\\x_6(l)=x_2(2l+1)\end{aligned}\right\},\ l=0,\ 1,\ \cdots,\ \frac{N}{4}-1$$

根据 $X_3(k)$ 和 $X_4(k)$ 的周期性和 $W_{N/2}^k$ 的对称性 $W_{N/2}^{k+N/4}=-W_{N/2}^k$，最后得到

$$\left.\begin{aligned}X_2(k)=X_5(k)+W_{N/2}^kX_6(k)\\X_2(k+N/4)=X_5(k)-W_{N/2}^kX_6(k)\end{aligned}\right\},\ k=0,\ 1,\ \cdots,\ N/4-1 \qquad (4.26)$$

其中 $X_5(k)$ 和 $X_6(k)$ 分别为序列 $x_5(l)$ 和 $x_6(l)$ 的 $N/4$ 点 DFT。

下面，我们以 $N=8$ 时的 DFT 继续分解为四个 $N/4$ 点的 DFT 为例说明，具体如下。

①将原序列 $x(n)$ 的“偶中偶”部分，即 $x_3(l)=x_1(r)=x(n)$ 取出如下

$$x_3(0)=x_1(0)=x(0)$$
$$x_3(1)=x_1(2)=x(4)$$

计算所构成序列的 $N/4$ 点的 DFT，从而得到 $X_3(0)$ 和 $X_3(1)$。

②将原序列 $x(n)$ 的“偶中奇”部分，即 $x_4(l)=x_1(r)=x(n)$ 取出如下

$$x_4(0)=x_1(1)=x(2)$$
$$x_4(1)=x_1(3)=x(6)$$

计算所构成序列的 $N/4$ 点的 DFT，从而得到 $X_4(0)$ 和 $X_4(1)$。

③将原序列 $x(n)$ 的“奇中偶”部分，即 $x_5(l)=x_2(r)=x(n)$ 取出如下

$$x_5(0)=x_2(0)=x(1)$$
$$x_5(1)=x_2(2)=x(5)$$

计算所构成序列的 $N/4$ 点的 DFT，从而得到 $X_5(0)$ 和 $X_5(1)$。

④将原序列 $x(n)$ 的“奇中奇”部分，即 $x_6(l)=x_2(r)=x(n)$ 取出如下

$$x_6(0)=x_2(1)=x(3)$$
$$x_6(1)=x_2(3)=x(7)$$

计算所构成序列的 $N/4$ 点的 DFT，从而得到 $X_6(0)$ 和 $X_6(1)$。

⑤由 $X_3(0)$、$X_3(1)$、$X_4(0)$、$X_4(1)$ 进行蝶形运算，得到 $X_1(0)$ ~$X_1(3)$。

⑥由 $X_5(0)$、$X_5(1)$、$X_6(0)$、$X_6(1)$ 进行蝶形运算，得到 $X_2(0)$ ~$X_2(3)$。

⑦由 $X_1(0)$ ~$X_1(3)$、$X_2(0)$ ~$X_2(3)$ 进行蝶形运算，得到 $X(0)$ ~$X(7)$。

整个过程如图 4-6 所示。

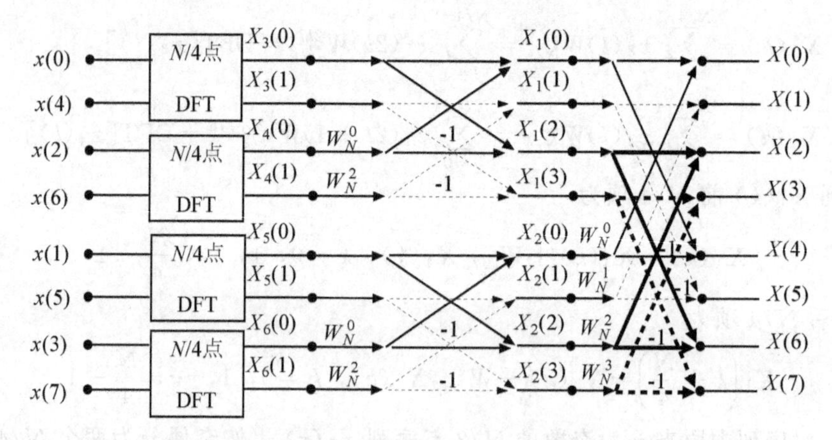

图 4-6 N 点 DFT 的第二次时域抽取分解图（N= 8）

这样，经过又一次分解（得到 4 个 $N/4$ 点的 DFT）和两级蝶形运算，其运算量又大约减少一半，即为 N 点 DFT 的 1/4。

这样的分解可以一直进行到最后剩下的是两点 DFT。两点 DFT 只有加减运算，但为了统一运算结构，我们仍采用系数为 W_N^r 的蝶形运算来表示。比如，对于 $N=8$ 时的 DFT，$N/4$ 点即为两点 DFT，因此

$$X_3(k)=\sum_{l=0}^{1}x_3(l)W_{N/4}^{kl}\quad k=0,1$$

$$X_4(k)=\sum_{l=0}^{1}x_4(l)W_{N/4}^{kl}\quad k=0,1$$

$$X_5(k)=\sum_{l=0}^{1}x_5(l)W_{N/4}^{kl}\quad k=0,1$$

$$X_6(k)=\sum_{l=0}^{1}x_6(l)W_{N/4}^{kl}\quad k=0,1$$

即可得

$$X_3(0)=x_3(0)+W_2^0x_3(1)=x(0)+W_N^0x(4)$$
$$X_3(1)=x_3(0)+W_2^1x_3(1)=x(0)-W_N^0x(4)$$
$$X_4(0)=x_4(0)+W_2^0x_4(1)=x(2)+W_N^0x(6)$$
$$X_4(1)=x_4(0)+W_2^1x_4(1)=x(2)-W_N^0x(6)$$
$$X_5(0)=x_5(0)+W_2^0x_5(1)=x(1)+W_N^0x(5)$$
$$X_5(1)=x_5(0)+W_2^1x_5(1)=x(1)-W_N^0x(5)$$
$$X_6(0)=x_6(0)+W_2^0x_6(1)=x(3)+W_N^0x(7)$$
$$X_6(1)=x_6(0)+W_2^1x_6(1)=x(3)-W_N^0x(7)$$

于是 $N=8$ 点的时域抽取 DFT 运算被分解成如图 4-7 所示的流图，即 DIT-FFT。

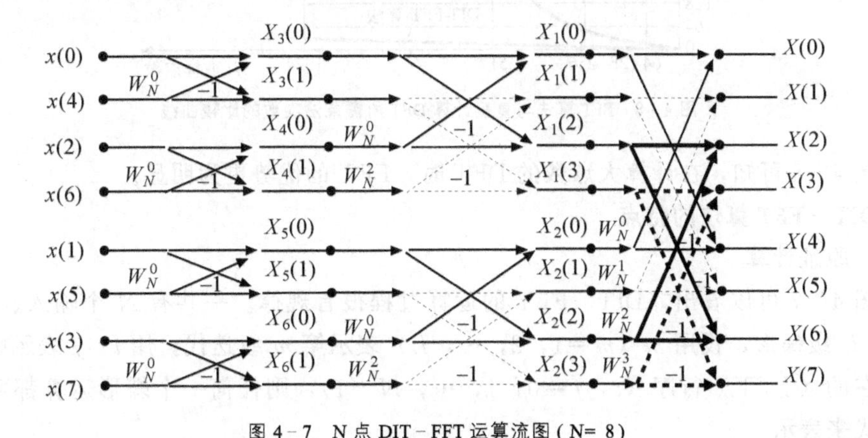

图 4-7　N 点 DIT-FFT 运算流图（N=8）

2. DIT-FFT 算法与直接计算 DFT 运算量的比较

由上述分析可知，当 $N=2^L$ 共需 L 级蝶形运算，而且每级运算都需要 $N/2$ 个蝶形运算，每个蝶形运算都有一次复数乘法和两次复数加。所以，总共需要的复数乘法和复数加法次数分别为

$$m_F = \frac{N}{2} \cdot L = \frac{N}{2}\log_2 N$$

$$a_F = N \cdot L = N\log_2 N$$

在前面学习中我们已知直接用 DFT 的计算公式计算 N 点 DFT，所需的复数乘法次数为 $m_F = N^2$ ，由于计算机的乘法运算比加法运算所需的时间多得多，故以乘法作为比较基准，即

$$\frac{m_F(\text{DFT})}{m_F(\text{FFT})} = \frac{N^2}{\frac{N}{2}\log_2 N} = \frac{2N}{\log_2 N}$$

例如，$N = 2^{10} = 1024$ 时复数乘法次数之比为

$$\frac{N^2}{(N/2)\log_2 N} = \frac{1048576}{5120} = 204.8$$

而当 $N = 2^{11} = 2048$ 时

$$\frac{N^2}{\frac{N}{2} \times L} = \frac{2N}{L} = \frac{2 \times 2048}{11} \approx 372.37$$

FFT 算法与直接计算 DFT 所需乘法次数的比较曲线如图 4-8 所示。

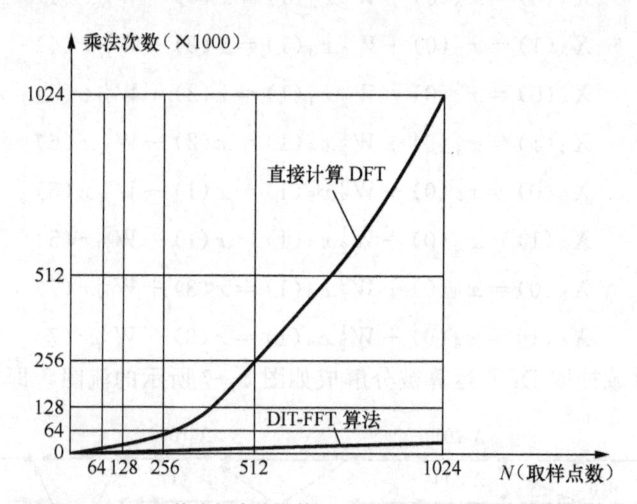

图 4-8 FFT 算法与直接计算 DFT 所需乘法次数的比较曲线

从图 4-8 可知，在计算大点数的 DFT 时，FFT 的优势更为明显。

3. DIT-FFT 算法的特点

(1) 原址计算

由图 4-7 可以看出，DIT-FFT 的运算过程很有规律。一共有 N 个输入、输出行，$\log_2 N = L$ 级蝶形，设用 m（$m=1, 2, \cdots, L$）表示第 m 级迭代，用 i，j 表示蝶形输入数据所在的（上/下）行序（i，$j=0, 1, \cdots, N-1$），则任何一个蝶形运算都可用下面的通用式来表示

$$\begin{cases} X_m(i) = X_{m-1}(i) + X_{m-1}(j)W_N^r \\ X_m(j) = X_{m-1}(i) - X_{m-1}(j)W_N^r \end{cases} \tag{4.27}$$

可见，在确定了某级进行蝶形运算的任意两个节点所在行 i 和 j 的节点输入变量 $X_{m-1}(k)$，$X_{m-1}(j)$ 之后，就完全可以确定蝶形运算的输出结果 $X_m(i)$，$X_m(j)$，与其

他行（节点）无关。这样，蝶形运算的两个输出值仍可放回蝶形运算的两个输入所在的存储器中，即实现所谓原址运算。每一级有 $N/2$ 个蝶形运算，所以只需 N 个存储单元。

（2）旋转因子 W_N^r 的确定

如上所述，N 点 DIT－FFT 运算流图中，每级都有 $N/2$ 个蝶形。每个蝶形都要乘以因子 W_N^r，称其为旋转因子，r 称为旋转因子的指数。观察图 4－7 不难发现，第 L 级共有 2^{L-1} 个不同的旋转因子。r 值的变化是有一定规律的，针对这些规律可以采用多种方法确定 r 的值，一种简便方法为。

①将蝶形运算两节点中的第一个节点行号值 i 表示为 L 位（$N=2^L$）二进制数 $i=(n_{L-1}\cdots n_1 n_0)_2$。

②将 $i=(n_{L-1}\cdots n_1 n_0)_2$ 左移（$L-m$）位，右边位置补零，就可得到 $(r)_2$ 的值，即 $(r)_2=(i)_2 2^{L-m}$。m 指 m 级的蝶形运算。

例如，$N=8=2^3$，有

A. $i=2$，$m=3$ 时的 r 值

$$i=2=(010)_2，左移 L-m=3-3=0，则 r=(010)_2=2$$

B. $i=3$，$m=3$ 时的 r 值

$$i=3=(011)_2，左移 L-m=3-3=0，则 r=(011)_2=3$$

C. $i=5$，$m=2$ 时的 r 值

$$i=5=(101)_2，左移 L-m=3-2=1，则 r=(010)_2=2$$

（3）倒位序规律

通过分析可以发现 DIT－FFT 算法的输入序列的排序是隐含有一定规律的。由于 $N=2^L$，因此排列序数可用 L 位二进制数（$n_{L-1}n_{L-2}\cdots n_1 n_0$）表示。例如：$N=8$ 时排列的顺序与倒序二进制数对照表如表 4－1 所示。

表 4－1　顺序和倒序二进制数对照表

序列顺序		序号倒序	
十进制数 I	二进制数 $n_{L-1}n_{L-2}\cdots n_1 n_0$	二进制数 $n_0 n_1\cdots n_{L-2}n_{L-1}$	十进制数 J
0	000	000	0
1	001	100	4
2	010	010	2
3	011	110	6
4	100	001	1
5	101	101	5
6	110	011	3
7	111	111	7

形成倒位序 J 后，将原存储器中存放的输入序列重新按倒序排列，即进行数据存储位置的交换。设原输入序列 $x(n)$ 先按自然顺序存入数组 A 中。例如，对 $N=8$，$A(0)$，$A(1)$，$A(2)$，…，$A(7)$ 中依次存放着 $x(0)$，$x(1)$，…，$x(7)$。倒序过程的数据流图如图 4－9 所示。

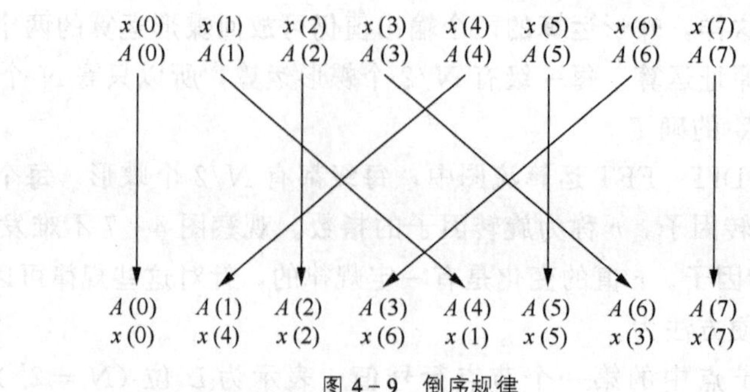

图 4-9 倒序规律

(4) 蝶形运算两节点间距离

以图 4-7 所示的 8 点 DIT-FFT 为例，其第一级每个蝶形运算的两节点间的距离为 1，第二级每个蝶形的两节点间的距离为 2，第三级每个蝶形的两节点间的距离为 4，由此类推。对于 $N=2^L$ 点，参与蝶形运算的两节点所在行［即式（4.27）中的 i、j 行］间“距离”与其所处的第几级蝶形有关：第 m 级的节点行距离为 2^{m-1}。所以参加蝶形运算的两行关系为 $j=i+2^{m-1}$。由此结合行距可以将蝶形运算表示为

$$\begin{cases}X_m(i)=X_{m-1}(i)+X_{m-1}(i+2^{m-1})W_N^r\\X_m(i+2^{m-1})=X_{m-1}(i)-X_{m-1}(i+2^{m-1})W_N^r\end{cases} \tag{4.28}$$

【例 4-5】 完成以下问题

(1) 画出按时域抽取的 4 点基 2 的信号流图。

(2) 利用流图计算 4 点序列 $x(n)=\{1, 2, 3, 4\}$ 的 DFT。

解： (1) 4 点按时间抽取 FFT 流图如图 4—10 所示。

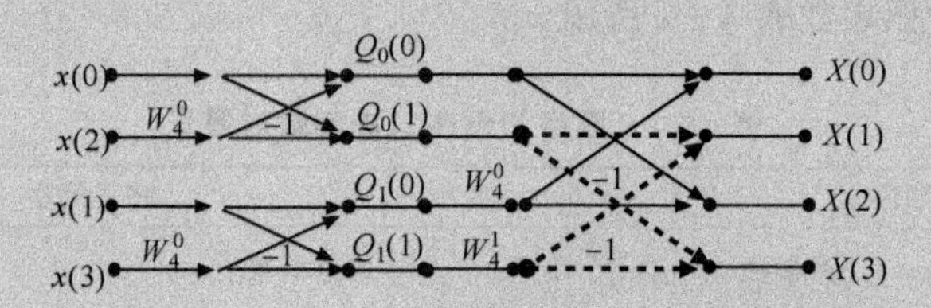

图 4-10 4 点基 2 的信号流图

(2) 计算结果

$$\begin{cases}Q_0(0)=x(0)+x(2)=1+3=4\\Q_0(1)=x(0)-x(2)=1-3=-2\end{cases}$$

$$\begin{cases}Q_1(0)=x(1)+x(3)=2+4=6\\Q_1(1)=x(1)-x(3)=2-4=-2\end{cases}$$

$$X(0)=Q_0(0)+Q_1(0)W_4^0=4+6=10$$

$$X(2)=Q_0(0)-Q_1(0)W_4^0=4-6=-2$$

$$X(1)=Q_0(1)+Q_1(1)W_4^1=-2+(-2)*(-\mathrm{j})=-2+2\mathrm{j}$$

$$X(3)=Q_0(1)-Q_1(1)W_4^1=-2-(-2)*(-\mathrm{j})=-2-2\mathrm{j}$$

所以：$X(k)=\{10, -2+2\mathrm{j}, -2, -2-2\mathrm{j}\}$

4.2.3 按频率抽取的基 2 FFT 算法

如果把输出序列 $X(k)$（假设也是 N 点序列）按其顺序的奇偶性分解为越来越短的子序列，称为按频率抽取（DIF）的 FFT 算法。

1. DIF－FFT 算法原理

（1）N 点 DFT 的另一种思路

设序列 $x(n)$ 长度为 $N=2^L$，首先将 $x(n)$ 前后对半分开，得到两个子序列，其 DFT 可表示为如下形式

$$\begin{aligned}X(k)&=\mathrm{DFT}[x(n)]=\sum_{n=0}^{N-1}x(n)W_N^{kn}\\&=\sum_{n=0}^{N/2-1}x(n)W_N^{kn}+\sum_{n=N/2}^{N-1}x(n)W_N^{kn}\\&=\sum_{n=0}^{N/2-1}x(n)W_N^{kn}+\sum_{n=0}^{N/2-1}x\left(n+\frac{N}{2}\right)W_N^{k(n+N/2)}\\&=\sum_{n=0}^{N/2-1}\left[x(n)+W_N^{kN/2}x\left(n+\frac{N}{2}\right)\right]W_N^{kn}\end{aligned}$$

由于式中 $W_N^{kN/2}=(-1)^k=\begin{cases}1, & k=\text{偶数}\\-1, & k=\text{奇数}\end{cases}$，因此 $X(k)$ 可进一步表示为

$$X(k)=\sum_{n=0}^{\frac{N}{2}-1}\left[x(n)+(-1)^k x(n+\frac{N}{2})\right]W_N^{nk} \tag{4.29}$$

（2）$X(k)$ 按奇偶分组

当 k 取偶数时 $(-1)^k=1$，当 k 取奇数时 $(-1)^k=-1$ 因此，按 k 的奇偶可将式（4.29）中的 $X(k)$ 分解成两部分。令

$$\begin{cases}k=2r\\k=2r+1\end{cases}\quad r=0,1,\cdots,N/2-1$$

则

$$\begin{aligned}X(2r)&=\sum_{n=0}^{N/2-1}\left[x(n)+x\left(n+\frac{N}{2}\right)\right]W_N^{2nr}\\&=\sum_{n=0}^{N/2-1}\left[x(n)+x\left(n+\frac{N}{2}\right)\right]W_{N/2}^{nr},\ r=0,1\cdots,N/2-1\end{aligned} \tag{4.30a}$$

$$\begin{aligned}X(2r+1)&=\sum_{n=0}^{N/2-1}\left[x(n)-x\left(n+\frac{N}{2}\right)\right]W_N^{n(2r+1)}\\&=\sum_{n=0}^{N/2-1}\left\{\left[x(n)-x\left(n+\frac{N}{2}\right)\right]W_N^{n}\right\}\cdot W_{N/2}^{nr},\ r=0,1\cdots,N/2-1\end{aligned} \tag{4.30b}$$

（3）蝶形运算

可以看出，式（4.30a）为前一半输入和后一半输入之和的 $N/2$ 点 DFT，式（4.30b）为前一半输入和后一半输入之差再与 W_N^n 乘积的 $N/2$ 点 DFT，如果令

$$\begin{cases} x_1(n)=x(n)+x\left(n+\dfrac{N}{2}\right) \\ x_2(n)=\left[x(n)-x\left(n+\dfrac{N}{2}\right)\right]W_N^n \end{cases} \quad n=0,1,\cdots,N/2-1 \tag{4.31}$$

则

$$\begin{cases} X(2r)=\sum\limits_{n=0}^{N/2-1} x_1(n)W_{N/2}^{rn} \\ X(2r+1)=\sum\limits_{n=0}^{N/2-1} x_2(n)W_{N/2}^{rn} \end{cases} \tag{4.32}$$

式（4.31）可用图 4－11 所示的蝶形运算来表示。

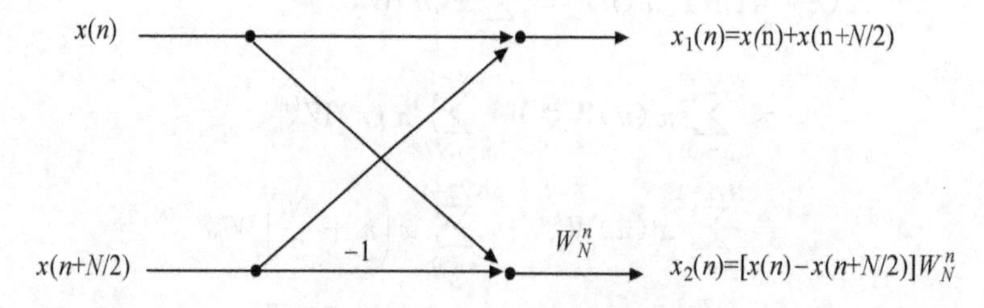

图 4－11 DIF－FFT 蝶形运算流图

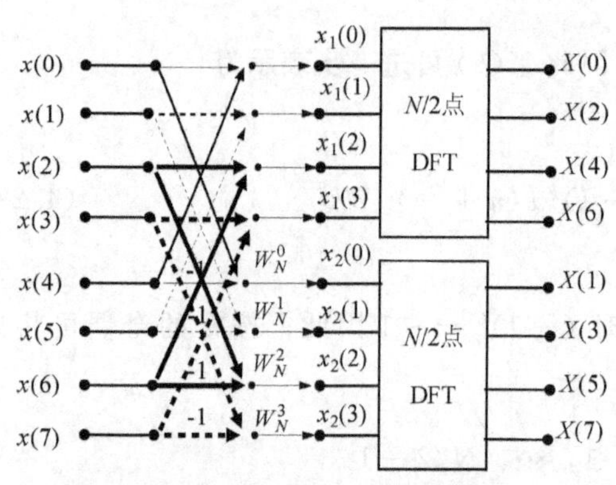

图 4－12 DIF－FFT 一次分解运算流图（N＝8）

即求 N 点序列 $x(n)$ 的 DFT，先把序列分成前后两个 $N/2$ 的短序列，再进行 DIF－FFT 的蝶形运算生成两个短序列，最后再求这两个 $N/2$ 点短序列的 DFT。

这样，就可以把一个求 N 点 DFT 转化为按 k 的奇偶分解为求两个 $N/2$ 点 DFT 了，比如 $N=8$ 时其分解过程可用图 4－12 所示。

（4）继续分解

$N/2$ 点的短序列还可以分成 $N/4$ 点更短的序列。因此仿照 DIT 的方法，再将求 $N/2$ 点 DFT 转化为按 k 的奇偶分解为求两个 $N/4$ 点的 DFT，如此反复分解进行下去，直至分解为 2 点 DFT。例如 $N=8$ 点 DIF 的 FFT 再次分解成求 $N/4$ 点的流图如图 4－13 所示。

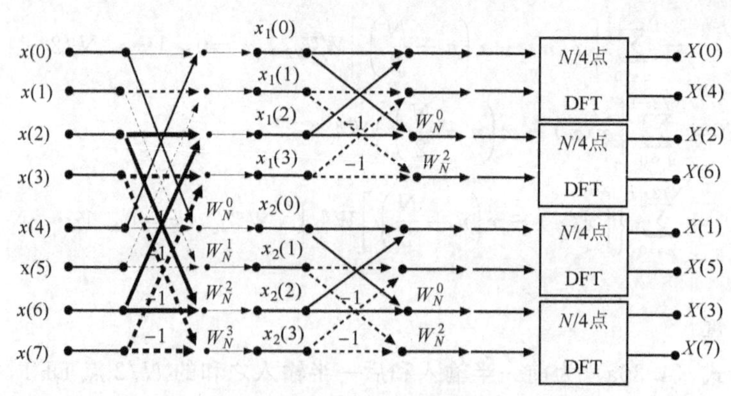

图 4－13 DIF－FFT 二次分解运算流图（N＝8）

这样的分解可以一直进行到最后第 L 级。第 L 级最后剩下的是 2 点 DFT，它只有加减运算，但为了统一运算结构，我们仍采用系数为 $W_N{}^0$ 的蝶形运算来表示，这 $N/2$ 个两点 DFT 的 N 个输出即为 $x(n)$ 的 N 点 DFT 的结果 $X(k)$。如，对于 $N=8$ 时的 DFT，$N/4$ 点即为 2 点 DFT，因此其完整的按频率抽取的 FFT 运算流图如图 4－14 所示。

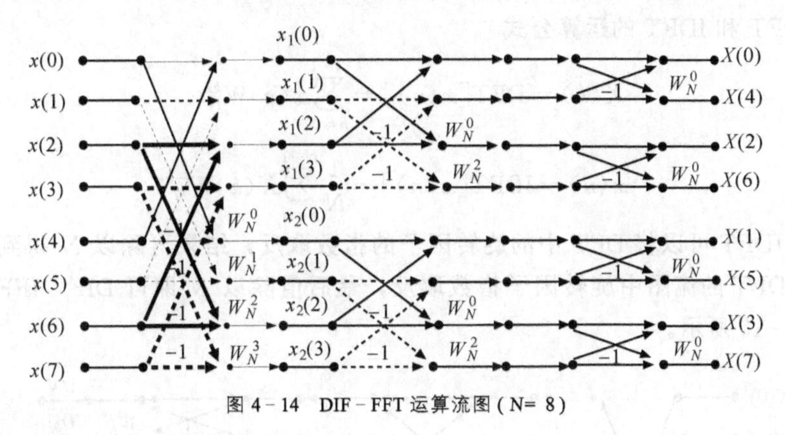

图 4－14 DIF－FFT 运算流图（N= 8）

2. DIF－FFT 算法特点

（1）原址计算

$N=2^L$ 点的 DIF－FFT 算法共有 L 级蝶形运算，每级有 $N/2$ 个蝶形，每个蝶形结构为

$$\begin{cases} X_m(i)=X_{m-1}(i)+X_{m-1}(j) \\ X_m(j)=[X_{m-1}(i)-X_{m-1}(j)]W_N^r \end{cases} \tag{4.33}$$

式中 i、$j(i,\ j=0,\ 1,\ 2,\ \cdots,\ N-1)$ 为参与蝶形运算的存储单元行号。

（2）蝶形运算两节点的距离

参与 DIF－FFT 的每个蝶形运算的两行行号 i、j 与蝶形运算的级序号有关，它们的关系为

$$j=i+2^{L-m}=i+N/2^m \tag{4.34}$$

其中 $m(m=1,\ \cdots,\ L)$ 为蝶形运算的级序号。例如 $N=2^3=8$，则

①$m=1$ 时的距离为 $N/2^m=8/2=4$；

②$m=2$ 时的距离为 $N/2^m=8/4=2$；

③$m=3$ 时的距离为 $N/2^m=8/8=1$。

（3）W_N^r 的计算

由于 DIF－FFT 蝶形运算的两节点的距离为 $N/2^m$，所以蝶形运算可表为

$$\begin{cases} X_m(i)=X_{m-1}(i)+X_{m-1}\left(i+\dfrac{N}{2^m}\right) \\ X_m\left(i+\dfrac{N}{2^m}\right)=\left[X_{m-1}(i)-X_{m-1}\left(i+\dfrac{N}{2^m}\right)\right]W_N^r \end{cases} \tag{4.35}$$

其中 r 的求法为：将 i（行号 $i=0,\ 1,\ \cdots,\ N-1$）表示为 L 位二进制数 $i=(n_2n_1n_0)_2$，左移 $m-1$ 位（其中 m 为蝶形运算的级序号，取 $m=1,\ \cdots,\ L$），右边空位补零，就得到 $(r)_2$，即 $(r)_2=(i)_2\times 2^{m-1}$。例如，$N=8$ 时，求 r 值如下。

①$m=1$，$i=2$，$i=(010)_2$，左移 $m-1=0$ 位得 $(r)_2=(010)_2=2$；

②$m=2$，$i=1$，$i=(001)_2$，左移 $m-1=1$ 位得 $(r)_2=(010)_2=2$；

③$m=2$，$i=5$，$i=(101)_2$，左移 $m-1=1$ 位得 $(r)_2=(010)_2=2$。

4.2.4 IDFT的快速算法

比较DFT和IDFT的运算公式

$$X(k)=\mathrm{DFT}[x(n)]=\sum_{n=0}^{N-1}x(n)W_N^{kn}$$
$$x(n)=\mathrm{IDFT}[x(n)]=\frac{1}{N}\sum_{k=0}^{N-1}X(k)W_N^{-kn} \tag{4.36}$$

可见，IDFT可以将DFT中的旋转因子的指数取反，结果再除以 N 得到。因此，可以将DIF-DFT的流图中旋转因子指数取反，最后值除以 N 即可DIF-IFFT的运算流图，如图4-15所示。

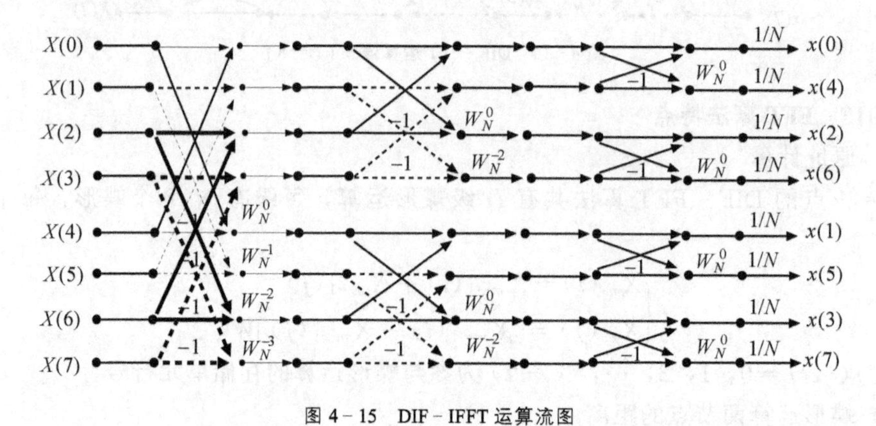

图4-15 DIF-IFFT运算流图

如果希望直接调用FFT子程序计算IFFT，则可用下面的方法：由于

$$x(n)=\frac{1}{N}\sum_{k=0}^{N-1}X(k)W_N^{-kn}$$

两边取共轭得

$$x^*(n)=\frac{1}{N}\sum_{k=0}^{N-1}X^*(k)W_N^{kn} \tag{4.37}$$

对上式两边同时再取共轭，得

$$x(n)=\frac{1}{N}\left[\sum_{k=0}^{N-1}X^*(k)W_N^{kn}\right]^*=\frac{1}{N}\{\mathrm{DFT}[X^*(k)]\}^* \tag{4.38}$$

4.2.5 FFT的应用

当两个序列长度相差很大，例如 $M\gg N$，则需对短序列补很多零点，且长序列必须全部输入后才能用FFT算法进行计算。因此存储量大，运算时间长，不能实时处理。可将长序列分段计算，分段处理后的结果处理包括重叠相加法和重叠保留法两种计算方法。

1. 重叠相加法

设 $h(n)$ 为 M 点序列（$0\leqslant n\leqslant M-1$），$x(n)$ 长度很长时，将 $x(n)$ 分为 L 长的若干小的片段，L 与 M 接近。

$$x_i(n)=\begin{cases}x(n),\ iL\leqslant n\leqslant(i+1)L-1\\0,\ 其他\end{cases}\tag{4.39}$$

则
$$x(n)=\sum_{i=-\infty}^{\infty}x_i(n)$$

输出
$$y(n)=x(n)*h(n)=\sum_{i=-\infty}^{\infty}x_i(n)*h(n)=\sum_{i=-\infty}^{\infty}y_i(n)\tag{4.40}$$

其中 $N=L+M-1$。可以用圆周卷积计算
$$y_i(n)=x_i(n)\otimes h(n)\tag{4.41}$$

通过补零，使 $N=2^M\geqslant L+M-1$，上面圆周卷积可用 FFT 计算。

由于 $y_i(n)$ 长度为 N，而 $x_i(n)$ 长度 L 必有 $M-1$ 点重叠，$y_i(n)$ 应相加才能构成最后 $y(n)$。重叠相加法如图 4-16 所示。重叠相加的名称是由于各输出段的重叠部分相加而得名的。

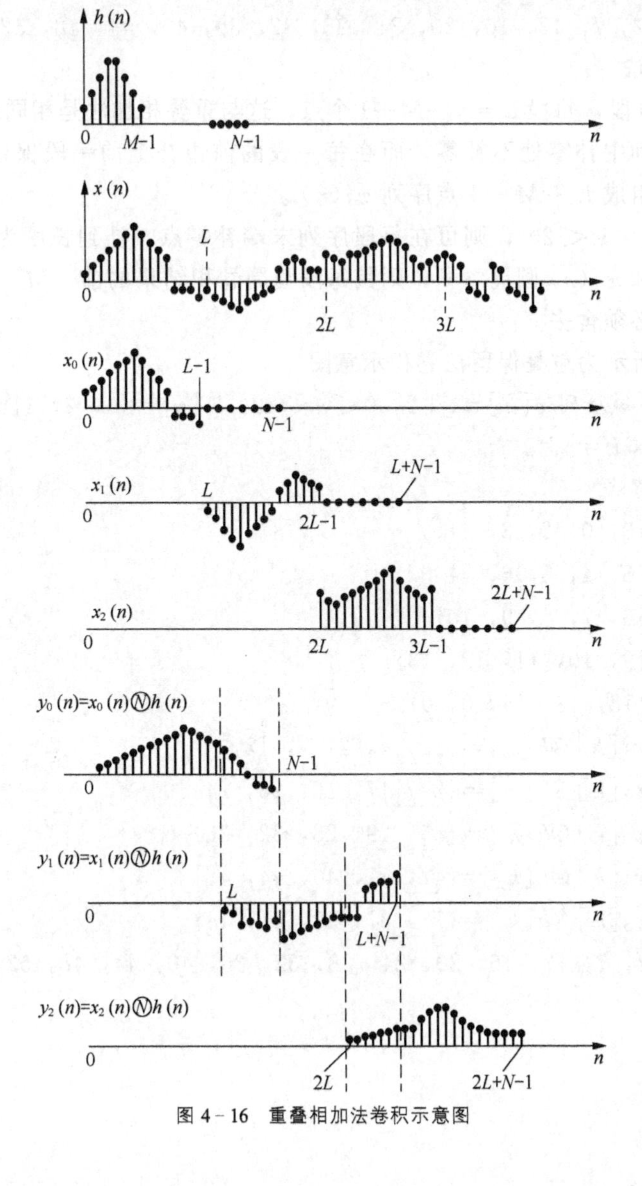

图 4-16 重叠相加法卷积示意图

按上面的讨论，用FFT法实现重叠相加法的步骤如下。

①计算 N 点FFT，$H(k)=\mathrm{DFT}[h(n)]$；

②计算 N 点FFT，$X_i(k)=\mathrm{DFT}[x_i(n)]$；

③相乘，$Y_i(k)=X_i(k)H(k)$；

④计算 N 点IFFT，$y_i(n)=\mathrm{IDFT}[Y_i(k)]$；

⑤将各段 $y_i(n)$（包括重叠部分）相加。

【例4-6】 已知序列 $x[n]=n+2$，$0\leqslant n\leqslant 12$，$h[n]=\{1, 2, 1\}$，试利用重叠相加法计算线性卷积，取 $L=5$。

解：

$x_1[n]=\{2, 3, 4, 5, 6\}$，$x_2[n]=\{7, 8, 9, 10, 11\}$，$x_3[n]=\{12, 13, 14\}$

$y_1[n]=\{2, 7, 12, 16, 20, 17, 6\}$，$y_2[n]=\{7, 22, 32, 36, 40, 32, 11\}$，

$y_3[n]=\{12, 37, 52, 41, 14\}$，

重叠相加得

$$y[n]=\{2, 7, 12, 16, 20, 24, 28, 32, 36, 40, 44, 48, 52, 41, 14\}$$

2. 重叠保留法

先将 $x(n)$ 分段，每段 $L=N-M+1$ 个点，这与重叠相加法是相同的。与重叠相加法不同之处是，序列中补零处不补零，而在每一段的前边补上前一段保留下来的（$M-1$）个输入序列值，组成 $L+M-1$ 点序列 $x_i(n)$。

如果 $L+M-1<2^m$，则可在每段序列末端补零点，补到长度为 2^m，这时如果用DFT实现 $h(n)$ 和 $x_i(n)$ 圆周卷积，则其每段圆周卷积结果的前（$M-1$）个点的值不等于线性卷积值，必须舍去。

如图4-17所示为重叠保留法卷积示意图。

【例4-7】 已知序列 $x[n]=n+2$，$0\leqslant n\leqslant 12$，$h[n]=\{1, 2, 1\}$ 试利用重叠保留法计算线性卷积，取 $L=5$。

解： 重叠保留法

$$x_1[k]=\{0, 0, 2, 3, 4\}$$
$$x_2[k]=\{3, 4, 5, 6, 7\}$$
$$x_3[k]=\{6, 7, 8, 9, 10\}$$
$$x_4[k]=\{9, 10, 11, 12, 13\}$$
$$x_5[k]=\{12, 13, 14, 0, 0\}$$
$$y_1[k]=x_1[k]\otimes h[k]=\{11, 4, 2, 7, 12\}$$
$$y_2[k]=x_2[k]\otimes h[k]=\{23, 17, 16, 20, 24\}$$
$$y_3[k]=x_3[k]\otimes h[k]=\{35, 29, 28, 32, 36\}$$
$$y_4[k]=x_4[k]\otimes h[k]=\{47, 41, 40, 44, 48\}$$
$$y_5[k]=x_5[k]\otimes h[k]=\{12, 37, 52, 41, 14\}$$
$$y[k]=\{2, 7, 12, 16, 20, 24, 28, 32, 36, 40, 44, 48, 52, 41, 14\}$$

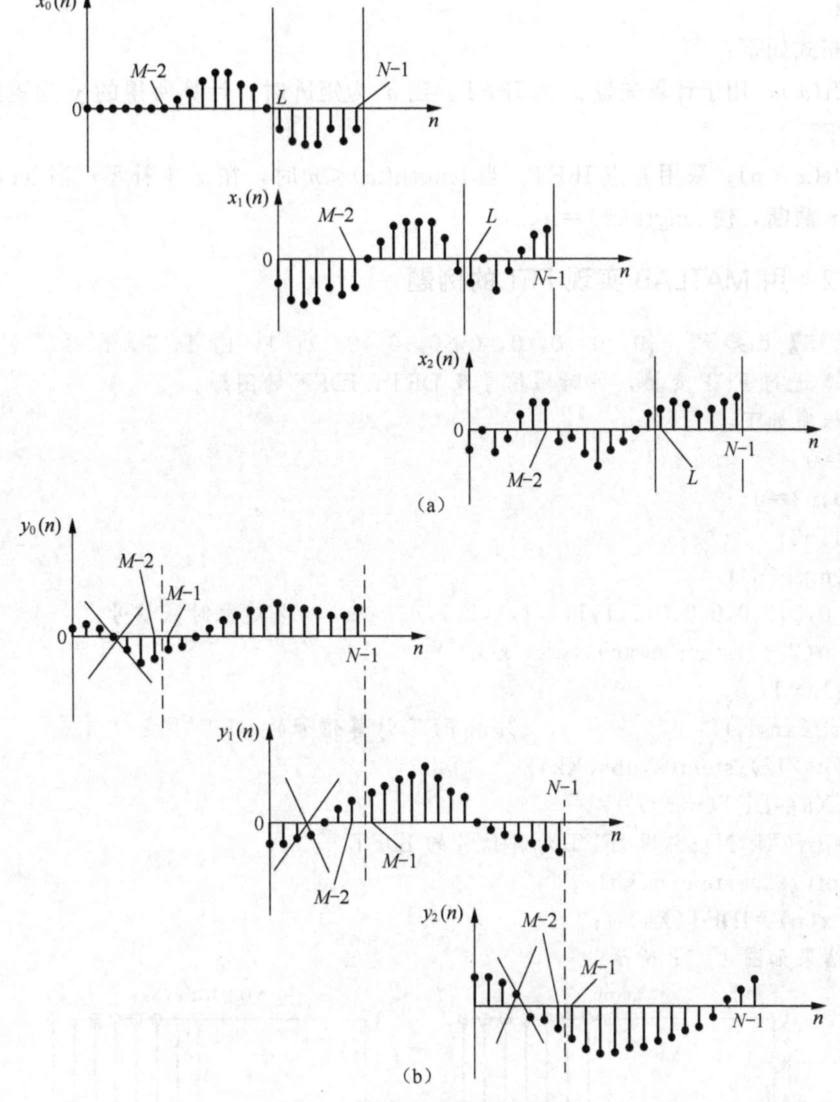

图 4-17 重叠保留法卷积示意图

4.3 FFT 的 MATLAB 实现

4.3.1 MATLAB 的 FFT 及 IFFT 函数

MATLAB 中提供了进行快速傅里叶变换的函数，用 fft 表示采用快速傅里叶变换计算 DFT，ifft 表示采用快速傅里叶变换计算 IDFT。

1. fft

调用格式如下：

y＝fft(x)；

y＝fft(x，n)；采用 n 点 FFT。当 x 的长度小于 n 时，fft 函数在 x 的尾部补零，以构成 n 点数据；当 x 的长度大于 n 时，fft 函数会截断序列 x。当 x 为矩阵时，fft 函数就计算矩阵的各列向量的 FFT。

2. ifft

调用格式如下：

y=ifft(x)；用于计算矢量 x 的IFFT。当 x 为矩阵时，计算所得的 y 为矩阵 x 中每一列的IFFT。

y=ifft(x，n)；采用 n 点IFFT。当length(x)<n 时，在 x 中补零；当length(x)> n 时，将 x 截断，使length(x)=n。

4.3.2 用MATLAB实现FFT的例题

【例4-8】 已知 $x_n=\{0, 0, 0, 0, 0, 0, 0, 0, 1, 1, 1, 1, 1, 1, 1, 1\}$，其长度为16，对其进行FFT变换，作时域信号及DFT、IDFT的图形。

解：程序如下：

```
clc,clear
n1=0;n2=15;
n=n1:n2;
N=length(n);
xn=[0,0,0,0,0,0,0,0,1,1,1,1,1,1,1,1];          %建立时域信号
subplot(221);stem(n,xn);title('x(n)');
k=0:N-1;
Xk=fft(xn,N);                    %用FFT计算信号的DFT
subplot(212);stem(k,abs(Xk));
title('Xk=DFT(x(n))');
xn1=ifft(Xk,N);%用IFFT计算信号的IDFT
subplot(222);stem(n,xn1);
title('x(n)=IDFT(Xk)');
```

运行结果如图4-18所示。

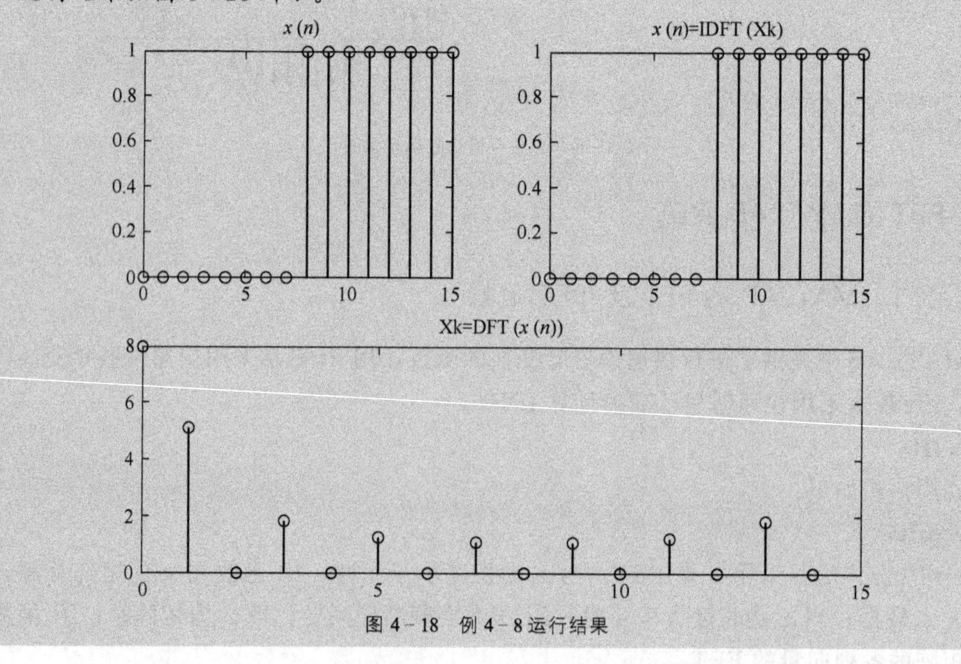

图4-18 例4-8运行结果

【例 4-9】将已知的两个时域周期序列分别取主值，得到 $x_1=[1, 2, 3, 4, 5, 0]$，$x_2=[3, 4, 5, 0, 0, 0]$，求时域循环卷积 $y(n)$ 并用图形表示。

解：使用 FFT 和 IFFT 进行循环卷积。

```
clc,clear;
xn1=[1,2,3,4,5,0];              %建立 x1(n)序列
xn2=[3,4,5,0,0,0];%建立 x2(n)序列
N=length(xn1);
n=0:N-1;k=0:N-1;
Xk1=fft(xn1,N);%由 x1(n)的 FFT 求 X1(k)
Xk2=fft(xn2,N);%由 x2(n)的 FFT 求
Yk=Xk1.*Xk2;%Y(k)=X1(k)X2(k)
yn=ifft(Yk,N);%由 Y(k)的 IFFT 求 y(n)
yn=abs(yn);
subplot(2,3,1);stem(n, xn1,'k'); title('x1(n)');
subplot(2,3,2);stem(n,xn2,'k'); title('x2(n)');
subplot(2,3,3);stem(n,yn,'k'); title('y(n)'); %作图表示主值区每一次卷积的结果
subplot(2,3,4);stem(k,Xk1,'k'); title('X1(k)');
subplot(2,3,5);stem(k,Xk2,'k'); title('X2(k)');
subplot(2,3,6);stem(k,Yk,'k'); title('Y(k)');
```

运行结果如图 4-19 所示。

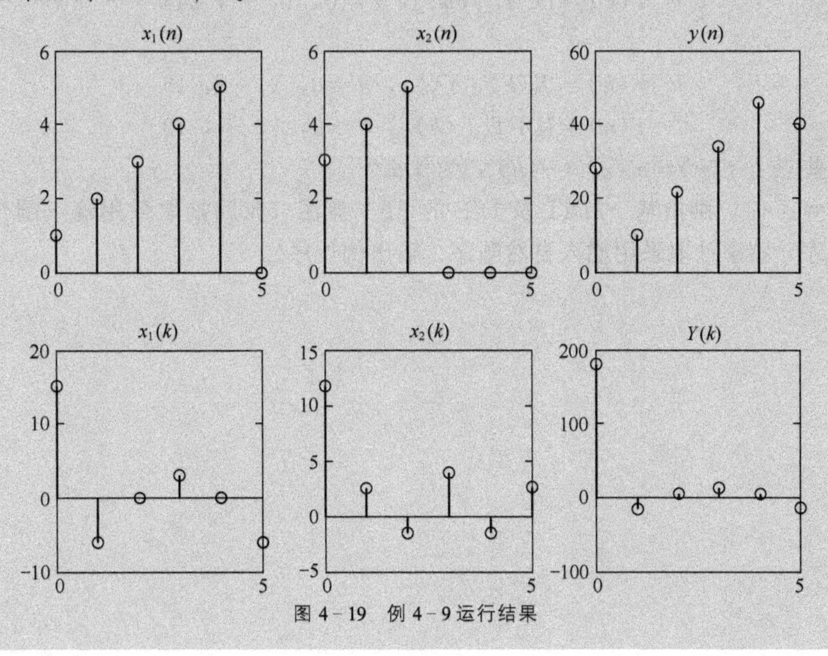

图 4-19　例 4-9 运行结果

思考题

1. 计算以下各序列的 N 点 DFT，在变换区间 $0\leqslant n\leqslant N-1$，序列定义为

(1) $x(n)=R_m(n)$，$0<m<N$

(2) $x(n)=\delta(n-m)$，$(0<m<N)$

(3) $x(n)=e^{j\frac{2\pi}{N}mn}$，$0<m<N$

2. 长度为 $N=10$ 的两个有限长序列

$$x_1(n)=\begin{cases}1, & 0\leqslant n\leqslant 4\\ 0, & 5\leqslant n\leqslant 9\end{cases}\qquad x_2(n)=\begin{cases}1, & 0\leqslant n\leqslant 4\\ -1, & 5\leqslant n\leqslant 9\end{cases}$$

试求 $x_1(n)*x_2(n)$ 和 $y(n)=x_1(n)\otimes x_2(n)$，$\otimes$表示10点圆周卷积。

3. 设序列 $x(n)=\{1, 3, 2, 1; n=0, 1, 2, 3\}$，另一序列 $h(n)=\{1, 2, 1, 2; n=0, 1, 2, 3\}$，

(1) 求两序列的线性卷积 $y_L(n)$；

(2) 求两序列的6点循环卷积 $y_C(n)$。

(3) 说明循环卷积能代替线性卷积的条件。

4. 如果一台计算机的速度为平均每次复乘30ns，每次复加3ns，用它来计算256点的有限长序列的DFT，问直接计算需要多少时间，用FFT运算需要多少时间。

5. 两个有限长序列 $h(n)$ 和 $y(n)$ 的零值区间为

$$x(n)=0, \ n<0, \ 100\leqslant n$$
$$y(n)=0, \ n<0, \ 150\leqslant n$$

对每个序列作245点DFT，即

$$X(k)=\mathrm{DFT}[x(n)], \ k=0, 1, \cdots, 244$$
$$Y(k)=\mathrm{DFT}[y(n)], \ k=0, 1, \cdots, 244$$

如果

$$F(k)=X(k)\cdot Y(k), \ k=0, 1, \cdots, 19$$
$$f(n)=\mathrm{IDFT}[F(k)], \ k=0, 1, \cdots, 19$$

试问在哪些点上 $f(n)=x(n)*y(n)$，为什么？

6. $N=16$ 时，画出基－2DIT及DIF的FFT流图（时间抽取采用输入倒位序，输出自然数顺序，频率抽取采用输入自然顺序，输出倒位序）。

第5章 数字滤波器的结构

【本章学习目标】

1. 掌握数字滤波器结构的信号流图法；
2. 掌握 IIR 数字滤波器的基本结构；
3. 掌握 FIR 数字滤波器的基本结构。

【本章能力目标】

1. 学会用信号流图表示数字滤波器的结构；
2. 能够熟练画出 IIR 数字滤波器的直接Ⅰ型、直接Ⅱ型、级联型、并联型结构；
3. 能够熟练画出 FIR 数字滤波器的直接型、级联型结构；
4. 能够运用 MATLAB 转换数字滤波器的各种表示结构。

5.1 数字滤波器结构的表示方法

数字滤波器是一个数字信号处理系统。假设数字滤波器系统将输入序列 $x(n)$，经过处理后，得到输出序列 $y(n)$，用 $T[\cdot]$ 表示数字滤波器的处理，则处理过程可以表示为

$$y(n)=T[x(n)] \tag{5.1}$$

若数字滤波器为线性系统，则可以用常系数差分方程表示该处理过程

$$y(n)=\sum_{k=1}^{N}a_k y(n-k)+\sum_{k=0}^{M}b_k x(n-k) \tag{5.2}$$

对该系统进行 Z 变换，求得数字滤波器的系统函数为

$$H(z)=\frac{\sum_{k=0}^{M}b_k z^{-k}}{1-\sum_{k=1}^{N}a_k z^{-k}}=\frac{Y(z)}{X(z)} \tag{5.3}$$

数字滤波器的功能实现既可以采用计算机软件来完成，也可以设计专用的数字硬件、专用的数字信号处理器或采用通用的数字信号处理器来实现。

从式（5.2）可见，数字滤波器的处理过程中包含了一些序列运算单元：序列相加、序列延迟、序列常数乘法、序列累加运算。这些序列的运算可以归结为三种基本的序列运算单元：加法器、乘常数、单位延迟。这些基本的序列运算单元可以用两种表示方法：框图法和信号流图法。相应地，数字滤波器的结构可以有这样两种表示法。

5.1.1 框图法

表示一个数字滤波器系统的方法有：差分方程、单位取样响应、系统函数、框图或流图。前面已经讲解了数字系统的差分方程、单位取样响应、系统函数，这里先介绍框图表

示法，然后再介绍流图表示法。框图表示的特征是基本元件都有框结构符号（矩形框、圆框、三角框等）。在框图表示中，构成线性时不变系统的基本元件有：相加单元、乘常数单元、单位延时单元。

1. 相加单元

相加单元的框图表示如图 5-1（a）和（b）所示。

其中带“$\sum$”或“+”的圆框表示相加运算操作，箭头指向圆框的两条线表示输入两个序列，箭头离开运算的线表示相加结果的输出序列。

2. 乘常数单元

乘常数单元的表示如图 5-2（a）、（b）和（c）所示。

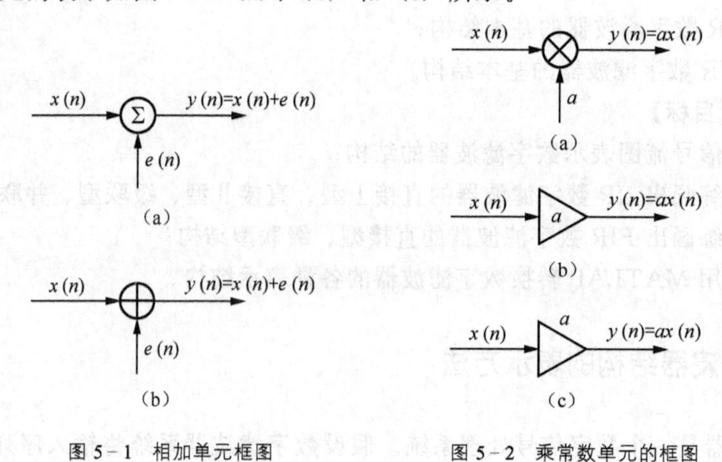

图 5-1　相加单元框图　　图 5-2　乘常数单元的框图

其中带“×”的圆框输入一个 a 支路及三角形符号框内或旁写“a”表示将输入单元的信号（左面指向三角形的箭头线）乘以 a 倍（放大 a 倍）操作。右边的箭头线表示输出放大后的信号。

3. 单位延迟单元

单位延迟单元的框图表示如图 5-3（a）、（b）和（c）所示。

其中矩形框图中写 z^{-1}、D 或“延迟”表示单位延迟操作，箭头指向方框图的线表示输入信号，箭头离开方框图的线表示输出处理后的信号。

任何一个线性时不变系统均可以通过这些基本元件来表示。例如，图 5-4 是一个简单的线性时不变系统的框图表示，是由相加、乘常数、单位延迟等基本元件构成。

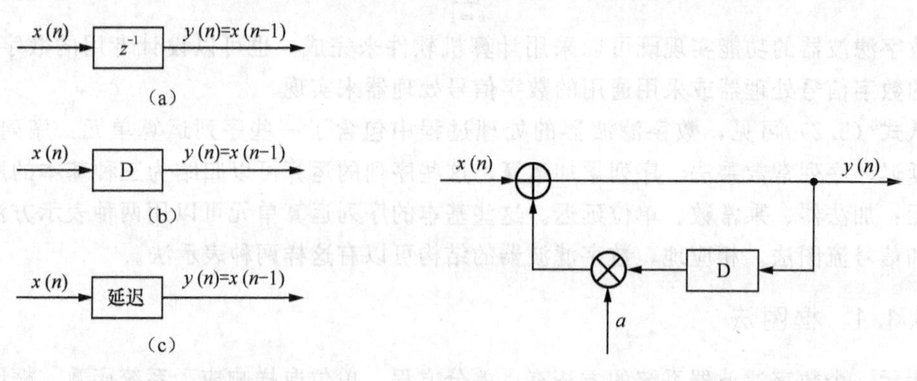

图 5-3　单位延迟单元的框图　　图 5-4　一个线性时不变系统的组成框图表示

同样，有限长单位脉冲响应（Finite Impulse Response，FIR）滤波器和无限长单位脉冲响应（Infinite Impulse Response，IIR）滤波器也是一个线性时不变系统，也可以采用框图表示，用框图表示数字滤波器结构较明显直观。例如

二阶 IIR 系统：$y(n)=-a_1y(n-1)-a_2y(n-2)+b_0x(n)+b_1x(n-1)+b_2x(n-2)$，

二阶 FIR 系统：$y(n)=b_0x(n)+b_1x(n-1)+b_2x(n-2)$，其框图如图 5-5 所示。

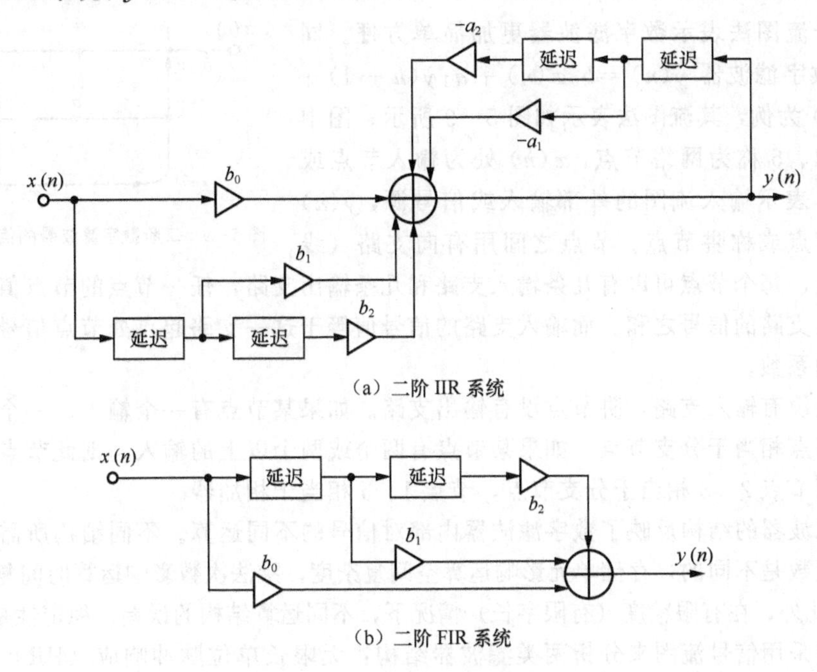

(a) 二阶 IIR 系统

(b) 二阶 FIR 系统

图 5-5　二阶 IIR 和 FIR 系统

5.1.2　信号流图法

信号流图法简称流图法或信流图。流图法表示更加简单方便，也由相加、乘常数、单位延迟 3 种基本的单元组成。信号流图表示的特征是基本元件都只有带箭头的流线结构。

1. 相加单元流图表示

相加单元的流图表示如图 5-6 所示。箭头指向节点（图中黑点）的两个短线表示两个信号输入，箭头离开节点的短线表示相加运算的输出结果。

2. 乘常数单元流图表示

乘常数单元的流图表示如图 5-7 所示。带箭头的流线上（可以是直线或曲线）称为一条支路，支路边写常数“a”表示将输入信号（图 5-7 左边）乘以 a 倍（放大 a 倍），结果从箭头方向输出（图 5-7 右边），这个输出就是支路的信号值。a 称为传输系数。当 $a=1$ 时，可以省略不写。

3. 单位延迟单元流图表示

单位延迟单元的流图表示如图 5-8 所示。带箭头线旁写“z^{-1}”表示将输入信号（图 5-8 中左边）延迟一个单位（单位延迟），从箭头方向输出（图 5-8 右边）。z^{-1} 称为延迟算子。

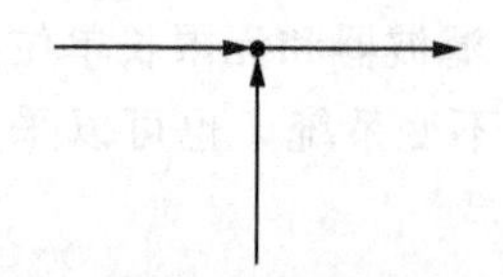

图 5-6　相加单元的流图表示

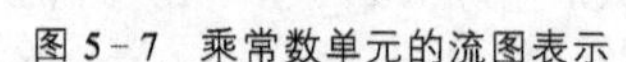

图 5-7　乘常数单元的流图表示

z^{-1}

图 5-8　单位延迟单元的流图表示

用信号流图法表示数字滤波器更加简单方便。同样以二阶数字滤波器 $y(n)=b_0x(n)+a_1y(n-1)+a_2y(n-2)$ 为例，其流图法表示如图 5-9 所示。图中 1、2、3、4、5 称为网络节点，$x(n)$ 处为输入节点或称源节点，表示输入流图的外部输入或信号源，$y(n)$ 处为输出节点或称阱节点。节点之间用有向支路（线段）相连接，每个节点可以有几条输入支路和几条输出支路，任一节点的节点值等于它的所有的输入支路的信号之和。而输入支路的信号值等于这一支路起点处节点信号值乘以支路上的传输系数。

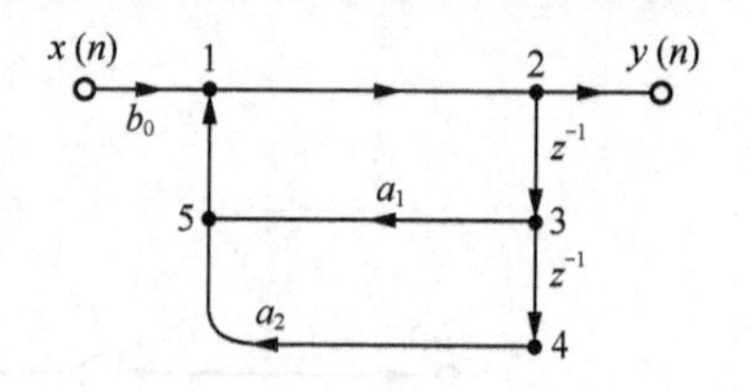

图 5-9　二阶数字滤波器的信号流图结构

源节点没有输入支路，阱节点没有输出支路。如果某节点有一个输入、一个或多个输出，则此节点相当于分支节点；如果某节点有两个或两个以上的输入，则此节点相当于相加器。因而节点 2、3 相当于分支节点，节点 1、5 相当于相加器。

数字滤波器的结构反映了数字滤波器内部对信号的不同运算。不同结构所需的存储单元及乘法次数是不同的，存储单元影响运算空间复杂度，乘法次数影响运算时间复杂度（运算速度)。此外，在有限精度（有限字长）情况下，不同运算结构的误差、稳定性是不同的。

这里只采用信号流图来分析两类滤波器结构：无限长单位脉冲响应（IIR）滤波器与有限长单位脉冲响应（FIR）滤波器结构。

5.2　无限长单位脉冲响应滤波器的基本结构

无限长单位脉冲响应（IIR）滤波器存在以下 3 个特点。

(1) 系统的单位脉冲响应 $h(n)$ 无限长；

(2) 系统函数 $H(z)$ 在有限 z 平面（$0<|z|<\infty$）上有极点存在；

(3) 结构上存在着输出到输入的反馈，即结构上是递归型的。

无限长单位脉冲响应（IIR）滤波器的基本结构有直接Ⅰ型、直接Ⅱ型、级联型和并联型。

5.2.1　直接Ⅰ型

一个 IIR 滤波器的有理系统函数为

$$H(z)=\frac{\sum_{k=0}^{M}b_kz^{-k}}{1-\sum_{k=1}^{N}a_kz^{-k}}=\frac{Y(z)}{X(z)} \tag{5.4}$$

其 N 阶差分方程为

$$y(n)=\sum_{k=1}^{N}a_ky(n-k)+\sum_{k=0}^{M}b_kx(n-k) \tag{5.5}$$

该差分方程本身就表示了信号 $y(n)$ 的一种计算方法，即信号 $y(n)$ 由 $\sum_{k=0}^{M} b_k x(n-k)$ 和 $\sum_{k=1}^{N} a_k y(n-k)$ 两个信号经过相加运算得到。而第一个信号 $\sum_{k=0}^{M} b_k x(n-k)$ 表示将输入 $x(n)$ 及延迟后的输入 $x(n-1)$，$x(n-2)$，…，$x(n-M)$ 组成 M 节的延迟网络，把每节延迟加权（加权系数是 b_k）相加，这就是一个横向结构网络。第二个信号 $\sum_{k=1}^{N} a_k y(n-k)$ 表示将输出加以延迟，组成 N 节的延迟网络，再将每节延迟加权（加权系数是 a_k）相加。由于第二个信号包含了输出的延迟部分，故它是个有反馈的网络。

按照这种运算画出的结构图如图 5－10 所示，这种结构称为直接Ⅰ型结构。由图 5－10 可看出，总的网络是由上面讨论的两部分网络级联组成，第一级网络实现零点，第二级网络实现极点。

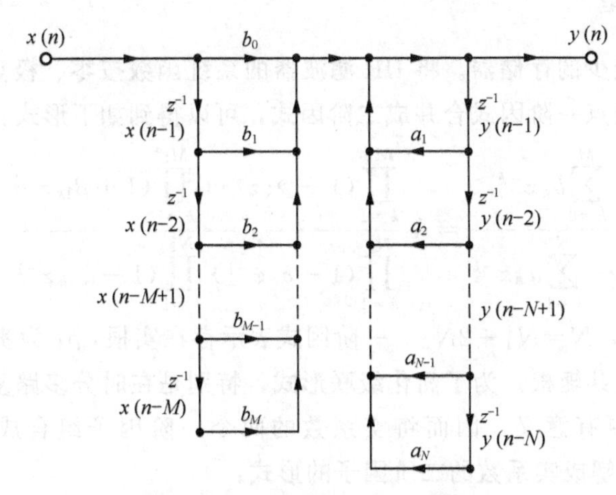

图 5－10 IIR 滤波器的直接Ⅰ型结构

从直接Ⅰ型结构可见，需要单位延迟单元数为 $N+M$ 个，需要的乘常数单元数为 $N+M+1$ 个，需要的相加单元数为 $N+M+1$ 个。

5.2.2 直接Ⅱ型

对于一个线性移不变系统，若交换其级联子系统的次序，系统函数是不变的。将前面介绍的直接Ⅰ型结构的第一级和第二级子系统级联顺序进行交换，得到如图 5－11 所示的结构。从该图可见，两级的延迟支路有相同的输入，为节省运算单元，可以把它们合并，合并后则得到如图 5－12 所示的结构，称为直接Ⅱ型结构或典范型结构。

直接Ⅱ型结构对于 N 阶差分方程只需 N 个延迟单元（一般满足 $N \geqslant M$），因而比直接Ⅰ型延迟单元要少，这也是实现 N 阶滤波器所需的最少延迟单元，因而又称典范型。直接Ⅱ型可以节省存储空间，因而比直接Ⅰ型好。

直接型结构的共同的缺点是系数 a_k 和 b_k 对滤波器的性能控制作用不明显，这是因为它们与系统函数的零、极点关系不明显，因而调整困难。直接型结构极点对系数的变化过于灵敏，也就是对有限精度（有限字长）运算过于灵敏，容易出现不稳定或产生较大误差。

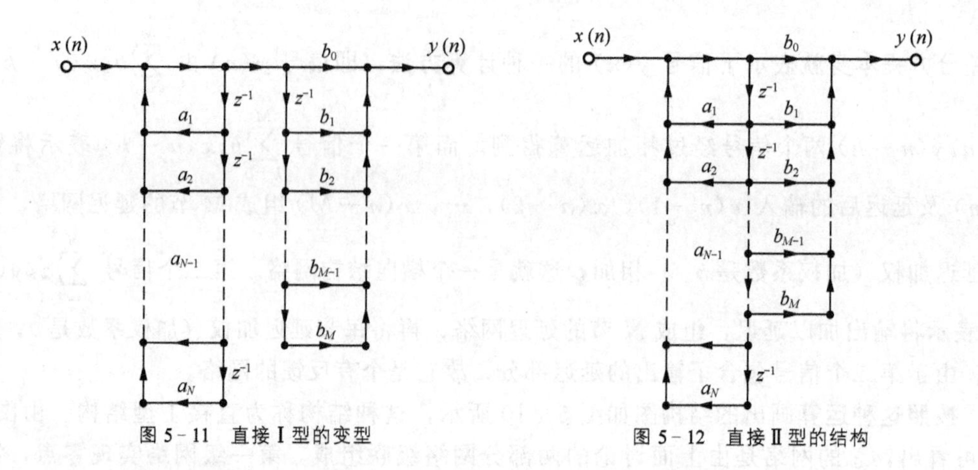

图 5-11　直接Ⅰ型的变型　　　　图 5-12　直接Ⅱ型的结构

5.2.3 级联型

级联结构具有最少的存储器。将 IIR 滤波器的系统函数按零、极点进行因式分解，并将共轭复数零点、极点一阶因式合并成二阶因式，可以得到如下形式：

$$H(z)=\frac{\sum_{k=0}^{M} b_k z^{-k}}{1-\sum_{k=1}^{N} a_k z^{-k}}=A\frac{\prod_{k=1}^{M_1}(1-p_k z^{-1})\prod_{k=1}^{M_2}(1+\beta_{1k}z^{-1}+\beta_{2k}z^{-2})}{\prod_{k=1}^{N_1}(1-c_k z^{-1})\prod_{k=1}^{N_2}(1-\alpha_{1k}z^{-1}-\alpha_{2k}z^{-2})} \tag{5.6}$$

式中 $M=M_1+2M_2$，$N=N_1+2N_2$。一阶因式表示存在实根，p_k 为实零点，c_k 为实极点。二阶因式表示存在复共轭根。为了简化级联形式，特别是在时分多路复用时，采用相同形式的子网络结构就更有意义，因而将实系数的两个一阶因子组合成二阶因子，则整个 $H(z)$ 就可以完全分解成实系数的二阶因子的形式：

$$H(z)=A\prod\frac{1+\beta_{1k}z^{-1}+\beta_{2k}z^{-2}}{1-\alpha_{1k}z^{-1}-\alpha_{2k}z^{-2}}=A\prod H_k(z) \tag{5.7}$$

其中 $H_k(z)$ 为一阶、二阶因子组成的基本节级联结构。当 $M=N$ 时，共有 $\left[\frac{N+1}{2}\right]$ 节（$\left[\frac{N+1}{2}\right]$ 表示 $\frac{N+1}{2}$ 的整数）。如果有奇数个实零点，则有一个系数 β_{2k} 等于零；同样，如果有奇数个实极点，则有一个系数 α_{2k} 等于零。每一个一阶、二阶子系统 $H_k(z)$ 被称为一阶、二阶基本节，$H_k(z)$ 是用典范型结构来实现的，如图 5-13 所示。整个滤波器则

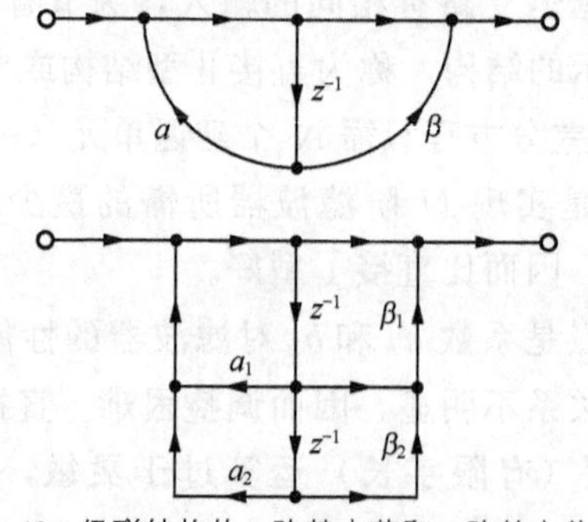

图 5-13　级联结构的一阶基本节和二阶基本节结构

是 $H_k(z)$ 的级联组成，如图 5－14 所示。一个六阶节系统的级联实现如图 5－15 所示。

级联结构的特点是调整系统 β_{1k} ，β_{2k} 就能单独调整滤波器的第 k 对零点，而不影响其他零、极点，同样，调整系统 α_{1k} ，α_{2k} 就能单独调整滤波器的第 k 对极点，而不影响其他零、极点，所以这种结构，便于准确实现滤波器零、极点，因而便于调整滤波器频率响应性能。

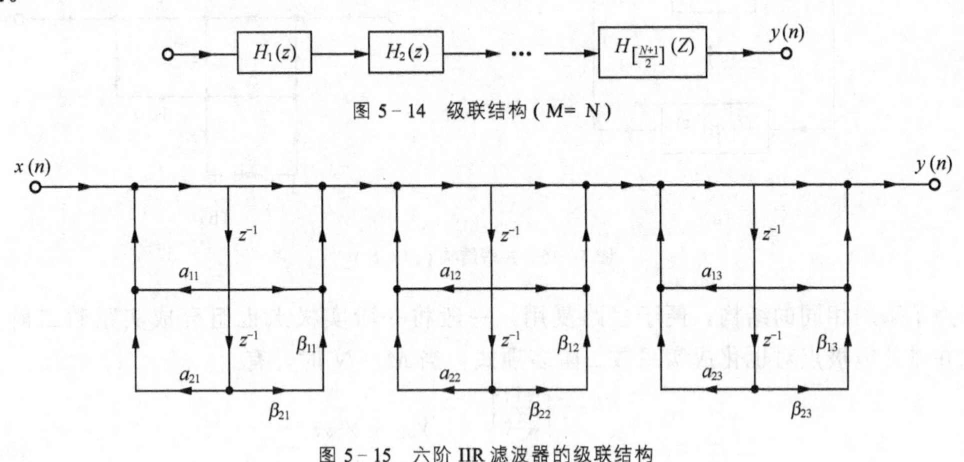

图 5－14 级联结构 (M= N)

图 5－15 六阶 IIR 滤波器的级联结构

5.2.4 并联型

将 IIR 滤波器的系统函数展成部分分式的形式，就得到并联型的 IIR 滤波器的基本结构。展成部分分式如下

$$\begin{aligned} H(z) &= \frac{\sum_{k=0}^{M} b_k z^{-k}}{1-\sum_{k=1}^{N} a_k z^{-k}} \\ &= \sum_{k=1}^{N_1} \frac{A_k}{1-c_k z^{-1}} + \sum_{k=0}^{N_2} \frac{B_k(1-g_k z^{-1})}{(1-d_k z^{-1})(1-d_k^* z^{-1})} + \sum_{k=0}^{M-N} G_k z^{-k} \\ &= \sum_{k=1}^{N_1+N_2+M-N} H_k(z) \end{aligned} \tag{5.8}$$

式中 $N=N_1+2N_2$，由于系数 a_k，b_k 是实数，故 A_k，B_k，g_k，c_k，G_k 都是实数，d_k^* 是 d_k 的共轭复数。当 $M<N$ 时，则式（5.8）中不包含 $\sum_{k=0}^{M-N} G_k z^{-k}$ 项；如果 $M=N$，则 $\sum_{k=0}^{M-N} G_k z^{-k}$ 项变成 G_0 一项。一般 IIR 滤波器皆满足 $M\leqslant N$ 的条件。式（5.8）表示系统是由 N_1 个一阶系统、N_2 个二阶系统以及 $M-N$ 个延迟加权单元并联组合而成的，其结构实现如图 5－16（a）所示。而这些一阶和二阶系统都采用典范型结构实现。

当 $M=N$ 时，$H(z)$ 可表示为

$$H(z)=G_0+\sum^{N_1} \frac{A_k}{1-c_k z^{-1}} + \sum_{k=1}^{N_2} \frac{\gamma_{ok}+\gamma_{1k} z^{-1}}{1-\alpha_{1k} z^{-1}-\alpha_{2k} z^{-2}} \tag{5.9}$$

其并联结构的一阶基本节、二阶基本节的结果如图 5－16（b）所示。

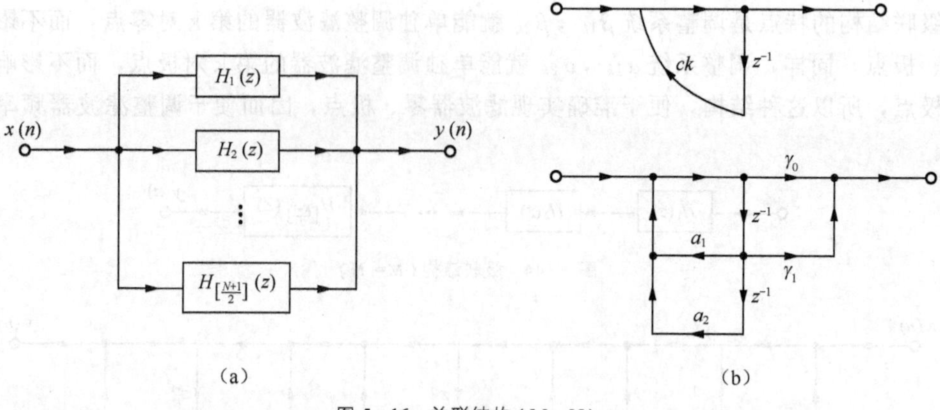

图 5-16 并联结构(M= N)

为了采用相同的结构，便于多路复用，一般将一阶实极点也组合成实系数二阶多项式，并将共轭极点对也化成实系数二阶多项式，当 $M=N$ 时，有

$$H(z)=G_0+\sum_{k=1}^{\left[\frac{N+1}{2}\right]}\frac{\gamma_{ok}+\gamma_{1k}z^{-1}}{1-\alpha_{1k}z^{-1}-\alpha_{2k}z^{-2}} \tag{5.10}$$

可表示成

$$H(z)=G_0+\sum_{k=1}^{\left[\frac{N+1}{2}\right]}H_k(z) \tag{5.11}$$

式中 $\left[\frac{N+1}{2}\right]$ 表示取 $\frac{N+1}{2}$ 的整数部分。当 N 为奇数时，包含有一个一阶节，即有一节的 $\alpha_{2k}=\gamma_{1k}=0$，当然这里并联的二阶基本节仍用典范型结构。如图 5-17 所示画出了 $M=N=3$ 时的并联型实现。

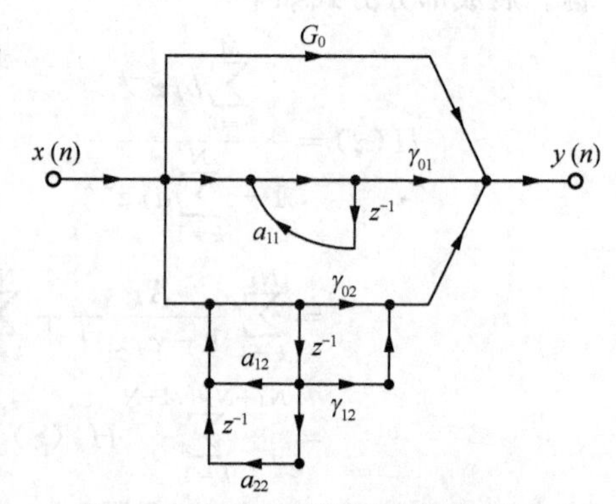

图 5-17 三阶 IIR 滤波器的并联型结构

并联型可以用调整 α_{1k}，α_{2k} 的办法来单独调整一对极点的位置，但是不能像级联型那样单独调整零点的位置。并联结构中，各并联基本节的误差互相没有影响，一般来说比级联型的误差要小一些。因此在要求准确的传送零点的场合下，宜采用级联型结构。

5.2.5 转置定理

如果将原网络中所有支路方向倒转，并将输入 $x(n)$ 和输出 $y(n)$ 相互交换，则其系统函数 $H(z)$ 不改变，这就是转置定理。

利用转置定理，可将上面讨论的各种结构加以转置而得到各种新的等效网络结构。当然各种等效的流图都保持输入到输出的传输关系不变，即 $H(z)$ 不变。例如，对图 5-11 的典范型结构，转置后的网络如图 5-18 所示，画成输入在左方、输出在右方的形式，则如图 5-19 所示。

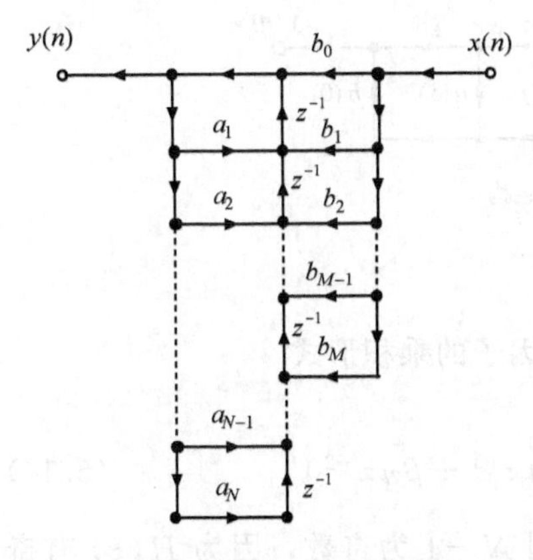

图 5-18 典范型结构的转置

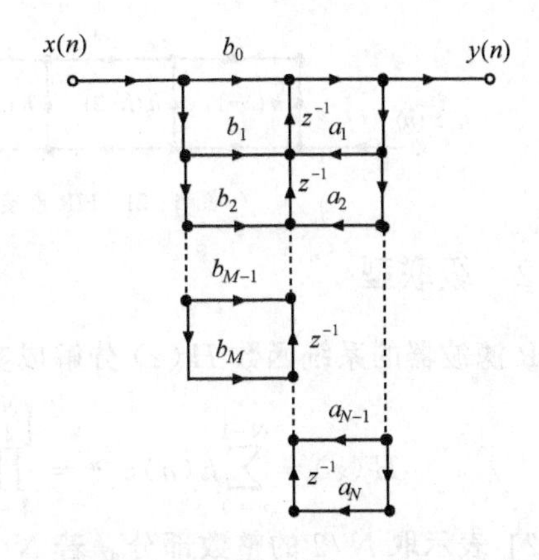

图 5-19 将图 5-18 画成输入在左，输出在右的习惯形式

5.3 有限长单位脉冲响应滤波器的基本结构

有限长单位脉冲响应滤波器有以下 3 个特点。

(1) 系统的单位脉冲响应 $h(n)$ 在有限几个 n 值处不为零；

(2) 系统函数 $H(z)$ 在 $|z|>0$ 处收敛，在 $|z|>0$ 处只有零点，有限 z 平面只有零点，而全部极点都在 $z=0$ 处（因果系统）；

(3) 结构上主要是非递归结构，没有输出到输入的反馈，但有些结构中（例如频率抽样结构）也包含有反馈的递归部分。

FIR 滤波器的基本结构有直接型、级联型、频率抽样型、快速卷积型、线性相位型。

5.3.1 直接型

FIR 滤波器的系统函数为

$$H(z)=\sum_{n=0}^{N-1}h(n)z^{-n}=\frac{Y(z)}{X(z)} \tag{5.12}$$

其中单位脉冲响应 $h(n)$ 为一个 N 点序列，$0\leqslant n\leqslant N-1$。FIR 滤波器有 $(N-1)$ 阶极点在 $z=0$ 处，有 $(N-1)$ 个零点位于有限 z 平面任何位置。

直接型（横截型、卷积型）就是基于 FIR 滤波器的差分方程。与式（5.12）对应的差分方程表达式为

$$y(n)=\sum_{m=0}^{N-1}h(m)x(n-m) \tag{5.13}$$

这也是线性移不变系统的卷积和公式，也是 $x(n)$ 的延时链的横向结构，称为横截型结构或卷积型结构，也可称为直接型结构，如图 5-20 所示。将转置定理用于图 5-20，可得到图 5-21 的转置直接型结构。

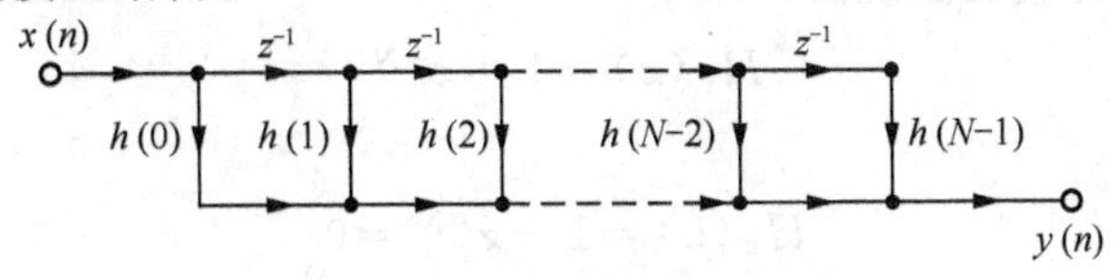

图 5-20 FIR 滤波器的直接型结构

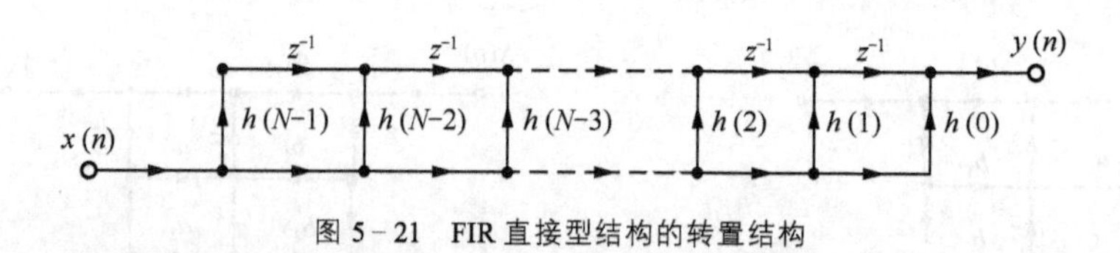

图 5-21 FIR 直接型结构的转置结构

5.3.2 级联型

将 FIR 滤波器的系统函数 $H(z)$ 分解成实系数二阶因子的乘积形式

$$H(z)=\sum_{n=0}^{N-1}h(n)z^{-n}=\prod_{k=1}^{\left[\frac{N}{2}\right]}(\beta_{0k}+\beta_{1k}z^{-1}+\beta_{2k}z^{-2}) \tag{5.14}$$

其中 $[N/2]$ 表示取 $N/2$ 的整数部分。若 N 为偶数，则 $N-1$ 为奇数，因为 $H(z)$ 有奇数个根，其中复数根成共轭对，必为偶数，必然有奇数个实根，故系数 β_{2k} 中有一个为零。若 N 为奇数，则 $N-1$ 为偶数，故系数 β_{2k} 都不为零。当 N 为奇数时 FIR 滤波器的级联结构图如图 5-22 所示，其中每一个二阶因子用图 5-20 的横截型结构。

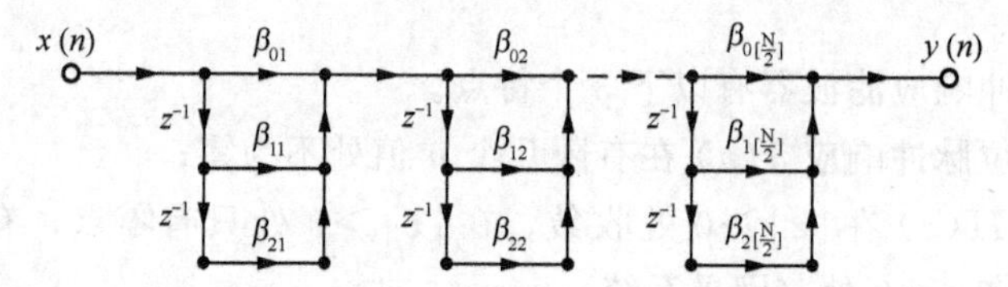

图 5-22 FIR 滤波器的级联结构（N 为奇数）

FIR 滤波器级联型结构的每一节控制一对零点，因而在需要控制传输零点时，可以采用这种结构。但是这种结构所需要的系数 β_{ik}（$i=0,1,2$；$k=1,2,\cdots,[N/2]$）比直接型（卷积型）的系数 $h(n)$ 要多，因而所需的乘法次数也比直接型的要多。

5.3.3 频率抽样型

把 N 点 FIR 滤波器的系统函数 $H(z)$ 在单位圆上作 N 等分抽样，就得到 $H(k)$，其主值序列就等于系统的单位冲激响应 $h(n)$ 的离散傅里叶变换 $H(k)$。用 $H(k)$ 表示 $H(z)$ 的内插公式为

$$H(z)=(1-z^{-N})\frac{1}{N}\sum_{k=0}^{N-1}\frac{H(k)}{1-W_N^{-k}z^{-1}} \tag{5.15}$$

这种结构可以表示为

$$H(z)=\frac{1}{N}H_c(z)\sum_{k=0}^{N-1}H'_k(z) \tag{5.16}$$

该结构由以下两部分组成。

1. 梳状滤波器

级联的第一部分为梳状滤波器，即

$$H_c(z)=1-z^{-N} \tag{5.17}$$

令

$$H_c(z)=1-z^{-N}=0 \tag{5.18}$$

则有

$$z_i^N = 1 = \mathrm{e}^{\mathrm{j}2\pi i} \tag{5.19}$$

$$z_i = \mathrm{e}^{\mathrm{j}\frac{2\pi}{N}i},\ i = 0,\ 1,\ \cdots,\ N-1 \tag{5.20}$$

即 $H_c(z)$ 在单位圆上有 N 个等间隔角度的零点，它的频率响应为

$$H_c(\mathrm{e}^{\mathrm{j}\omega}) = 1 - \mathrm{e}^{-\mathrm{j}\omega N} = 2\mathrm{j}\mathrm{e}^{-\mathrm{j}\frac{\omega N}{2}} \sin\left(\frac{\omega N}{2}\right) \tag{5.21}$$

幅度响应为

$$|H_c(\mathrm{e}^{\mathrm{j}\omega})| = 2\left|\sin\left(\frac{\omega N}{2}\right)\right| \tag{5.22}$$

相角为

$$\arg[H_c(\mathrm{e}^{\mathrm{j}\omega})] = \frac{\pi}{2} - \frac{\omega N}{2} + m\pi,\ \begin{cases} m=0,\ \omega = 0 \text{ 到 } \dfrac{2\pi}{N} \\ m=1,\ \omega = \dfrac{2\pi}{N} \text{ 到 } \dfrac{4\pi}{N} \\ \vdots \\ m=m,\ \omega = \dfrac{2m\pi}{N} \text{ 到 } \dfrac{(m+1)2\pi}{N} \end{cases} \tag{5.23}$$

其子网络结构及频率响应幅度如图 5－23 所示。

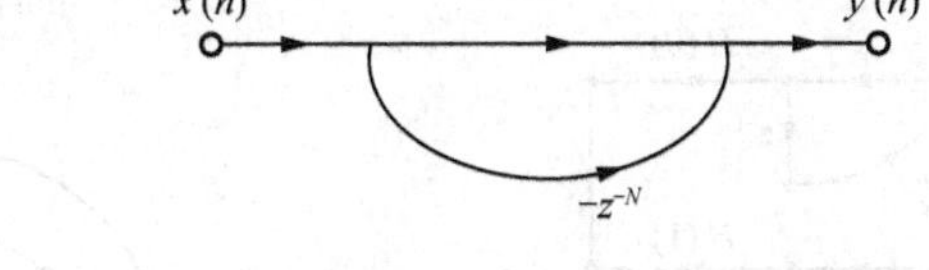

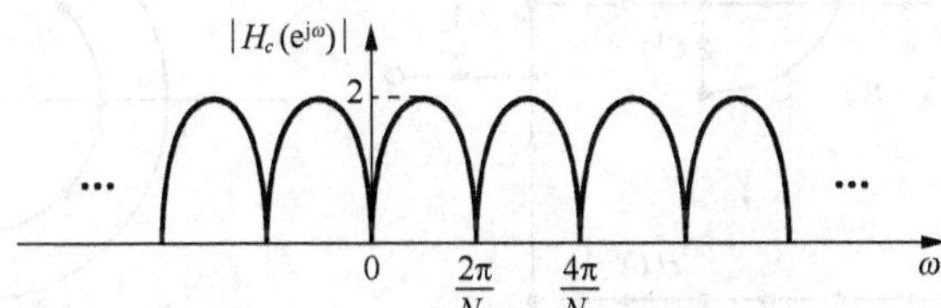

图 5－23 梳状滤波器结构及幅度频率响应

2. 谐振网络

级联的第二部分为谐振网络，即

$$\sum_{k=0}^{N-1} H'_k(z) = \sum_{k=0}^{N-1} \frac{H(k)}{1 - W_N^{-k} z^{-1}} \tag{5.24}$$

它是由 N 个一阶网络并联组成，而这每一个一阶网络都是下列的一个谐振器

$$H'_k(z) = \frac{H(k)}{1 - W_N^{-k} z^{-1}} \tag{5.25}$$

令 $H'_k(z)$ 的分母为零，即令

$$1 - W_N^{-k} z^{-1} = 0 \tag{5.26}$$

可得到此一阶网络在单位圆上有一个极点

$$z_k = W_N^{-k} = \mathrm{e}^{\mathrm{j}\frac{2\pi}{N}k} \tag{5.27}$$

也就是说，此一阶网络在频率为

$$\omega = \frac{2\pi}{N}k \tag{5.28}$$

处响应为无穷大，故等效于谐振频率为 $\frac{2\pi}{N}k$ 的无损耗谐振器。这个谐振器的极点正好与梳状滤波器的一个零点（$i=k$）相抵销，从而使这个频率 $\left(\omega=\frac{2\pi}{N}k\right)$ 上的频率响应等于 $H(k)$。这样，N 个谐振器的 N 个极点就和梳状滤波器的 N 个零点相互抵销，从而在 N 个频率抽样点 $\left(\omega=\frac{2\pi}{N}k,\ k=0,\ 1,\ \cdots,\ N-1\right)$ 的频率响应就分别等于 N 个 $H(k)$ 值。

N 个并联谐振器与梳状滤波器级联后，就得到图 5-24 的频率抽样结构。频率抽样结构的特点是它的系数 $H(k)$ 就是滤波器在 $\omega=\frac{2\pi}{N}k$ 处的响应，因此控制滤波器的频率响应很方便。但是结构中所乘的系数 $H(k)$ 及 W_N^{-k} 都是复数，增加了乘法次数和存储量，而且所有极点都在单位圆上，由系数 W_N^{-k} 决定，这样，当系数量化时，这些极点会移动，有些极点就不能被梳状滤波器的零点所抵销（零点由延时单元决定，不受量化的影响）。如果极点移到 z 平面单位圆外，系统就不稳定了。

为了克服系数量化后可能不稳定的缺点，可以将频率抽样结构做一点修正，即将所有零、极点都移到单位圆内某一靠近单位圆、半径为 r（r 小于或近似等于 1）的圆上（r 为正实数），如图 5-25 所示。这时

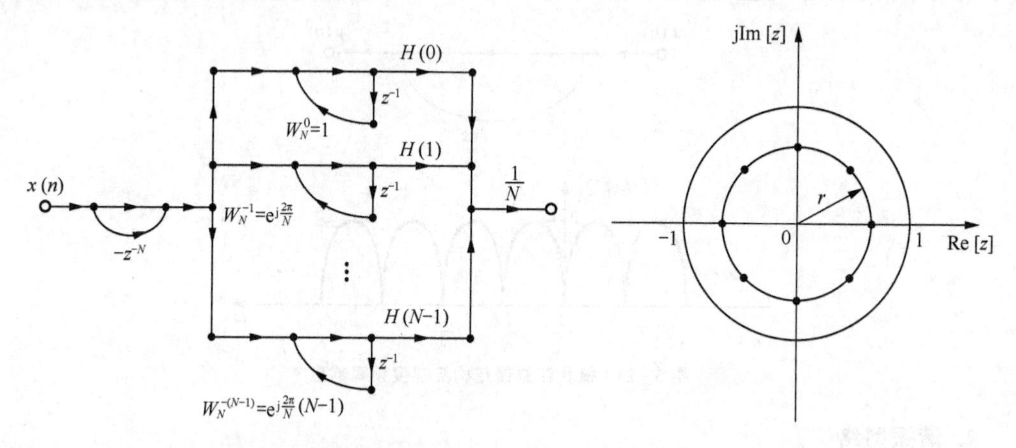

图 5-24 FIR 滤波器的频率抽样型结构

图 5-25 抽样点改到 $r\leqslant 1$ 的圆上

$$H(z)=\frac{1-r^N z^{-N}}{N}\sum_{k=0}^{N-1}\frac{H_r(k)}{1-rW_N^{-k}z^{-1}} \tag{5.29}$$

为新抽样点上的抽样值，但是由于 $r\approx 1$，因此有

$$H_r(k)\approx H(k) \tag{5.30}$$

即

$$H_r(k)=H(z)\Big|_{z=rW_N^{k}}\approx H(z)\Big|_{z=W_N^{k}}=H(k) \tag{5.31}$$

所以

$$H(z)\approx\frac{1-r^N z^{-N}}{N}\sum_{k=0}^{N-1}\frac{H(k)}{1-rW_N^{-k}z^{-1}} \tag{5.32}$$

进一步简化这一公式。

首先，谐振器的各个根［$H(z)$ 的极点］为

$$z_k = r e^{j\frac{2\pi}{N}k}, \ k=0, 1, \cdots, N-1$$

为了使系数为实数，可将共轭根合并，在 z 平面上这些共轭根在半径为 r 的圆周上以实轴为轴成对称分布，如图 5-26 所示，满足

$$z_{N-k} = z_k^* \tag{5.33}$$

也就是

$$rW^{-(N-k)} = r e^{j\frac{2\pi}{N}(N-k)} = r(e^{j\frac{2\pi}{N}k})^* = rW_N^{*-k} \tag{5.34}$$

其次，由于 $h(n)$ 是实数，故 $H(k)=DFT[h(n)]$ 也是共轭对称的，即

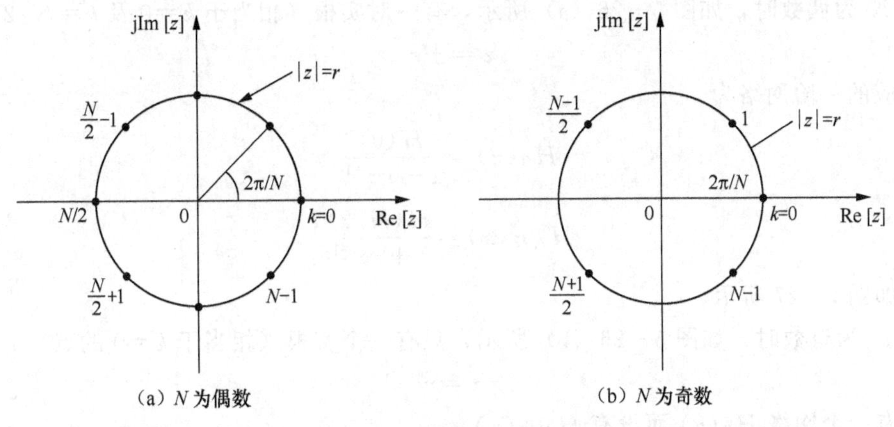

(a) N 为偶数　　(b) N 为奇数

图 5-26 谐振器各个根的位置

$$H(k) = H^*((N-k))_N R_N(k), \ \begin{cases} k=1, 2, \cdots, \dfrac{N-1}{2}, \text{当 } N \text{ 为奇数时} \\ k=1, 2, \cdots, \dfrac{N}{2}-1, \text{当 } N \text{ 为偶数时} \end{cases} \tag{5.35}$$

因此，可以将第 k 个与第 $(N-k)$ 个谐振器合并为一个实系数的二阶网络，以 $H_k(k)$ 表示为

$$H_k(z) = \frac{H(k)}{1-rW_N^{-k}z^{-1}} + \frac{H(N-k)}{1-rW_N^{-(N-k)}z^{-1}} = \frac{H(k)}{1-rW_N^{-k}z^{-1}} + \frac{H^*(k)}{1-rW_N^{*-k}z^{-1}}$$

$$= \frac{\beta_{0k}+\beta_{1k}z^{-1}}{1-z^{-1}2r\cos\left(\dfrac{2\pi}{N}k\right)+r^2z^{-2}}, \ \begin{cases} k=1, 2, \cdots, \dfrac{N-1}{2}, N \text{ 为奇数} \\ k=1, 2, \cdots, \dfrac{N}{2}-1, N \text{ 为偶数} \end{cases} \tag{5.36}$$

其中

$$\beta_{0k} = 2\text{Re}[H(k)]$$
$$\beta_{1k} = -2r\text{Re}[H(k)W_N^k] \tag{5.37}$$

由于这个二阶网络的极点在单位圆内，而不是在单位圆上，因而从频率响应的几何解释知道，它相当于一个有限 Q（品质因数）的谐振器，谐振频率为

$$\omega_k = \frac{2\pi}{N}k \tag{5.38}$$

其结构如图 5-27 所示。

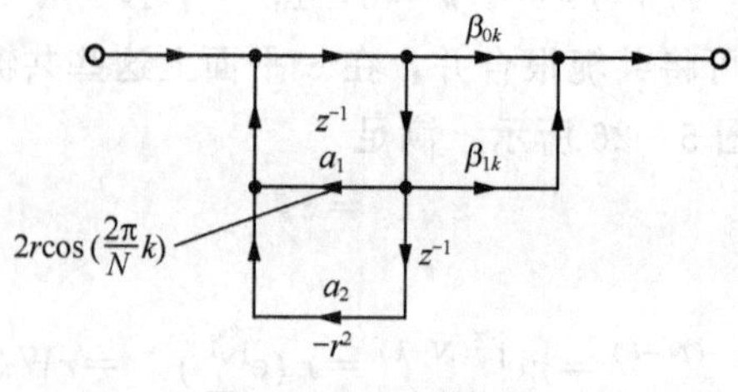

图 5-27 二阶谐振器

当 N 为偶数时，如图 5-26（a）所示，有一对实根（相当于 $k=0$ 及 $k=N/2$ 两点）

$$z=\pm r$$

因而对应的一阶网络为

$$H_0(z)=\frac{H(0)}{1-rz^{-1}} \tag{5.39}$$

$$H_{N/2}(z)=\frac{H(N/2)}{1+rz^{-1}} \tag{5.40}$$

其结构如图 5-27 所示。

当 N 为奇数时，如图 5-26（b）所示，只有一个实根（相当于 $k=0$ 的点）

$$z=r$$

因而只有一个网络 $H_0(z)$ 而没有 $H_{N/2}(z)$。

将谐振器的实根、复根以及梳状滤波器合起来得到修正后的频率抽样型总结。当 N 为偶数时

$$\begin{aligned}H(z)&=(1-r^Nz^{-N})\frac{1}{N}\left[\frac{H(0)}{1-rz^{-1}}+\frac{H(N/2)}{1+rz^{-1}}+\sum_{k=1}^{N/2-1}\frac{\beta_{0k}+\beta_{1k}z^{-1}}{1-z^{-1}2r\cos\left(\frac{2\pi}{N}k\right)+r^2+z^{-2}}\right]\\&=(1-r^Nz^{-N})\frac{1}{N}\left[H_0(z)+H_{(N/2)}(z)+\sum_{k=1}^{N/2-1}H_k(z)\right]\end{aligned} \tag{5.41}$$

当 N 为奇数时

$$\begin{aligned}H(z)&=(1-r^Nz^{-N})\frac{1}{N}\left[\frac{H(0)}{1-rz^{-1}}+\sum_{k=1}^{N/2-1}\frac{\beta_{0k}+\beta_{1k}z^{-1}}{1-z^{-1}2r\cos\left(\frac{2\pi}{N}k\right)+r^2+z^{-2}}\right]\\&\approx(1-r^Nz^{-N})\frac{1}{N}\left[H_0(z)+\sum_{k=1}^{(N-1)/2}H_k(z)\right]\end{aligned} \tag{5.42}$$

当 N 为偶数时，其结构如图 5-29 所示。图中第一个 $H_0(z)$ 及最后一个 $H_{N/2}(z)$ 是一阶的，其具体结构如图 5-28 所示。

当 N 为奇数时，没有 $H_{N/2}(z)$。其他各 $H_k(z)$ 都是二阶的，其具体结构见图 5-27 所示。

频率抽样结构的另一个特点是它的零、极点数目只取决于单位抽样响应的点数，因而，只要单位冲激响应点数相同，利用同一梳状滤波器、同一结构而只有加权系数 β_{0k}，

β_{1k}，$H(0)$，$H[N/2]$ 不同的谐振器，就能得到各种不同的滤波器，因而图 5-29 结构是高度模块化的，适用于时分复用。

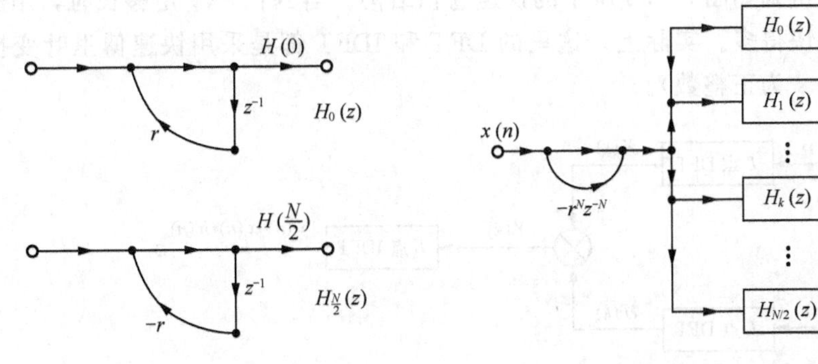

图 5-28 一阶网络（实根）　　图 5-29 FIR 滤波器修正后的频率抽样结构

5.3.4 快速卷积型

将长度为 N_1 的有限长序列 $x(n)$ 通过长度为 N_2 的有限长单位脉冲响应为 $h(n)$ 的 FIR 滤波器，输出的 $y(n)$ 为

$$y(n)=\sum_{m=0}^{N_2-1}h(m)x(n-m),\ n=0,1,\cdots,N_1+N_2-1 \tag{5.43}$$

这实际是两个有限长序列 $h(n)$ 和 $x(n)$ 的卷积和运算。我们知道，利用将两个有限长序列补上一定的零点值，就可以用两序列的圆周卷积代替两序列的线性卷积。也就是将 $x(n)$ 和 $y(n)$ 都变成 L 点序列，即将 N_1 点输入 $x(n)(0\leqslant n\leqslant N_1-1)$ 补 $L-N_1$ 个零值点，将 N_2 点脉冲响应 $h(n)(0\leqslant n\leqslant N_2-1)$ 补 $L-N_2$ 个零值点，只要满足

$$L\geqslant N_1+N_2-1 \tag{5.44}$$

则 $x(n)$ 与 $h(n)$ 的 L 点圆周卷积就是 $x(n)$ 与 $h(n)$ 的线性卷积和。由于时域的圆周卷积运算可以采用频域的相乘运算再求反变换，而从时域到频域及其反变换都可以采用 FFT 快速运算方法，因而按这种思路处理信号的滤波器结构称为快速卷积型。具体操作方法如下。

（1）将 $x(n)$ 和 $h(n)$ 变成 L 点序列，$L\geqslant N_1+N_2-1$

$$x(n)=\begin{cases}x(n), & 0\leqslant n\leqslant N_1-1\\ 0, & N_1\leqslant n\leqslant L-1\end{cases} \tag{5.45}$$

$$h(n)=\begin{cases}h(n), & 0\leqslant n\leqslant N_2-1\\ 0, & N_2\leqslant n\leqslant L-1\end{cases} \tag{5.46}$$

（2）求 $x(n)$ 与 $h(n)$ 各自的 L 点 DFT

$$X(k)=\mathrm{DFT}[x(n)] \tag{5.47}$$

$$H(k)=\mathrm{DFT}[h(n)] \tag{5.48}$$

（3）将 $X(k)$ 与 $H(k)$ 相乘得 $Y(k)$

$$Y(k)=X(k)H(k) \tag{5.49}$$

（4）求 $Y(k)$ 的 L 点 IDFT

$$y(n)=\mathrm{IDFT}[Y(k)]=\mathrm{IDFT}[X(k)H(k)]=x(n)\otimes h(n) \tag{5.50}$$

L 点的圆周卷积就能代表线性卷积，即

$$y(n)=x(n)\otimes h(n)=x(n)*h(n),\quad 0\leqslant n\leqslant N_1+N_2-1 \tag{5.51}$$

把该方法画成图，就得到如图 5-30 所示的快速卷积结构。当 N_1，N_2 足够长时，用这种结构计算线性卷积要快得多。实际上，这里的 DFT 和 IDFT 都是采用快速傅里叶变换计算方法（取 $L=2^s$，s 为正整数）。

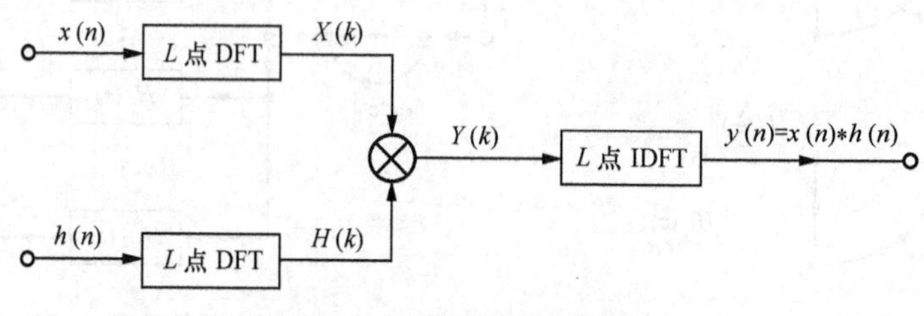

图 5-30 快速卷积型结构

5.3.5 线性相位 FIR 滤波器的结构

在有些应用中，需要线性相位滤波器。例如，数据传输以及图像处理都要求系统具有线性相位。FIR 滤波器由于它的冲激响应是有限长的，在一定条件下能满足严格线性相位。线性相位特性的 FIR 滤波器是非常重要的。

线性相位 FIR 滤波器的条件：如果 FIR 滤波器单位冲激响应 $h(n)$ 为实数，$0\leqslant n\leqslant N-1$，且满足关于对称中心 $n=(N-1)/2$ 处的以下对称条件之一

偶对称
$$h(n)=h(N-1-n) \tag{5.52a}$$

或

奇对称
$$h(n)=-h(N-1-n) \tag{5.52b}$$

则这种 FIR 滤波器就具有线性相位特性。

根据 N 为奇数还是偶数，线性相位 FIR 滤波器相应有以下两种结构。

1. 当 N 为奇数时的线性相位 FIR 滤波器结构

$$H(z)=\sum_{n=0}^{N-1}h(n)z^{-n}=\sum_{n=0}^{\frac{N-1}{2}-1}h(n)z^{-n}+h\left(\frac{N-1}{2}\right)z^{-\frac{N-1}{2}}+\sum_{n=\frac{N-1}{2}+1}^{N-1}h(n)z^{-n} \tag{5.53}$$

在第二个 $\sum$ 式中，令 $n=N-1-m$，再将 m 换成 n，可得

$$H(z)=\sum_{n=0}^{\frac{N-1}{2}-1}h(n)z^{-n}+h\left(\frac{N-1}{2}\right)z^{-\frac{N-1}{2}}+\sum_{n=0}^{\frac{N-1}{2}-1}h(N-1-n)z^{-(N-1-n)} \tag{5.54}$$

代入线性相位奇偶对称条件 $h(N-1-n)=\pm h(n)$，可得

$$H(z)=\sum_{n=0}^{\frac{N-1}{2}-1}h(n)\left[z^{-n}\pm z^{-(N-1-n)}\right]+h\left(\frac{N-1}{2}\right)z^{-\frac{N-1}{2}} \tag{5.55}$$

其中，方括号内的“+”号表示 $h(n)$ 是偶对称，“-”表示 $h(n)$ 呈奇对称。$h(n)$ 奇对称时，必有 $h[(N-1)/2]=0$，由式（5.55）可画出 N 为奇数时，线性相位 FIR 滤波器的直接结构的流图如图 5-31 所示。

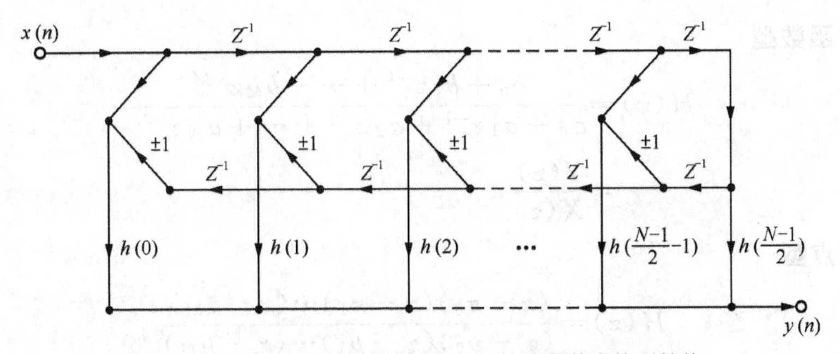

图 5-31 N 为奇数时线性相位 FIR 滤波器的直接型结构

$$\begin{bmatrix} h(n)\text{偶对称时，}\pm 1\text{取}+1, \\ h(n)\text{奇对称时，}\pm 1\text{取}-1,\text{且}h\left(\frac{N-1}{2}\right)=0,\text{即}h\left(\frac{N-1}{2}\right)\text{处的连线断开} \end{bmatrix}$$

2. 当 N 为偶数时的线性相位 FIR 滤波器结构

$$H(z)=\sum_{n=0}^{N-1}h(n)z^{-n}=\sum_{n=0}^{(\frac{N}{2})-1}h(n)z^{-n}+\sum_{n=\frac{N}{2}}^{N-1}h(n)z^{-n} \tag{5.56}$$

在第二个 $\sum$ 式中，令 $n=N-1-m$ ，再将 m 换成n，可得

$$H(z)=\sum_{n=0}^{(\frac{N}{2})-1}h(n)z^{-n}+\sum_{n=0}^{(\frac{N}{2})-1}h(N-1-n)z^{-(N-1-n)} \tag{5.57}$$

代入线性相位奇偶对称条件 $h(n)=\pm h(N-1-n)$ ，可得

$$H(z)=\sum_{n=0}^{(\frac{N}{2})-1}h(n)\left[z^{-n}\pm z^{-(N-1-n)}\right] \tag{5.58}$$

其中，方括号内的“+”号表示 $h(n)$ 呈偶对称， “−”表示 $h(n)$ 呈奇对称。由式(5.58) 可画出 N 为偶数时，线性相位 FIR 滤波器的直接结构的流图如图 5-32 所示。

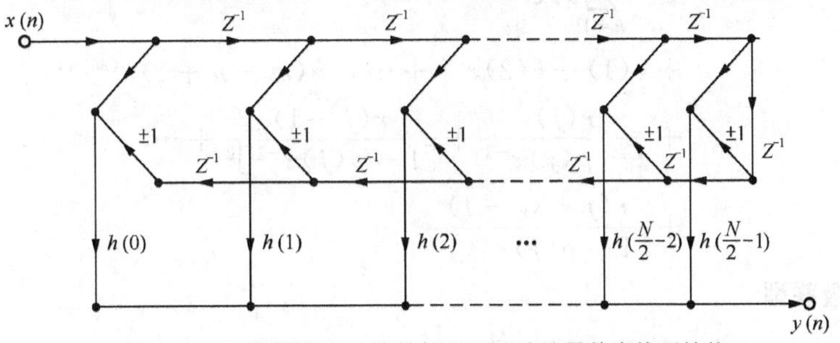

图 5-32 N 为偶数时， 线性相位 FIR 滤波器的直接型结构

上图中，[$h(n)$偶对称时± 1取$+1$，$h(n)$奇对称时± 1取-1]，由以上流图看出线性相位 FIR 滤波器结构比一般直接型结构可以节省一半数量的乘法次数。

5.4 MATLAB 在数字滤波器结构转换中的运用

5.4.1 滤波器系统函数的形式

经过变换，数字滤波器的系统函数可以表示成下列几种形式：

1. 传输函数型

$$H(z)=\frac{b_0+b_1z^{-1}+\cdots+b_Mz^{-M}}{a_0+a_1z^{-1}+a_2z^{-2}+\cdots+a_Nz^{-N}}=\frac{Y(z)}{X(z)} \tag{5.59}$$

2. 零极点型

$$H(z)=\frac{(z-z_0)(z-z_1)\cdots(z-z_M)}{(z-p_0)(z-p_1)\cdots(z-p_N)} \tag{5.60}$$

3. 部分分式型

假设有理系统函数

$$H(z)=\frac{\sum_{k=0}^{M}b_kz^{-k}}{1+\sum_{k=1}^{N}a_kz^{-k}} \tag{5.61}$$

(1) 如果没有根，并且$M>N$，则系统函数可以变换成以下部分分式型

$$H(z)=\frac{\sum_{k=0}^{M}b_kz^{k}}{1+\sum_{k=1}^{N}a_kz^{k}}=\frac{r(1)}{1-p(1)z^{-1}}+\cdots+\frac{r(n)}{1-p(n)z^{-1}}+k(1)+k(2)z^{-1}+\cdots+k(m-n+1)z^{(m-n)} \tag{5.62}$$

(2) 如果$p(j)=\cdots=p(j+s_r-1)$是s_r阶的多重极点，则展开成以下部分分式型：

$$\begin{aligned}H(z)=\frac{\sum_{k=0}^{M}b_kz^{k}}{1+\sum_{k=1}^{N}a_kz^{k}}&=\frac{r(1)}{1-p(1)z^{-1}}+\cdots+\frac{r(n)}{1-p(n)z^{-1}}\\&+k(1)+k(2)z^{-1}+\cdots+k(m-n+1)z^{(m-n)}\\&+\frac{r(j)}{1-p(j)z^{-1}}+\frac{r(j+1)}{[1-p(j)z^{-1}]^2}+\cdots\\&+\frac{r(j+s_r-1)}{[1-p(j)z^{-1}]^{s_r}}\end{aligned} \tag{5.63}$$

4. 二阶级联型

$$H(z)=G\frac{\prod_{i=1}^{M}(b_{i0}+b_{i1}z^{-1}+b_{i2}z^{-2})}{\prod_{i=1}^{N}(a_{i0}+a_{i1}z^{-1}+a_{i2}z^{-2})} \tag{5.64}$$

系统函数的不同类型可以相互转化。

5.4.2 滤波器的结构转换

1. 传输函数的部分分式展开函数——residuez

调用格式：

[r,p,k]=residuez(b,a);

[b,a]=residuez(r,p,k);

其中 r，p，k 分别是部分分式的增益、极点；b，a 分别是传输函数分子、分母多项式的系数矩阵。

【例 5-1】求系统函数的部分展开式

$$H(z)=\frac{18}{18+3z^{-1}-4z^{-2}-z^{-3}}$$

MATLAB 程序如下：

```
b=[18];
a=[18 3 -4 -1];
[r,p,k]=residuez(b,a)
```

运行结果：

```
r=
    0.3600
    0.2400
    0.4000
p=
     0.5000
    -0.3333
    -0.3333
k=
      []
```

所以：$H(z)=\frac{0.36}{1-0.5z^{-1}}+\frac{0.24}{1-0.3333z^{-1}}+\frac{04}{(1-0.3333z^{-1})^2}$

2. 由传输函数型求零点极点型的函数——tf2zpk

调用格式：

[Z,P,K]=tf2zpk(NUM,DEN)

其中 Z 为零点，P 为极点，K 为增益。NUM,DEN 分别是传输型分子、分母系数向量。

【例 5-2】求下系统函数的零点极点型

$$H(z)=\frac{18}{18+3z^{-1}-4z^{-2}-z^{-3}}$$

MATLAB 程序：

```
NUM=[18];
DEN=[18 3 -4 -1];
[z,p,k]=tf2zpk(NUM,DEN)
```

运行结果：

```
z=
    0
    0
```

```
    0
p=
    0.5000
   -0.3333
   -0.3333
k=1
```

所以：$H(z)=\dfrac{z^3}{(z-0.5)(z+0.3333)(z+0.3333)}$

3. 由零极点求滤波器的传输函数型的函数——zp2tf

调用格式：[NUM,DEN]=zp2tf(Z,P,K)

其中 Z 为零点，P 为极点，K 为增益。NUM,DEN 分别是传输型分子、分母系数向量。

【例 5-3】求下列系统函数的传输形式

$$H(z)=\frac{(z-1)(z-2)}{(z-3)(z-4)(z-5)}$$

解：MATLAB 程序：

```
z=[1 2]';
p=[3 4 5]';
k=1;
[NUM,DEN]=zp2tf(z,p,k)
```

运行结果：

```
NUM=
    0    1    -3    2
DEN=
    1   -12   47   -60
```

所以：$H(z)=\dfrac{z^{-1}-3z^{-2}+2z^{-3}}{1-12z^{-1}+47z^{-2}-60z^{-3}}$

4. 将滤波器的零极点增益形式转换为二阶的级联形式的函数——zp2sos

调用格式：[sos,G]=zp2sos(z,p,k)

其中：z，p，k 分别为零点、极点、增益向量；G 为增益，sos 为矩阵

$$\text{sos}=\begin{bmatrix} b_{01} & b_{11} & b_{21} & 1 & a_{11} & a_{21} \\ b_{02} & b_{12} & b_{22} & 1 & a_{12} & a_{22} \\ \vdots & \cdots\vdots & \cdots & \cdots & \vdots & \\ b_{0L} & b_{1L} & b_{2L} & 1 & a_{1L} & a_{2L} \end{bmatrix}$$

得到：$H(z)=g\prod_{k=1}^{L}H_k(z)=g\prod_{k=1}^{L}\dfrac{b_{0k}+b_{1k}z^{-1}+b_{2k}z^{-2}}{1+a_{1k}z^{-1}+a_{2k}z^{-2}}$

【例 5-4】求下列系统函数的二阶级联型

$$H(z)=\frac{(z-1)(z-2)}{(z-3)(z-4)(z-5)}$$

解：运行 MATLAB 代码：

```
z=[1 2]';
p=[3 4 5]';
k=1;
[sos,G]=zp2sos(z,p,k)
得到输出：
  sos=
     0     1     0     1    -5     0
     1    -3     2     1    -7    12
G=
     1
所以二阶级联型为
```

$$H(z)=g\prod_{k=1}^{2}H_k(z)=\frac{z^{-1}}{1-5z^{-1}}\cdot\frac{1-3z^{-1}+2z^{-2}}{1-7z^{-1}+12z^{-2}}$$

5. 将二阶的级联形式转换为零极点增益形式的函数——sos2zp

调用格式：[z,p,k]=sos2zp(sos,G)

其中：z，p，k 分别为零点、极点、增益向量；G 为增益，sos 为矩阵

$$sos=\begin{bmatrix} b_{01} & b_{11} & b_{21} & 1 & a_{11} & a_{21} \\ b_{02} & b_{12} & b_{22} & 1 & a_{12} & a_{22} \\ \vdots & \cdots\vdots & \cdots & \cdots & \vdots & \\ b_{0L} & b_{1L} & b_{2L} & 1 & a_{1L} & a_{2L} \end{bmatrix}$$

且 $H(z)=g\prod_{k=1}^{L}H_k(z)=g\prod_{k=1}^{L}\frac{b_{0k}+b_{1k}z^{-1}+b_{2k}z^{-2}}{1+a_{1k}z^{-1}+a_{2k}z^{-2}}$

思考题

1. 数字滤波器结构的表示方法有哪些？

2. 画出下列数字滤波器的框图

(1) $y(n)=3y(n-1)-5y(n-2)+7x(n)+9x(n-1)$

(2) $H(z)=\dfrac{2z^{-1}+5z^{-2}}{1+z^{-1}+3z^{-2}+4z^{-3}}$

2. 画出下列数字滤波器的流图

(1) $y(n)=6y(n-1)+5y(n-2)+4x(n)-3x(n-1)$

(2) $H(z)=\dfrac{3+2z^{-1}+5z^{-2}}{z^{-1}+6z^{-2}}$

3. 用直接 Ⅰ 型和直接 Ⅱ 型实现下列系统函数

$$H(z)=\frac{2+7z^{-1}+5z^{-2}}{1+2z^{-1}+3z^{-2}}$$

4. 分别用级联型和并联型实现下列系统函数

$$H(z)=\frac{2(z-1)(z^2-5z+6)}{(z-4)(z^2-11z+30)}$$

5. 已知FIR滤波器系统函数

$$H(z)=1+2z^{-1}+3z^{-2}+4z^{-4}$$

画出其线性相位结构。

6. 已知滤波器的结构图如图5-33所示

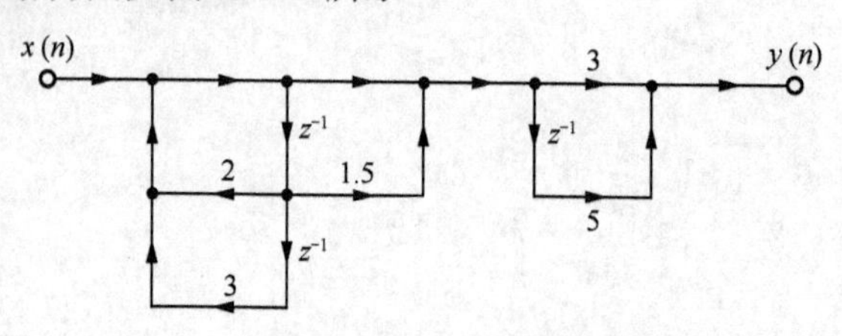

图5-33 滤波器的结构图

求系统函数、差分方程。

7. 已知滤波器

$$H(z)=\frac{2z^{-1}+z^{-2}}{3+z^{-1}+2z^{-2}+5z^{-4}}$$

用MATLAB求零极点形式、部分分式型。

第6章 无限长脉冲响应数字滤波器设计

【本章学习目标】

1. 了解数字滤波器设计的任务和 IIR 数字滤波器设计方法；
2. 掌握模拟滤波器的设计方法；
3. 掌握脉冲响应不变法；
4. 掌握双线性不变法；
5. 理解滤波器设计的频率变换法。

【本章能力目标】

1. 学会利用模拟滤波器设计 IIR 数字滤波器的方法；
2. 掌握利用脉冲响应不变法和双线性不变法将模拟滤波器转换为数字滤波器的方法；
3. 能运用 MATLAB 函数根据设计指标求模拟滤波器原型、阶次、3dB 截止频率，以及求 IIR 模拟滤波器的系统函数；
4. 能运用 MATLAB 的脉冲响应不变法和双线性不变法函数实现 IIR 数字滤波器设计，能运用 MATLAB 实现直接在数字域设计 IIR 数字滤波器，能运用 MATLAB 实现滤波器的频率变换。

6.1 数字滤波器设计任务与 IIR 数字滤波器设计方法

6.1.1 数字滤波器的分类和特点

根据幅度响应，数字滤波器分为低通、高通、通带、阻带、全通五类数字滤波器，其理想幅度特点如图 6－1 所示。它们的共同特点如下。

(1) 频率变量以数字频率变量 $\omega = \Omega T = \Omega / f_s$ 表示，数字频率 ω 的单位为弧度/取样点；其中 T 为抽样时间间隔，Ω 为模拟角频率，单位为弧度/秒；f_s 为抽样频率，单位为赫兹（Hz）。

(2) 频率响应 $H(e^{j\omega})$ 以 2π 为周期，通常考虑 [0，2π] 或 [$-\pi$，π] 之间的特性，即 $|\omega| < \pi$ 的特性。

(3) 数字频率 ω 在 [$-\pi$，π] 范围时，靠近 0 频率称低频，靠近 π 或 $-\pi$ 的频率称为高频。

6.1.2 数字滤波器设计的任务

数字滤波器是一个数字信号处理系统。根据系统的单位冲击响应序列的特点，数字滤波器分为无限长单位脉冲响应（IIR）数字滤波器和有限长单位脉冲响应（FIR）数字滤波器。其中 FIR 滤波器的单位脉冲响应序列是在有限长的范围内取值。

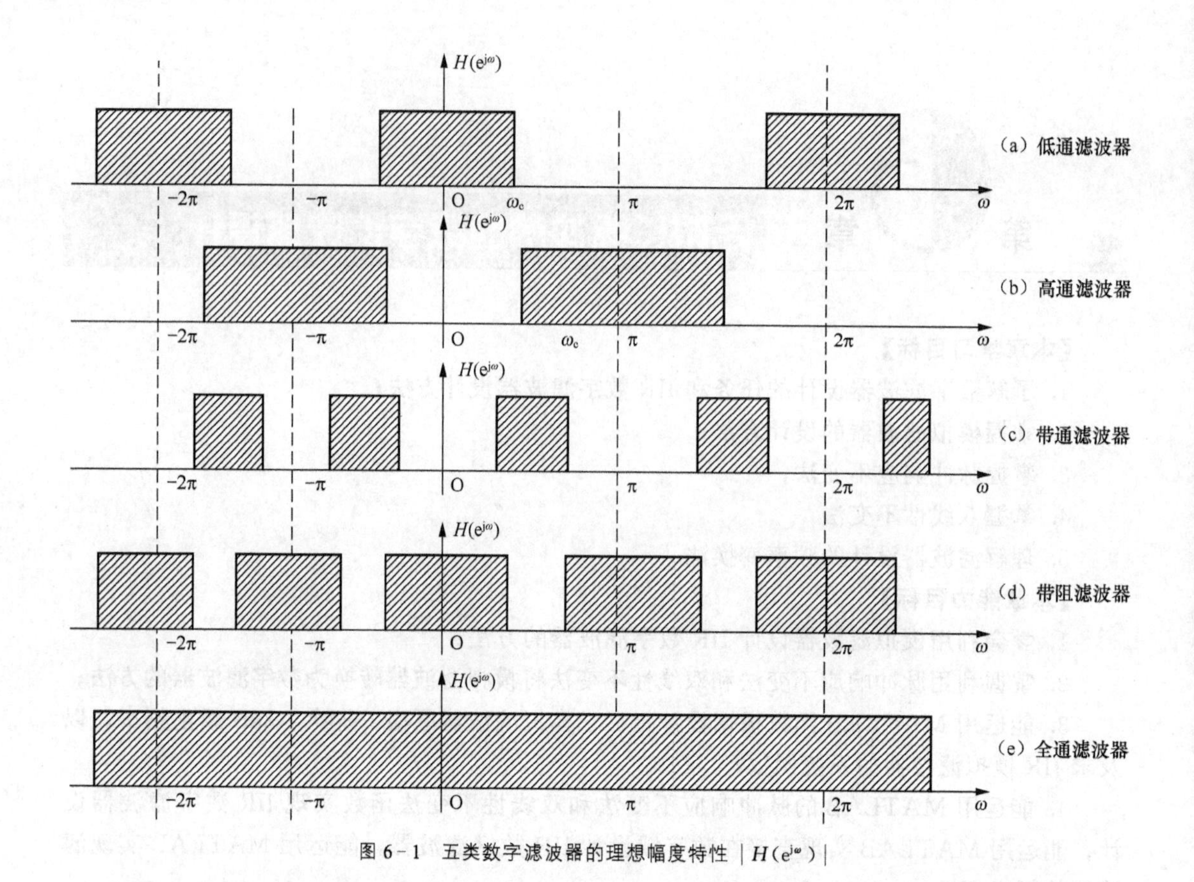

图 6-1 五类数字滤波器的理想幅度特性 $|H(e^{j\omega})|$

设计一个数字滤波器，其任务就是设计一个数字系统函数，使设计的系统函数满足一定的要求。具体来说就是寻求一个因果稳定的线性时不变系统，使其系统函数 $H(z)$ 具有指定的频率特性。由于

$$H(e^{j\omega})=H(z)\Big|_{z=e^{j\omega}}=\sum_{n=0}^{\infty}h(n)e^{jn\omega}=|H(\omega)|e^{j\phi(\omega)} \tag{6.1}$$

其中幅度特性为

$$|h(\omega)|=\sqrt{\mathrm{Re}^2[H(e^{j\omega})]+\mathrm{Im}^2[H(e^{j\omega})]} \tag{6.2}$$

相位特性为

$$\phi(\omega)=\arctan\left(\frac{\mathrm{Im}[H(e^{j\omega})]}{\mathrm{Re}[H(e^{j\omega})]}\right) \tag{6.3}$$

这样设计数字滤波器的任务就是设计线性时不变数字信号处理系统，使满足一定要求的幅频特性和相位特性。例如，设计一个数字滤波器，要求其在一定频率范围内的幅度波动不超过一定的限度值；又如，设计一个数字滤波器，要求其相位是线性相位等。

图 6-1 的幅度特性在通带内或阻带内都保持恒值，这是理想的幅度特性。实际上滤波器在通带、阻带内的幅度不可能保持相同的幅度值。以低通数字滤波器为例，实际的数字滤波器幅度特性往往如图 6-2 所示，在通带 $[0,\ \omega_p]$ 内的幅度特性在 1 和 $1-\delta_1$ 间变化，在阻带 $[\omega_s,\ \pi]$ 内的幅度特性在 δ_2 和 0 之间变化。其中 ω_s 称为阻带截止频率，ω_p 为通带截止频率，带宽 $\Delta\omega=\omega_s-\omega_p$。$\delta_1$ 和 δ_2 分别是通带振荡纹波幅度、阻带振荡纹波幅度。

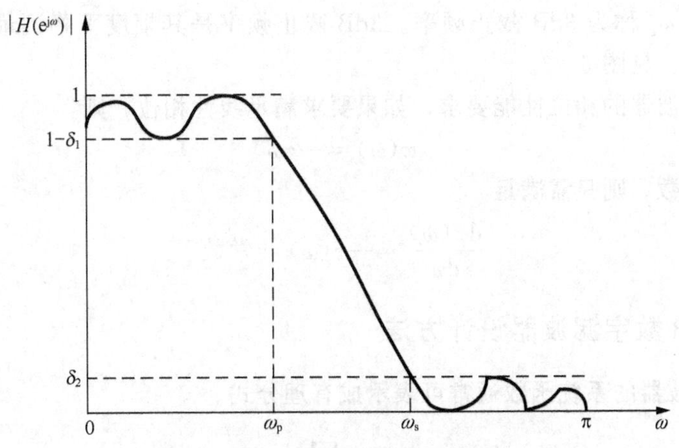

图 6-2　实际低通数字滤波器的幅度特性

通常用对数来表示衰减大小，称为纹波，如 R_p 或 α_p 为通带纹波（dB），R_s 或 α_s 为阻带纹波（dB），则纹波计算为

$$R_p = 20\log\frac{\text{通带}\max|H(e^{j\omega})|}{\text{通带}\min|H(e^{j\omega})|} = 20\log\frac{1}{1-\delta_1} = -20\log(1-\delta_1)(\text{dB}),\ 0\leqslant\omega\leqslant\omega_p \tag{6.4}$$

$$R_s = 20\log\frac{\text{通带}\max|H(e^{j\omega})|}{\text{阻带}\max|H(e^{j\omega})|} = 20\log\frac{1}{\delta_2} = -20\log\delta_2(\text{dB}) \tag{6.5}$$

以上公式使用了幅度归一化，即假设

$$\max|H(e^{j\omega})| = 1 \tag{6.6}$$

对于通带内幅度特性单调下降的滤波器，如图 6-3 所示，则在 $\omega=0$ 时幅度最大。所以

$$\begin{cases} R_p = 20\log\dfrac{\max|H(e^{j0})|}{\min|H(e^{j\omega})|} = -20\log(1-\delta_1)(\text{dB}),\ 0\leqslant\omega\leqslant\omega_p \\ R_s = 20\log\dfrac{\text{通带}\max|H(e^{j0})|}{\text{阻带}\max|H(e^{j\omega})|} = -20\log\delta_2(\text{dB}) \end{cases} \tag{6.7}$$

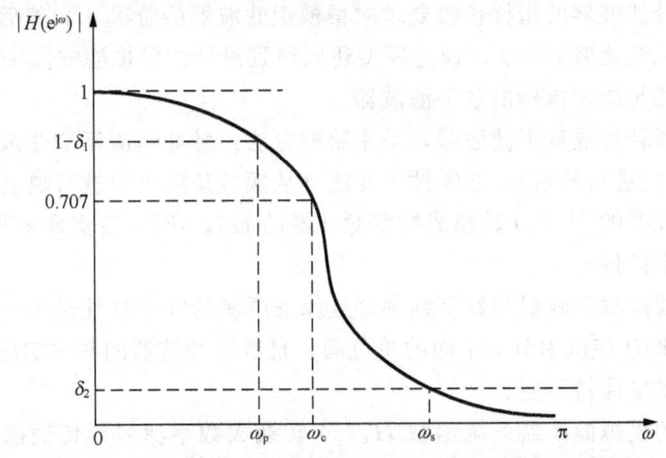

图 6-3　通带内幅度特性单调下降的低通数字滤波器的幅度特性

通带内，当幅度下降为最大的 $\frac{\sqrt{2}}{2}=0.707$ 时，带入式（6.4），计算得到

$$R_p = 20\log\frac{\text{通带}\max|H(e^{j\omega})|}{\text{通带}\min|H(e^{j\omega})|} = 20\log\left(\frac{1}{\sqrt{2}/2}\right) \approx 3\text{dB} \tag{6.8}$$

此时对应的频率 ω_c 称为 3dB 截止频率。3dB 截止频率是其幅度下降到最大幅度的 0.707 倍时对应的频率。见图 6-3。

对于数字滤波器的相位性能要求，如果要求满足线性相位，则

$$\varphi(\omega)=-\tau\omega \tag{6.9}$$

其中 τ 为时延常数。则只需满足

$$\frac{\mathrm{d}\varphi(\omega)}{\mathrm{d}\omega}=-\tau(\omega)=\text{常数} \tag{6.10}$$

6.1.3 IIR 数字滤波器设计方法

IIR 数字滤波器的系统函数通常可表示成有理分式。

$$H(z)=\frac{\sum_{k=0}^{N}b_k z^{-1}}{1+\sum_{k=1}^{M}a_k z^{-1}} \tag{6.11}$$

其中 $N\leqslant M$ 。当系数 a 都为零时就是 FIR 数字滤波器，FIR 数字滤波器的系统函数则可表示为多项式

$$H(z)=\sum_{k=0}^{N}b_k z^{-1} \tag{6.12}$$

设计 IIR 数字滤波器就是要确定式（6.11）中的 N、M 和系数 a，b 使得系统函数满足要求的频率特性。无限长脉冲响应数字滤波器的设计方法可以分为三大类。

1. 先设计模拟 IIR 滤波器，再转化成数字 IIR 滤波器的设计方法

模拟滤波器研究较早，理论已经十分成熟，有许多简单而严谨的设计公式和大量的图表，可利用这些现有技术来解决数字滤波器的设计问题。该设计方法分为两步。

（1）先设计一个合适的模拟滤波器系统函数 $H_a(s)$

可以根据设计滤波器的指标参数要求求得模拟滤波器的阶次 n ，然后再由阶次 n 求得模拟滤波器原型系统函数 $H(s)$，通过原型还原得到设计的模拟滤波器 $H_a(s)$ 。

（2）转换成满足给定指标的数字滤波器

将模拟滤波器转换成数字滤波器，采用映射方法：脉冲响应不变法或阶跃响应不变法（从时域的角度出发进行映射）；双线性不变法（从频域角度出发进行映射）。

当把模拟滤波器的 $H_a(s)$ 转换成数字滤波器的 $H(z)$ 时，要实现 s 平面向 z 平面的映射，必须满足两个条件。

①必须保证模拟频率映射为数字频率，且保证两者的频率特性基本一致。要求变换后代表 s 平面的虚轴 jΩ 应映射到 z 平面的单位圆，且数字滤波器的频率响应和模拟滤波器频率响应的形状应基本保持不变。

②因果稳定的模拟滤波器系统函数 $H_a(s)$ 转换成数字滤波器传输函数 $H(z)$ 后，仍然是因果稳定的。要求 s 平面左半平面的极点必须映射到 z 平面的单位圆内。

这种方法适合于设计幅频特性比较规则的滤波器，例如低通、高通、带通、带阻等。

2. 直接在数字域设计 IIR 滤波器

这种设计方法是直接在离散时域或离散频域设计 IIR 滤波器。

3. 利用最优化技术进行 IIR 滤波器设计

若需设计滤波器的幅频特性是任意的或者形状比较复杂，可采用计算机辅助设计(Computer Aided Design，CAD) 方法进行优化设计。

设计思路：希望的频率特性 $|H_d(e^{j\omega})|$，设计的频率响应 $|H(e^{j\omega})|$，选定一种最优化的规则，如最小均方误差准则，设 $|H_d(e^{j\omega})|$ 与 $|H(e^{j\omega})|$ 在指定的一组离散频率点 $\{\omega_i\}(i=1, 2, \cdots, M)$ 上的均方误差为

$$\varepsilon^2=\sum_{i=1}^{M}[|H_d(e^{j\omega})|-|H(e^{j\omega})|]^2 \tag{6.13}$$

改变 $H(z)$ 的系数 a_k，b_k 分别计算 ε^2，求得一组使 ε^2 最小的系数 a_k，b_k 作为设计值。

6.2 模拟滤波器设计

6.2.1 由幅度平方函数设计模拟滤波器系统函数方法

1. 模拟滤波器的频率特性要求

要设计数字滤波器，可以先设计一个幅度特性逼近的模拟滤波器。模拟滤波器的频率特性主要取决于构成滤波器系统的系统函数：

$$H(j\Omega)=H(s)\Big|_{s=j\Omega} \tag{6.14}$$

实际模拟低通滤波器的幅频特性如图 6-4 所示。Ω_p 为模拟通带截止频率，Ω_s 为模拟阻带截止频率，过渡带 $\Delta\Omega=\Omega_s-\Omega_p$。幅度下降到最大幅度的 $\sqrt{2}/2=0.707$ 倍时对应的频率幅度称为 3dB 截止频率 Ω_c。

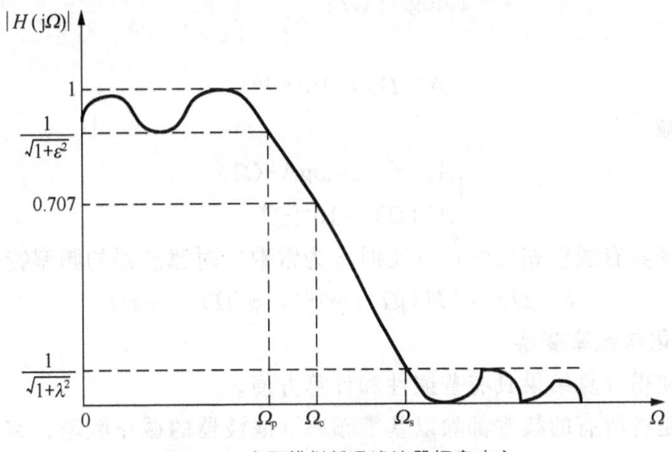

图 6-4 实际模拟低通滤波器幅度响应

工程设计中给定的模拟滤波器指标往往是通带和阻带的衰减 A_p 或 α_p、A_s 或 α_s (dB)，定义为

通带衰减
$$A_p=\alpha_p=20\log\frac{\max|H(j\Omega)|}{通带|H(j\Omega)|} \tag{6.15a}$$

阻带衰减
$$A_s = 20\log \frac{\text{通带}\max|H(\mathrm{j}\Omega)|}{\text{阻带}|H(\mathrm{j}\Omega)|} \tag{6.15b}$$
通带截止频率 Ω_p 对应的衰减为
$$\begin{aligned} A_p = \alpha_p &= 20\log \frac{\max|H(\mathrm{j}\Omega)|}{|H(\mathrm{j}\Omega_p)|} \\ &= 20\log\left[1/\left(\frac{1}{\sqrt{1+\varepsilon^2}}\right)\right] \\ &= -10\log\left(\frac{1}{1+\varepsilon^2}\right)(\mathrm{dB}) \end{aligned} \tag{6.16a}$$
阻带截止频率 Ω_s 对应的衰减为
$$\begin{aligned} A_s &= 20\log \frac{\text{通带}\max|H(\mathrm{j}\Omega)|}{|H(\mathrm{j}\Omega_s)|} \\ &= 20\log\left[1/\left(\frac{1}{\sqrt{1+\lambda^2}}\right)\right] \\ &= -10\log\left(\frac{1}{1+\lambda^2}\right)(\mathrm{dB}) \end{aligned} \tag{6.16b}$$

衰减与幅度平方函数或称模方函数存在一定关系，设幅度平方函数为
$$A^2(\Omega) = |H(\mathrm{j}\Omega)|^2 \tag{6.17}$$
采用幅度归一化（$\max(H(\mathrm{j}\Omega))=1$），则通带内的衰减
$$\begin{aligned} A_p &= 20\log\left|\frac{\max H(\mathrm{j}\Omega)}{H(\mathrm{j}\Omega)}\right| = 20\log\frac{1}{|H(\mathrm{j}\Omega)|} \\ &= -20\log|H(\mathrm{j}\Omega)| \\ &= -10\log|H(\mathrm{j}\Omega)|^2 \\ &= -10\log A^2(\Omega) \end{aligned} \tag{6.18a}$$

所以
$$A^2(\Omega) = 10^{-0.1A_p} \tag{6.18b}$$
同理，阻带内衰减
$$\begin{cases} A_s = -10\log A^2(\Omega) \\ A^2(\Omega) = 10^{-0.1A_s} \end{cases} \tag{6.19}$$

当要求滤波器具有线性相位特性（延时 τ 为常数）时滤波器的频率特性为
$$H(\mathrm{j}\Omega) = |H(\mathrm{j}\Omega)|\mathrm{e}^{\varphi(\Omega)},\ \varphi(\Omega) = -\tau\Omega \tag{6.20}$$

2. 频率归一化与频率变换

采用归一化使得计算结果具有普遍性和计算方便。

频率归一化是将所有的频率都除以基准频率（滤波器的截止频率、奈奎斯特频率等）。计算实际电路参数时应将归一化频率乘以基准频率，进行反归一化。

例如，模拟滤波器设计中常采用 3dB 截止频率进行归一化频率。模拟频率的归一化频率为角频率 Ω 与 3dB 截止频率 Ω_c 的比值。

频率变换：从归一化低通原型滤波器到高通、带通、带阻等其他类型的滤波器的变换方法。

3. 从幅度平方函数（模方函数）$|H(\mathrm{j}\Omega)|^2$ 求模拟滤波器的系统函数 $H(s)$。

当不含有源器件，作为一个因果稳定、物理可实现的模拟系统函数必须满足的条件为：

(1) 是一个实系数的 s 的有理函数：$H(s)=N(s)/D(s)$；

(2) 所有极点必须全部分布在 s 的左半平面内；

(3) 分子多项式 $N(s)$ 的阶次必须小于或等于分母多项式。

即 $H(s)$ 是正实函数。正实函数的傅里叶变换存在共轭对称性

$$H^*(\mathrm{j}\Omega)=H(-\mathrm{j}\Omega) \tag{6.21}$$

于是

$$|H(\mathrm{j}\Omega)|^2=H(\mathrm{j}\Omega)H^*(\mathrm{j}\Omega)=H(\mathrm{j}\Omega)H(-\mathrm{j}\Omega) \tag{6.22}$$

$\mathrm{j}\Omega$ 代表 s 平面的虚轴，变换得

$$\begin{aligned}|H(\mathrm{j}\Omega)|^2&=H(\mathrm{j}\Omega)H^*(\mathrm{j}\Omega)=H(\mathrm{j}\Omega)H(-\mathrm{j}\Omega)\\&=H(\mathrm{j}\Omega)H(-\mathrm{j}\Omega)\Big|_{s=\mathrm{j}\Omega}\\&=H(s)H(-s)\end{aligned} \tag{6.23}$$

于是由 $|H(\mathrm{j}\Omega)|^2$ 求 $H(s)$ 的方法如下。

(1) 变换幅度平方函数，令 $s=\mathrm{j}\Omega$，代入 $|H(\mathrm{j}\Omega)|^2$，求得 $H(s)H(-s)$，并求其零、极点；

(2) 取 $H(s)H(-s)$ 所在左半平面的极点作为 $H(s)$ 的极点；

(3) 按需要的相位条件，取 $H(s)H(-s)$ 的一半零点构成 $H(s)$ 的零点。

(4) 由初始条件确定增益。

【例 6-1】 已知滤波器的幅度平方函数 $A^2(\Omega)=16(25-\Omega^2)^2/[(49+\Omega^2)(36+\Omega^2)]$，求系统函数 $H(s)$。

解： $H(s)H(-s)=A^2(\Omega)\Big|_{s^2=-\Omega^2}=\dfrac{16(25+s^2)^2}{(49-s^2)(36-s^2)}$

所以极点为：$s_{1,2}=\pm7$，$s_{3,4}=\pm6$。两个二阶零点：$z_{1,2}=\pm5\mathrm{j}$。选左半平面极点 -7，-6，一对极点 $\pm5\mathrm{j}$ 作为设计的系统函数极点、零点，得 $H(s)=K\dfrac{(s^2+25)}{(s+7)(s+6)}$。

再由 $H(0)=A(0)$ 来确定增益系数 K。由于

$H(0)=K\dfrac{25}{7\times6}$，$A(0)=\sqrt{\dfrac{16\times25^2}{49\times36}}=\dfrac{4\times25}{7\times6}$，所以 $K=4$，最后得

$$H(s)=4\frac{(s^2+25)}{(s+7)(s+6)}$$

4. 数字滤波器指标转化为模拟滤波器指标

已知要求设计的数字滤波器的指标是数字滤波器指标，在采用模拟滤波器的方法设计数字滤波器时则要先转化为模拟滤波器指标，然后才能继续设计模拟滤波器。

【例 6-2】 已知一低通数字滤波器的指标：在 $\omega\leqslant0.2\pi$ 的通带范围，幅度特性下降小于 1dB；在 $0.3\pi\leqslant\omega\leqslant\pi$ 的阻带范围，衰减大于 15dB；抽样频率 $f_s=10\mathrm{kHz}$；试将这一指标转换成模拟低通滤波器的技术指标。

解： 按照衰减的定义和给定指标，则有

$$\begin{cases}20\log|H(\mathrm{e}^{\mathrm{j}0})/H(\mathrm{e}^{\mathrm{j}0.2\pi})|\leqslant1\\20\log|H(\mathrm{e}^{\mathrm{j}0})/H(\mathrm{e}^{\mathrm{j}0.3\pi})|\geqslant15\end{cases}$$

假定在 $\omega=0$ 处幅度频响的归一化值为 1，即 $|H(\mathrm{e}^{\mathrm{j}0})|=1$

于是变为：

$$\begin{cases}20\log|H(e^{j0.2\pi})|\geqslant -1\\20\log|H(e^{j0.3\pi})|\leqslant -15\end{cases}$$

由于 $\omega=\Omega T$，T 为取样周期，在没有混叠时，模拟滤波器 $H_a(j\Omega)$ 与数字滤波器 $H(e^{j\omega})$ 频谱特性相同，即：

$$H(e^{j\omega})=H_a(j\Omega)=H_a\left(j\frac{\omega}{T}\right),\ |\omega|\leqslant\pi$$

所以

$$\begin{cases}20\log|H_a(j\Omega)|=20\log\left|H_a\left(j\dfrac{\omega}{T}\right)\right|=20\log|H_a(2\pi\times10^3)|\geqslant -1\\20\log|H_a(j\Omega)|=20\log\left|H_a\left(j\dfrac{\omega}{T}\right)\right|=20\log|H_a(3\pi\times10^3)|\leqslant -15\end{cases}$$

如化为幅度平方函数，则为

$$\begin{cases}10\log|H_a(2\pi\times10^3)|^2\geqslant -1\\10\log|H_a(3\pi\times10^3)|^2\leqslant -15\end{cases}$$

这就是模拟滤波器系统函数要满足的不等式组。

6.2.2 由模拟滤波器原型设计模拟滤波器系统函数

模拟滤波器原型是 3dB 截止频率归一化的模拟滤波器，是设计模拟滤波器的基础，模拟低通滤波器是设计高通、带通、带阻等模拟滤波器的基础。求得模拟滤波器原型系统函数后，通过 3dB 截止频率可以将模拟原型系统函数还原得到实际的模拟滤波器。

1. 贝塞尔模拟低通滤波器原型系统函数

$$H(s)=\frac{k}{(s-p(1))(s-p(2))\cdots(s-p(n))}\tag{6.24}$$

其中：$p(1)\sim p(n)$ 为极点。$s=j\Omega$，Ω 为 3dB 截止频率归一化的频率变量，即 Ω 为模拟频域的角频率与 3dB 截止频率 Ω_c 的比值。n 为滤波器的阶次。

在 MATLAB 中，则通过下列函数可以求得 n 阶贝塞尔原型滤波器的零、极点和增益系数：

[z，p，k] ＝besselap（n）　　(6.25)

其零点、极点及增益分别存放在 z，p，k 中，由于这种滤波器没有零点，因此 z 为空矩阵。

2. 巴特沃思模拟低通滤波器原型系统函数

巴特沃思低通滤波器的幅度平方函数

$$|H(j\Omega)|^2=\frac{1}{1+\left(\dfrac{\Omega}{\Omega_c}\right)^{2N}},\ N=1,\ 2,\ \cdots\tag{6.26a}$$

其中，Ω_c 为 3dB 截止频率。若采用 3dB 截止频率归一化，得

$$|H(j\Omega)|^2=\frac{1}{1+(\Omega)^{2N}},\ N=1,\ 2,\ \cdots\tag{6.26b}$$

其中，Ω 为 3dB 截止频率归一化的频率变量，即 Ω 为模拟频域的角频率与 3dB 截止频率 Ω_c 的比值。如图 6－5 所示。

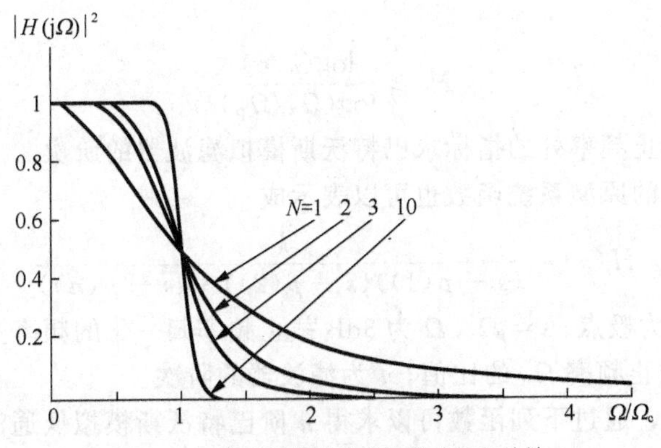

图 6-5 巴特沃斯低通滤波器的幅频特性

从式（6.26b）可以得到巴特沃斯低通滤波器特性。

（1）当 $\Omega=0$，$|H(\mathrm{j}\Omega)|^2=1$，取得最大值；

（2）当 $\Omega=1$ 时，$|H(\mathrm{j}\Omega)|^2=0.5$，取 3dB；

（3）通带内 $\Omega<1$，故当 $N\to\infty$ 时，$|H(\mathrm{j}\Omega)|^2$ 接近于 1；

（4）阻带内 $\Omega>1$，故当 $N\to\infty$ 时，$|H(\mathrm{j}\Omega)|^2$ 接近于 0；

（5）阻带内 $|H(\mathrm{j}\Omega)|^2\approx\dfrac{1}{\Omega^{2N}}$，随着 N 的增大，频率特性衰减更快，从而过渡带越短，频率特性越接近理想矩形特性；

（6）$|H(\mathrm{j}\Omega)|^2=\dfrac{1}{1+(\Omega)^{2N}}$，$N=1$，2，… 的泰勒级数为

$$|H(\mathrm{j}\Omega)|^2=1-\Omega^{2N}+\Omega^{4N}-\cdots$$

则

$$\frac{\mathrm{d}^k}{\mathrm{d}\Omega}|H(\mathrm{j}\Omega)|^2\bigg|_{\Omega=0}=0,\ k=1,\ 2,\ \cdots,\ 2N-1$$

在 $\Omega=0$ 处的 $2N-1$ 阶导数都为零，故函数在 $\Omega=0$ 处最平坦，因此巴特沃思滤波器又称“最大平坦滤波器”。

对于巴特沃斯滤波器，根据式（6.18）、式（6.19）和式（6.26a）得

$$\begin{cases}\dfrac{1}{1+\left(\dfrac{\Omega_\mathrm{p}}{\Omega_\mathrm{c}}\right)^{2N}}=10^{-0.1A_\mathrm{p}}\\[2ex]\dfrac{1}{1+\left(\dfrac{\Omega_\mathrm{s}}{\Omega_\mathrm{c}}\right)^{2N}}=10^{-0.1A_\mathrm{s}}\\[2ex]A_\mathrm{p}=-10\log\left(\dfrac{1}{1+\varepsilon^2}\right)\\[2ex]A_\mathrm{s}=-10\log\left(\dfrac{1}{1+\lambda^2}\right)\end{cases}$$

化解得

$$\frac{\varepsilon^2}{\lambda^2}=\left(\frac{\Omega_\mathrm{p}}{\Omega_\mathrm{s}}\right)^{2N}\tag{6.27a}$$

于是得

$$N \geqslant \frac{\log(\lambda/\varepsilon)}{\log(\Omega_s/\Omega_p)} \tag{6.27b}$$

该公式可以用于由截止频率处的指标求巴特沃斯模拟滤波器的阶次。

巴特沃斯滤波器的原型系统函数也可以表示成

$$H(s)=\frac{k}{(s-p(1))(s-p(2))\cdots(s-p(n))} \tag{6.28}$$

其中：$p(1)\sim p(n)$ 为极点；$s=\mathrm{j}\Omega$，Ω 为3dB截止频率归一化的频率变量，即 Ω 为模拟频域的角频率与3dB截止频率 Ω_c 的比值；n 为滤波器的阶次。

在MATLAB中，通过下列函数可以求得 n 阶巴特沃斯模拟低通滤波器原型的零、极点和增益系数

[z, p, k] =buttap (n)　　(6.29)

其零点、极点及增益分别存放在z，p，k中，由于这种滤波器没有零点，因此z为空矩阵。

3. 契比雪夫（Chebyshev）Ⅰ型模拟低通滤波器幅度平方函数

$$|H(\mathrm{j}\Omega)|^2=\frac{1}{1+\varepsilon^2 C_N^2(\Omega/\Omega_c)} \tag{6.30}$$

其中 $0<\varepsilon<1$ 表示通带纹波大小，取值越大则纹波越大。Ω_c 为3dB通带截止频率，N 为阶次。$C_N(x)$ 为 N 阶Chebyshev多项式

$$C_N(x)=\begin{cases}\cos(N.\arccos x), & |x|\leqslant 1，\text{等纹波幅度特性}\\ \cosh(N.\operatorname{arccosh}), & |x|>1，\text{单调增加}\end{cases}$$

可按下递推计算

$$C_{N+1}(x)=2xC_N(x)-C_{N-1}(x),\ N\geqslant 1$$
$$C_0(x)=1$$
$$C_1(x)=x$$
$$C_2(x)=2x^2-1$$
$$\cdots\cdots$$

其中：双曲正弦函数 $\cosh(x)=(\mathrm{e}^x-\mathrm{e}^{-x})/2$。$\operatorname{arccosh}(x)=\cosh^{-1}(x)$，$\arccos(x)=\cos^{-1}(x)$。

契比雪夫Ⅰ型模拟低通滤波器原型系统函数

$$H(s)=\frac{k}{(s-p(1))(s-p(2))\cdots(s-p(n))} \tag{6.31}$$

其中，$p(1)\sim p(n)$ 为极点，n 为滤波器的阶次。

在MATLAB中，通过下列函数可以求得 n 阶契比雪夫Ⅰ型模拟低通滤波器原型系统函数的零极点和增益系数

[z, p, k] =cheb1ap (n, Rp)　　(6.32)

其中，Rp（分贝）为通带内纹波。其零点、极点及增益分别存放在z，p，k中，由于这种滤波器没有零点，因此z为空矩阵。

4. 契比雪夫Ⅱ型模拟低通滤波器幅度平方函数

$$|H(\mathrm{j}\Omega)|^2=\frac{1}{1+\varepsilon^2\left[C_N(\Omega_{sb}/\Omega_c)/C_N(\Omega_{sb}/\Omega)\right]^2} \tag{6.33}$$

其中 Ω_{sb} 为阻带下边频。

契比雪夫Ⅱ型模拟低通滤波器原型系统函数

$$H(s)=k\frac{(s-z(1))(s-z(2))\cdots(s-z(n))}{(s-p(1))(s-p(2))\cdots(s-p(n))} \tag{6.34}$$

其中，$p(1)\sim p(n)$ 为极点，n 为滤波器的阶次。

在 MATLAB 中，通过下列函数可以求得 n 阶契比雪夫（Chebyshev）Ⅱ型模拟低通滤波器原型系统函数的零极点和增益系数

[z，p，k] =cheb2ap（n，Rs）　　(6.35)

其中，Rs（分贝）为阻带内纹波。其零点、极点及增益分别存放在 z，p，k 中。

5. 椭圆型模拟滤波器幅度平方函数

$$|H(j\Omega)|^2=\frac{1}{1+\varepsilon^2 R_N^2(\Omega/\Omega_p)} \tag{6.36}$$

其中 $R_N(x)$ 是雅可比（Jacobi）椭圆函数。ε 为与通带衰减有关的参数。

椭圆型模拟滤波器原型系统函数

$$H(s)=k\frac{(s-z(1))(s-z(2))\cdots(s-z(n))}{(s-p(1))(s-p(2))\cdots(s-p(n))} \tag{6.37}$$

其中，$p(1)\sim p(n)$ 为极点，n 为滤波器的阶次。

在 MATLAB 中，通过下列函数可以求得 n 阶椭圆模拟低通滤波器原型系统函数的零极点和增益系数

[z，p，k] =ellipap（n，Rp，Rs）　　(6.38)

其中，Rp（分贝）为通带内纹波，Rs（分贝）为阻带内纹波（当 n≥2 时，须 Rs≥Rp）。其零点、极点及增益分别存放在 z，p，k 中。

【例 6-3】 已知模拟低通滤波器 3dB 截止频率为 100Hz，试设计三阶巴特沃斯低通滤波器。

解： $\Omega_c=2\pi f_c=2\times 3.14\times 100=628$(弧度 / 秒)

借助 MATLAB 函数设计，在 MATLAB 下输入：

```
[z,p,k]=buttap(3)   %求原型的零点、极点、增益
[b,a]=zp2tf(z,p,k)  %转化为多项式系数
```

则输出：

```
z =
     []
p =
  -0.5000 + 0.8660i
  -0.5000 - 0.8660i
  -1.0000
k =
    1.0000
b =
         0         0         0    1.0000
a =
    1.0000    2.0000    2.0000    1.0000
```

所以三阶模拟巴特沃斯低通滤波器原型为：$H(s)=\dfrac{1}{1+2s+2s^2+s^3}$

将上式 s 用 $\dfrac{s}{\Omega_c}=\dfrac{s}{628}$ 代替，得到三阶模拟巴特沃斯滤波器

$$H_a(s)=\frac{1}{1+2\left(\frac{s}{628}\right)+2\left(\frac{s}{628}\right)^2+\left(\frac{s}{628}\right)^3}$$

【例6-4】 分别设计契比雪夫Ⅰ型三阶模拟低通滤波器原型，使得通带内纹波 $Rp=2$dB，契比雪夫Ⅱ型三阶模拟低通滤波器阻带内纹波 $Rs=18$dB。

解：借助采用MATLAB函数进行设计

在MATLAB下运行下列代码：

```
n=3;
Rp=2;
Rs=18;
[z,p,k]=cheb1ap(n,Rp) %契比雪夫Ⅰ型
[b,a]=zp2tf(z,p,k);
freqs(b,a);title('三阶原型契比雪夫Ⅰ型低通滤波器频率特性');
figure;
[z,p,k]=cheb2ap(n,Rs) %契比雪夫Ⅱ型
[b,a]=zp2tf(z,p,k);
freqs(b,a);title('三阶原型契比雪夫Ⅱ型低通滤波器频率特性');
```

得到输出：

```
z =
     []
p =
  -0.1845 + 0.9231i
  -0.3689 + 0.0000i
-0.1845 - 0.9231i
k =

    0.3269
z =
          0 + 1.1547i
          0 - 1.1547i
p =
  -0.2831 - 0.6752i
  -0.9469 - 0.0000i
  -0.2831 + 0.6752i
k =
0.3807
```

并输出原型模拟低通滤波器频率特性分别如图6-6和图6-7所示。

所以设计的三阶契比雪夫Ⅰ型低通滤波器原型和契比雪夫Ⅱ型低通滤波器原型分别为

$$H(s)=0.3269\frac{1}{[s-(-0.1845+0.9231i)][s-(-0.3689+0.0000i)][s-(-0.1845-0.9231i)]}$$

$$H(s)=0.3807\frac{(s-1.1547\mathrm{i})(s+1.1547\mathrm{i})}{[s-(-0.2831-0.6752\mathrm{i})][s-(-0.9469-0.0000\mathrm{i})][s-(-0.2831+0.6752\mathrm{i})]}$$

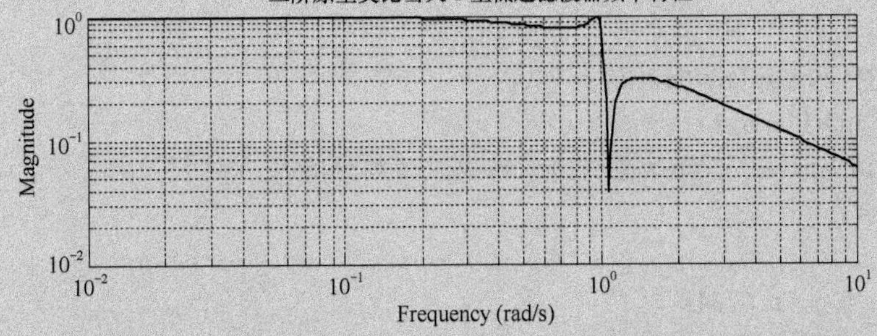

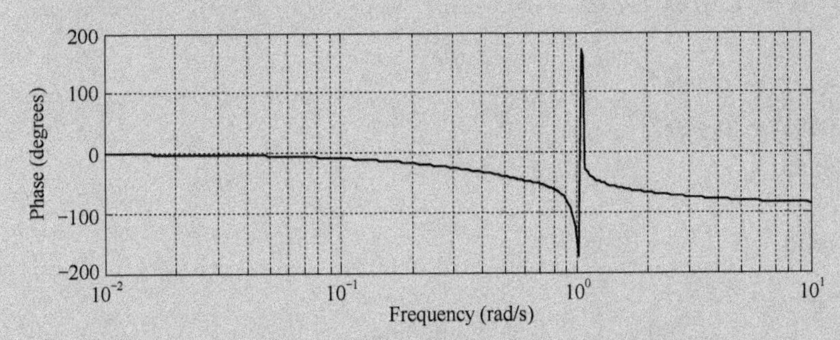

图 6-6　三阶契比雪夫Ⅰ型低通滤波器原型的频率特性

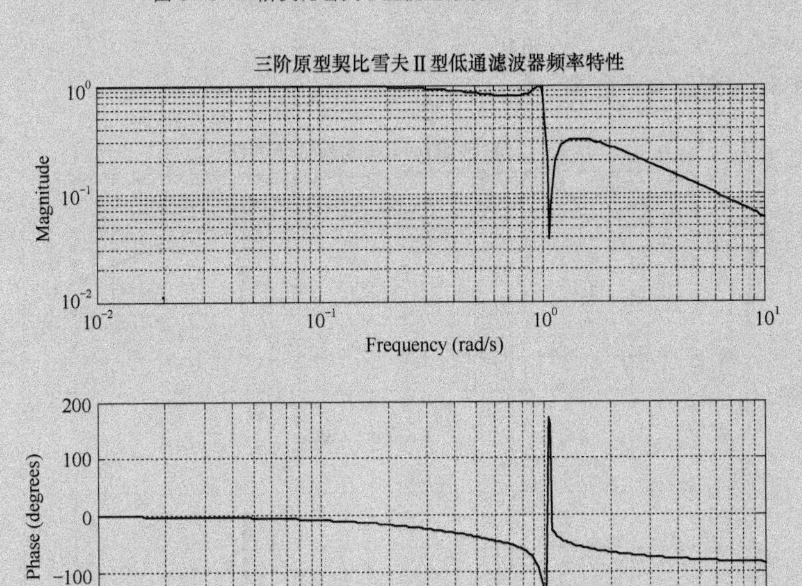

图 6-7　三阶契比雪夫Ⅱ型低通滤波器原型的频率特性

【例 6-5】 已知三阶椭圆低通滤波器 3dB 截止频率 $f_c=100\mathrm{Hz}$，通带内纹波 $R\mathrm{p}=2\mathrm{dB}$，阻带内纹波 $R\mathrm{s}=10\mathrm{dB}$，试设计该三阶椭圆低通滤波器。

解： $\Omega_c=2\pi f_c=2\times3.14\times100=628$(弧度/秒)

在MATLAB下运行下列代码：

```
n=3;
Rp=2;
Rs=10;
[z,p,k]=ellipap(n,Rp,Rs)
[b,a]=zp2tf(z,p,k)
freqs(b,a);title('三阶原型椭圆低通滤波器频率特性');
```

得到输出：

```
z =
        0 - 1.0764i
        0 + 1.0764i
p =
  -0.0492 - 0.9967i
  -0.0492 + 0.9967i
  -0.6995
k =
    0.6011
b =
         0    0.6011         0    0.6966
a =
    1.0000    0.7978    1.0646    0.6966
```

得到图6-8所示频率特性。

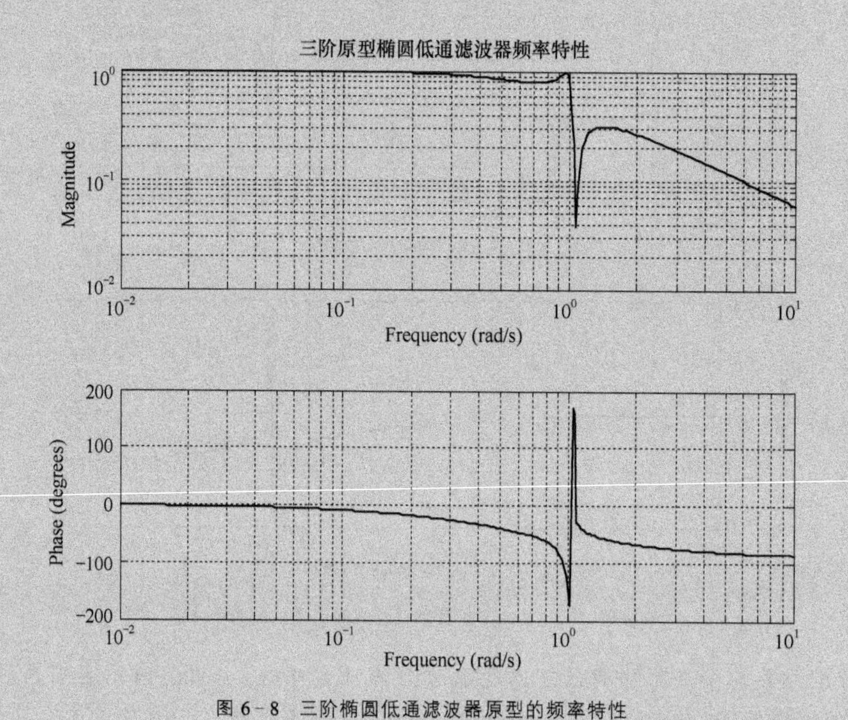

图6-8 三阶椭圆低通滤波器原型的频率特性

所以设计的三阶椭圆低通滤波器原型为

$$H(s)=0.6011\frac{(s-1.0764i)(s+1.0764i)}{[s-(-0.0492-0.9967i)][s-(-0.0492+0.9967i)][s+0.6995]}$$

将上式 s 用 $\frac{s}{\Omega_c}=\frac{s}{628}$ 代替，得到三阶模拟巴特沃斯滤波器

$$H(s)=0.6011\frac{\left(\frac{s}{628}-1.0764i\right)\left(\frac{s}{628}+1.0764i\right)}{\left[\frac{s}{628}-(-0.0492-0.9967i)\right]\left[\frac{s}{628}-(-0.0492+0.9967i)\right]\left[\frac{s}{628}+0.6995\right]}$$

6.2.3　模拟滤波器阶次和 3dB 截止频率的计算

从上面介绍的模拟滤波器原型可见，如果已知需要设计的巴特沃斯低通滤波器的阶次 n，则可以通过设计公式（也可以查表）或 MATLAB 得到滤波器的原型系统函数。如果知道低通滤波器的阶次 n，再已知 R_p、R_s 的情况下，用 MATLAB 可得到契比雪夫滤波器Ⅰ型、Ⅱ型以及椭圆低通滤波器的原型系统函数。通过 3dB 截止频率可以从原型低通滤波器求得低通滤波器系统函数。那又该如何根据设计指标求得需要设计的滤波器的阶次 n 以及 3dB 截止频率呢？

如果已知滤波器的通带截止频率 wp 和阻带截止频率 ws，在 MATLAB 中提供了求滤波器阶次 N 和 3dB 截止频率的多种函数。

（1）选择模拟 Butterworth 滤波器阶数的函数和 3dB 截止频率的函数

```
[n,Wn]=buttord(wp,ws,Rp,Rs,'s')
```
(6.39)

其中 wp 和 ws 都为模拟角频率（弧度/秒），Rp 和 Rs 分别是通带和阻带内的纹波（db）。得到模拟 Butterwoth 滤波器的最小阶数 n，并返回 3dB 截止频率 Wn（弧度/秒）。

（2）选择模拟 chebyshev Ⅰ型滤波器阶次和 3dB 截止频率的函数

```
[n,wn]=cheb1ord(wp,ws,Rp,Rs,'s')
```
(6.40)

其中 wp 和 ws 都为模拟角频率（弧度/秒），Rp 和 Rs 分别是通带和阻带内的纹波（dB）。得到模拟 Chebyshev Ⅰ型滤波器的最小阶数 n，并返回 3dB 截止频率 wn（弧度/秒）。

（3）选择模拟 Chebyshev Ⅱ型滤波器阶次和 3dB 截止频率的函数

```
[n,wn]=cheb2ord(wp,ws,Rp,Rs,'s')
```
(6.41)

其中 wp 和 ws 都为模拟角频率（弧度/秒），Rp 和 Rs 分别是通带和阻带内的纹波（dB）。得到模拟 Chebyshev Ⅱ型滤波器的最小阶数 n，并返回 3dB 截止频率 wn（弧度/秒）。

（4）选择模拟椭圆滤波器阶次和 3dB 截止频率的函数

```
[n,wn]=ellipord(wp,ws,Rp,Rs,'s')
```
(6.42)

其中 wp 和 ws 都为模拟角频率（弧度/秒），Rp 和 Rs 分别是通带和阻带内的纹波（dB）。得到模拟椭圆滤波器的最小阶数 n，并返回 3dB 截止频率 wn（弧度/秒）。

上述几个 MATLAB 函数的参数's'换成'z'或去掉，则是直接求数字滤波器的阶次和奈奎斯特归一化数字截止频率 $0\leqslant W_n\leqslant 1$。例如求数字 Butterworth 滤波器阶次可以使用下列的格式

```
[n,Wn]=buttord(wp,ws,Rp,Rs,'z')
```
(6.43)

或

```
[n,Wn]=buttord(wp,ws,Rp,Rs)
```
(6.44)

函数返回数字滤波器最小阶数 n 和返回奈奎斯特归一化数字截止频率 W_n。此时 w_p 和 w_s 分别是数字滤波器通带和阻带的奈奎斯特归一化截止频率（除以奈奎斯特频率），且 $0 < w_p$（或 w_s）<1，当取 1 时表示 $0.5f_s$，f_s 为抽样频率（Hz）。R_p 和 R_s 分别为通带和阻带区的纹波系数（dB）。该函数得到 Butterwoth 数字滤波器的最小阶数 n，并使在通带（0，w_p）内纹波系数小于 R_p（dB），在阻带（w_s，1）内衰减系数大于 R_s（dB），返回奈奎斯特归一化数字截止频率 W_n（$0 \leqslant W_n \leqslant 1$，即用最高频率或奈奎斯特频率归一化）。

【例 6-6】 设计模拟巴特沃斯低通滤波器，要求通带截止频率为 w_p =5000Hz，阻带截止频率为 w_s =8000Hz，通带纹波为 2dB，阻带纹波为 8dB。

解： 在 MATLAB 下运行下列代码：

```
fp=5000;
fs=8000;
pi=3.14;
wp=2*pi*fp;
ws=2*pi*fs;
[n,wn]=buttord(wp,ws,2,8,'s')
[z,p,k]=buttap(n) %原型
[b,a]=zp2tf(z,p,k);
freqs(b,a);title('设计的模拟低通巴特沃斯原型滤波器频率特性');
```

得到输出：

```
n =
    3
wn =
  3.8037e+004
z =
    []
p =
  -0.5000 + 0.8660i
  -0.5000 - 0.8660i
  -1.0000
k =
1.0000
```

得到图 6-9 所示频谱图。

本设计采用三阶巴特沃斯滤波器，3dB 截止频率为 Ω_c=38037 弧度/秒，得到的三阶原型低通巴特沃斯滤波器为

$$H(s)=\frac{1}{(s+1)[s-(-0.5000+0.8660\mathrm{i})][s-(-0.5000-0.8660\mathrm{i})]}$$

将上式中 s 用 $\frac{s}{\Omega_c}=\frac{s}{38037}$ 代替，得到设计的巴特沃斯低通滤波器

$$H_a(s)=\frac{1}{\left(\frac{s}{38037}+1\right)\left[\frac{s}{38037}-(-0.5000+0.8660\mathrm{i})\right]\left[\frac{s}{38037}-(-0.5000-0.8660\mathrm{i})\right]}$$

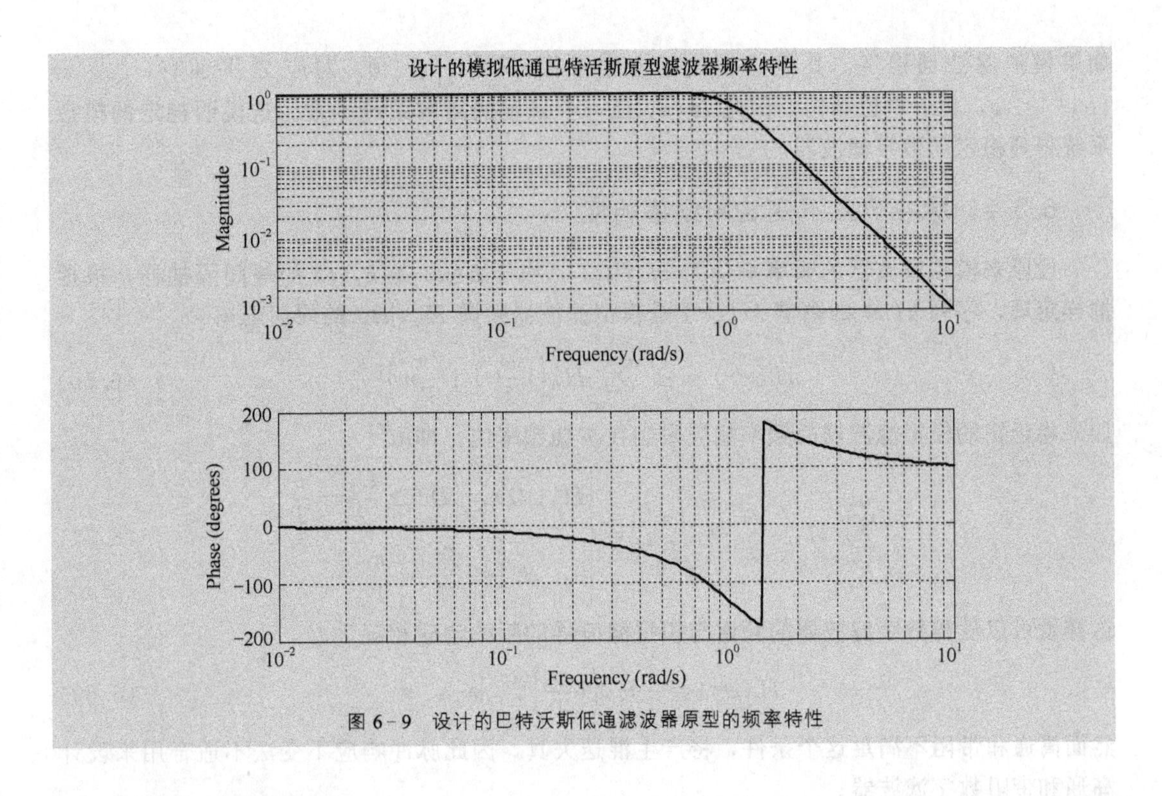

图 6-9 设计的巴特沃斯低通滤波器原型的频率特性

6.3 脉冲响应不变法

得到模拟滤波器系统函数后，就可以通过脉冲响应不变法、阶跃响应不变法和双线性变换法得到数字滤波器。本节介绍脉冲响应不变法，6.4 小节介绍双线性变换法。

6.3.1 脉冲响应不变法的原理和方法

该设计方法是从时域响应出发，让设计的 IIR 数字滤波器的单位抽样响应与模拟滤波器的单位冲击响应的抽样值相等。即

$$h(n)=h_a(t)\Big|_{t=nT} \tag{6.45}$$

如果已知 $H_a(s)$，则可以计算拉普拉斯反变换：$h_a(t)=L^{-1}[H_a(s)]$，于是

$$H(z)=Z[h(n)]=Z[h_a(nT)] \tag{6.46}$$

将 $H_a(s)$ 表示成部分分式的形式

$$H_a(s)=\sum_{k=1}^{N}\frac{A_k}{s-s_k} \tag{6.47}$$

其拉氏反变换为：$h_a(t)=\sum_{k=1}^{N}A_k e^{s_k t}u(t)$，令 $t=nT$，得

$$h(n)=\sum_{k=1}^{N}A_k e^{s_k nT}u(nT)=\sum_{k=1}^{N}A_k\ (e^{s_k T})^n u(n) \tag{6.48}$$

两边取 Z 变换，得到设计的 IIR 数字滤波器系统函数为

$$H(z)=\sum_{k=1}^{N}\frac{A_k}{1-e^{s_k T}z^{-1}} \tag{6.49}$$

如果模拟滤波器稳定，其极点应位于左半平面：$\mathrm{Re}[s_k]<0$，对应 Z 平面有：$|z_k|=|\mathrm{e}^{s_k T}|<1$，位于单位圆内。因此 $H(z)$ 是一个稳定的离散系统函数。这说明稳定的模拟系统得到稳定的数字滤波器。

6.3.2 脉冲响应不变法的频率响应

设原来模拟滤波器的频率响应为 $H_a(\mathrm{j}\Omega)$，由于 $h(n)$ 是 $h_a(t)$ 的等间隔抽样，根据抽样定理，序列 $h(n)$ 的频谱 $H(\mathrm{e}^{\mathrm{j}\omega})$ 是模拟滤波器频谱 $H_a(\mathrm{j}\Omega)$ 的周期延拓

$$H(\mathrm{e}^{\mathrm{j}\omega})=\frac{1}{T}\sum_{n=-\infty}^{\infty}H_a\left(\mathrm{j}\frac{\omega}{T}+\mathrm{j}\frac{2\pi}{T}n\right) \tag{6.50}$$

如果将延拓的模拟滤波器的频率响应限制在折叠频率内，即取

$$\sum_{n=-\infty}^{\infty}H_a\left(\mathrm{j}\frac{\omega}{T}+\mathrm{j}\frac{2\pi}{T}n\right)=\begin{cases}H_a(\mathrm{j}\Omega), & |\Omega|\geqslant\dfrac{\Omega_s}{2}=\dfrac{\pi}{T}\\ 0, & |\Omega|<\dfrac{\Omega_s}{2}=\dfrac{\pi}{T}\end{cases} \tag{6.51}$$

这样就可以使得数字滤波器的频谱与模拟滤波器的频率响应相等

$$H(\mathrm{e}^{\mathrm{j}\omega})=\frac{1}{T}H_a\left(\mathrm{j}\frac{\omega}{T}\right),\quad |\omega|<\pi \tag{6.52}$$

然而高通和带阻不满足这个条件，将产生混迭失真，因此脉冲响应不变法不适合用来设计高通和带阻数字滤波器。

6.3.3 脉冲响应不变法的设计修正

1. 系数 T 的影响修正

从式（6.50）可见数字频率响应和模拟频率响应相差一个因子

$$\frac{1}{T}=f_s \tag{6.53}$$

当采用频率很高时，增益将很大，为此修正如下：改写 $h(n)=h_a(t)\Big|_{t=nT}$ 为

$$h(n)=Th_a(t)\Big|_{t=nT} \tag{6.54}$$

则式（6.49）改写为

$$H(z)=\sum_{k=1}^{N}\frac{TA_k}{1-\mathrm{e}^{s_k T}z^{-1}} \tag{6.55}$$

2. 直接用数字截止频率表示求 $H(z)$ 的公式

在采用归一化模拟滤波器设计时，都采用3dB截止频率为 $\Omega_c=1$。当实际滤波器的截止频率不在1时，须进行反归一化，即将求得的归一化原型滤波器 $H(s)$ 中的 s 用 s/Ω_c 代替。故实际滤波器为

$$H_a(s)=H\left(\frac{s}{\Omega_c}\right)=\sum_{k=1}^{N}\frac{A_k}{\left(\dfrac{s}{\Omega_c}\right)-s_k}=\sum_{k=1}^{N}\frac{A_k\Omega_c}{s-\Omega_c s_k} \tag{6.56}$$

s_k 为归一化原型模拟滤波器系统函数的极点。所以

$$H(z)=Z[Th_a(t)]=\sum_{k=1}^{N}\frac{TA_k\Omega_c}{1-\mathrm{e}^{s_k\Omega_c T}z^{-1}} \tag{6.57}$$

由于 $\omega_c = \Omega_c T$，故上式转换为

$$H(z) = \sum_{k=1}^{N} \frac{A_k \omega_c}{1 - e^{s_k \omega_c} z^{-1}} \tag{6.58}$$

这就是直接用数字截止频率表示的数字滤波器，即只要知道归一化原型模拟滤波器系统函数的极点 s_k 和增益 A_k，以及 3dB 数字截止频率 ω_c，直接代入式（6.58）就得到由脉冲响应不变法得到的数字滤波器。

在 MATLAB 中有采用脉冲响应不变法实现模拟滤波器转换为数字滤波器的函数，格式如下

$$[BZ,AZ]=\text{impinvar}(B,A,Fs) \tag{6.59}$$

其中 B、A 分别是模拟滤波器 H(s) 分式的分子多项式系数向量、分母多项式系数向量，Fs 是抽样频率，取 1Hz 时可以省略。BZ、AZ 分别是数字滤波器 $H(z^{-1})$ 的分子多项式系数、分母多项式系数。

【例 6-7】 已知模拟滤波器原型的系统函数

$$H(s) = \frac{1}{s^2 + 5s + 6}$$

设 $T = 1$，使用脉冲响应不变法设计对应的数字滤波器。

解：由于模拟滤波器 $H(s) = \dfrac{1}{s^2 + 5s + 6} = \dfrac{1}{s+2} - \dfrac{1}{s+3}$

极点为 $s_1 = -2$，$s_2 = -3$，使用脉冲响应不变法根据公式（6.55）得到设计的数字滤波器为

$$H(z) = \sum_{k=1}^{N} \frac{TA_k}{1 - e^{s_k T} z^{-1}} = \frac{1}{1 - e^{-2} z^{-1}} - \frac{1}{1 - e^{-3} z^{-1}} = \frac{0.0855 z^{-1}}{1 - 0.185 z^{-1} + 0.0067 z^{-2}}$$

在 MATLAB 命令行输入：

```
[BZ,AZ]=impinvar(1,[1,5,6])
```

得到输出：

```
BZ =
        0     0.0855
AZ =
    1.0000    -0.1851     0.0067
```

故数字滤波器为：

$$H(z) = \frac{0.0855 z^{-1}}{1 - 0.185 z^{-1} + 0.0067 z^{-2}}$$

与解析法求得结果一致。

6.4 双线性变换法

6.4.1 双线性变换法原理

双线性变换法是从频域出发，直接设计数字滤波器，使得数字滤波器的频率响应 $H(e^{j\omega})$ 逼近模拟滤波器的频率响应 $H_a(j\omega)$，进而求出 $H(z)$。

脉冲响应不变法存在缺点：对时域的抽样导致频域的混迭失真；不能设计高通和带阻滤波器。主要原因是：脉冲响应不变法从 s 平面到 z 平面的映射是多值的映射关系。如图 6-10 所示。

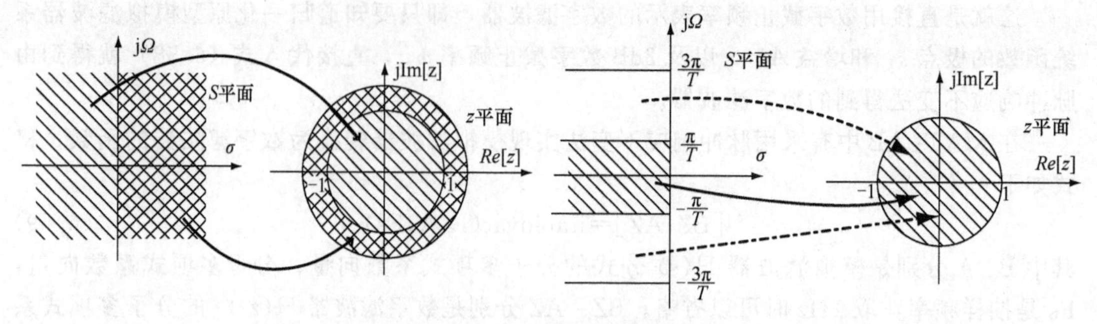

图 6-10 脉冲响应不变法的映射关系

为避免频域的混迭，双线性变换法把从 s 平面到 z 平面的映射改为单值映射。双线性变换法的映射关系见图 6-11。分两步进行。

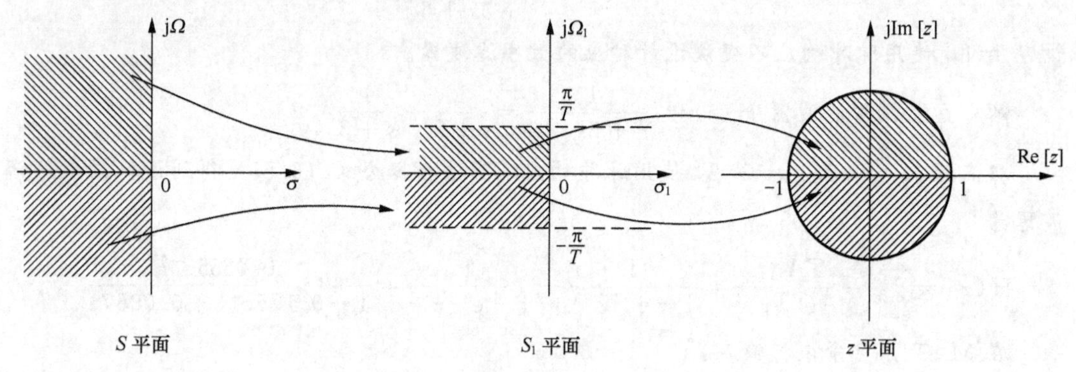

图 6-11 双线性变换法的映射关系

(1) 将 S 域变量 Ω 的区间 $[-\infty, \infty]$ 压缩到中间 S_1 域变量 Ω_1 的一条横带区间 $\left[-\frac{\pi}{T}, \frac{\pi}{T}\right]$ 内，采用正切变换：$y=\tan(x)$，即

$$\Omega=k\tan\left(\frac{\Omega_1 T}{2}\right) \tag{6.60}$$

来完成。

(2) 通过标准 Z 变换将 S_1 域变量 Ω_1 的一条横带区间 $\left[-\frac{\pi}{T}, \frac{\pi}{T}\right]$ 映射到 z 平面，采用公式：$z=\mathrm{e}^{s_1 T}$ 实现。

由 $\Omega=k\tan\left(\frac{\Omega_1 T}{2}\right)$ 得

$$\mathrm{j}\Omega=\mathrm{j}k\tan\left(\frac{\Omega_1 T}{2}\right)=\mathrm{j}k\,\frac{\sin\left(\frac{\Omega_1 T}{2}\right)}{\cos\left(\frac{\Omega_1 T}{2}\right)}=k\,\frac{\mathrm{e}^{\mathrm{j}\frac{\Omega_1 T}{2}}-\mathrm{e}^{-\mathrm{j}\frac{\Omega_1 T}{2}}}{\mathrm{e}^{\mathrm{j}\frac{\Omega_1 T}{2}}+\mathrm{e}^{-\mathrm{j}\frac{\Omega_1 T}{2}}} \tag{6.61}$$

用 s 代替 $\mathrm{j}\Omega$，用 s_1 代替 $\mathrm{j}\Omega_1$，即取代换 $\mathrm{j}\Omega\rightarrow s$，$\mathrm{j}\Omega_1\rightarrow s_1$，得

$$s = k\frac{e^{s_1\frac{T}{2}} - e^{-s_1\frac{T}{2}}}{e^{s_1\frac{T}{2}} + e^{-s_1\frac{T}{2}}} = k\tan\left(\frac{s_1 T}{2}\right) = k\frac{1 - e^{-s_1 T}}{1 + e^{-s_1 T}} \tag{6.62}$$

再代入 $z = e^{s_1 T}$ 得

$$s = k\frac{1 - z^{-1}}{1 + z^{-1}} \tag{6.63}$$

或者

$$z = \frac{k + s}{k - s} \tag{6.64}$$

这就是 s 平面到 z 平面的单值映射关系，称为双线性变换法。

从上面的变换过程可见，双线性变换满足映射的两个条件。

1. s 平面的虚轴 jΩ 映射到 z 平面单位圆

将 $z = e^{j\omega}$ 代入双线性变换法 $s = k\frac{1 - z^{-1}}{1 + z^{-1}}$，得

$$s = k\frac{1 - z^{-1}}{1 + z^{-1}} = k\frac{1 - e^{-j\omega}}{1 + e^{-j\omega}} = jk\tan\left(\frac{\omega}{2}\right) = j\Omega \tag{6.65}$$

说明了 s 平面的虚轴 jΩ 映射到 z 平面单位圆。

2. s 平面左半平面的极点必须映射到 z 平面的单位圆内

令 $s = \sigma + j\Omega$ 代入 $z = \frac{k + s}{k - s} = \frac{k + \sigma + j\Omega}{k - \sigma - j\Omega}$，因此

$$|z| = \frac{\sqrt{(k + \sigma)^2 + \Omega^2}}{\sqrt{(k - \sigma)^2 + \Omega^2}} \tag{6.66}$$

显然当 $\sigma < 0$ 时，$|z| < 1$，即 s 平面左半平面的极点映射到 z 平面的单位圆内。

6.4.2 双线性变换的频率对应关系

由式（6.60）可得

$$\Omega = k\tan\left(\frac{\omega}{2}\right) \tag{6.67}$$

可见，在 Ω 上刻度为均匀的频率点映射到 ω 上时变成了非均匀的点，而且随频率增加越来越密。模拟滤波器与数字滤波器的响应与对应的频率关系上发生了非线性的畸变，也造成了相位的非线性变化，这是双线性变换法的主要缺点。

双线性变换法除了不能用于线性相位滤波器设计外，仍然是应用最为广泛的设计 IIR 数字滤波器的方法。

6.4.3 常数 k 的选择

只要满足 $|\Omega_c| < \frac{\pi}{k}$，$\Omega_c$ 为模拟液波器 3dB 截止频率，k 可以取值任意，即只要保证将模拟频率带限在区间 $\left[-\frac{\pi}{T}, \frac{\pi}{T}\right]$ 内，不会因多值映射而产生频率混迭现象。选择常数 k 有以下两种方法。

（1）使模拟滤波器与数字滤波器在低频处有确切的对应关系，即在低频处 $\Omega \approx \Omega_1$。

当 Ω_1 较小时有 $\tan\left(\frac{\Omega_1 T}{2}\right) \approx \frac{\Omega_1 T}{2}$，根据式（6.60），得

$$\Omega \approx \Omega_1 \approx k\tan\left(\frac{\Omega_1 T}{2}\right) \approx k\,\frac{\Omega_1 T}{2} \tag{6.68}$$

所以

$$k = \frac{2}{T} = 2f_s \tag{6.69}$$

于是双线性变换公式（6.46）变为

$$s = \frac{2}{T}\,\frac{1-z^{-1}}{1+z^{-1}} \tag{6.70}$$

（2）采用数字滤波器的某一特定频率（例如截止频率 ω_c）与模拟原型滤波器的特定频率 Ω_c 严格对应，在确定模拟低通滤波器系统函数之前必须按照下式进行频率预畸变

$$\Omega_c = k\tan\left(\frac{\Omega_{1c} T}{2}\right) = k\tan\left(\frac{\omega_c}{2}\right) \tag{6.71}$$

则：

$$k = \Omega_c \tan^{-1}\left(\frac{\omega_c}{2}\right) \tag{6.72}$$

6.4.4 双线性变换法设计滤波器的步骤

采用双线性变换法设计数字 IIR 滤波器的步骤如下。

$$H(e^{j\omega}) \rightarrow \text{频域预畸变} \rightarrow H(s) \xrightarrow{H_a(s) = H\left(\frac{s}{\Omega_c}\right)} H_a(s) \xrightarrow{\text{双线性变换法}} H(z)$$

（1）按照数字滤波器指定频率点与模拟滤波器的频率点对应，先按照式（6.71）类似方法进行预畸变求得常数 k。然后由归一化低通原型 $H(s)$ 将预畸变后的频率代入，再确定 $H_a(s) = H\left(\frac{s}{\Omega_c}\right)$。最后由双线性变换法求得数字滤波器系统函数

$$H(z) = H_a(s)\Big|_{s=k\frac{1-z-1}{1+z-1}} \tag{6.73}$$

（2）如果采用使模拟滤波器与数字滤波器在低频处有确切的对应关系 $\Omega \approx \Omega_1$，则取 $k = \frac{2}{T} = 2f_s$，可以直接用公式（6.70）求数字滤波器。

在 MATLAB 中有采用双线性变换法将模拟滤波器转换为数字滤波器的函数，多种调用格式如下

```
[zd,pd,kd]=bilinear(z,p,k,Fs)
[zd,pd,kd]=bilinear(z,p,k,Fs,Fp)
[numd,dend]=bilinear(num,den,Fs)
[numd,dend]=bilinear(num,den,Fs,Fp)
```

其中 z、p、k 分别为模拟滤波器的零点、极点、增益，Fs 是抽样频率，取 1Hz 时可以省略。Fp 为预畸变对应的模拟滤波器频率（Hz）。num、den 分别是模拟滤波器 H（s）分式的分子多项式系数向量、分母多项式系数向量。返回值 zd、pd、kd 分别是数字滤波器的零点、极点、增益；numd、dend 分别是数字滤波器 H（z）分式的分子多项式系数向

量、分母多项式系数向量（按 z 的降幂排列）。

【例 6-8】已知模拟滤波器的系统函数

$$H_a(s)=\frac{1}{s^2+7s+12}$$

设抽样频率 $f_s=0.5\text{Hz}$，使用双线性变换法设计对应的数字滤波器。

解：$T=1/f_s=1/0.5=2$

直接用公式（6.70）求得数字滤波器为

$$H(z)=H_a(s)\bigg|_{s=\frac{2}{T}\frac{1-z^{-1}}{1+z^{-1}}}=\frac{1}{\left(\frac{2}{T}\frac{1-z^{-1}}{1+z^{-1}}\right)^2+7\left(\frac{2}{T}\frac{1-z^{-1}}{1+z^{-1}}\right)+12}$$

$$=\frac{0.05+0.1z^{-1}+0.05z^{-2}}{1+1.1z^{-1}+0.3z^{-2}}$$

在 MATLAB 下运行下列代码：

```
fs=0.5;
num=[1];
den=[1 7 12];
[numd,dend]=bilinear(num,den,fs)
```

得到输出：

```
numd =
    0.0500    0.1000    0.0500
dend =
1.0000    1.1000    0.3000
```

所以数字滤波器为

$$H(z)=\frac{0.05+0.1z^{-1}+0.05z^{-2}}{1+1.1z^{-1}+0.3z^{-2}}$$

可见用 MATLAB 程序代码计算与直接带公式计算的结果一致。

6.5 直接在数字域设计 IIR 滤波器

前面介绍了通过模拟滤波器设计数字滤波器方法：如果求得了模拟滤波器的阶次 n 和 3dB 截止频率 Ω_c，结合滤波器的通带或阻带纹波要求，则通过公式、查表，或 MATLAB 可以得到模拟滤波器的原型系统函数 $H(s)$，将原型系统函数 $H(s)$ 还原（反归一化）得到实际的模拟滤波器 $H_a(s)$。最后采用脉冲（冲击）响应不变法或双线性变换法转换成需要设计的数字滤波器。前面还介绍了求模拟滤波器的阶次 n 和 3dB 截止频率 Ω_c 的 MATLAB 函数。

直接在数字域设计 IIR 滤波器的方法有：在时域有 Pade 逼近法和波形形成滤波器设计方法，在频域有幅度平方函数法。这些方法的理论请翻阅相关参考书籍。这里介绍 MATLAB 中直接在数字域设计 IIR 数字滤波器的函数。

6.5.1 阶次 N 已知的直接 IIR 数字滤波器设计

先介绍已知滤波器的阶次 N 和奈奎斯特归一化截止频率，直接在数字域设计滤波器的 MATLAB 函数。

1. 奈奎斯特归一化频率

设抽样频率为 f_s，对应的模拟频率为 f，则奈奎斯特归一化频率为

$$w_n = \frac{f}{f_{nai}} \tag{6.74}$$

其中奈奎斯特频率：$f_{nai} = f_s/2$。显然，当 f 取奈奎斯特频率 f_{nai} 时，$w_n = 1$。

2. 直接设计巴特沃斯数字滤波器函数 butter

调用格式：[B,A] = butter(N,wn)

该函数设计一个 N 阶数字低通巴特沃斯滤波器，其中阶次为 N，奈奎斯特归一化截止频率为 $w_n(0 \leqslant w_n \leqslant 1)$。

返回：$\boldsymbol{B}$（分子系数向量）和 $\boldsymbol{A}$（分母系数向量）都是长度为 $N+1$ 的向量，分别是滤波器分子分母多项式系数。系数是按照 z 的降幂排列的。截止频率 $0.0 < w_n < 1.0$，其中取 1.0 对应于取样率的一半（奈奎斯特频率）。若 w_n 为二元素向量，即 wn = [W1 W2]，则 butter 返回一个 $2N$ 阶带通滤波器，其中带宽 $W_1 < w < W_2$。

格式：[B,A] = butter (N,wn,'high')　%设计一个高通滤波器。

格式：[B,A] = butter (N,wn,'low')　%设计一个低通滤波器。

格式：[B,A] = butter(N,wn,'stop')

%设计一个带阻滤波器，其中阻带 wn=[W1 W2]。

当用三个返回参数格式时，即格式：[Z,P,K]=butter(…)，则返回零极点格式的滤波器参数。其中零点 Z 和极点 P 是长度为 N 的列向量，增益为 K。

格式：butter(N,Wn,'s')，butter(N,Wn,'high','s')和 butter(N,Wn,'stop','s')用于设计模拟巴特沃斯滤波器。这种情况下 Wn 为模拟角频率，单位取弧度/秒（rad/s），且可以大于 1.0。

3. 直接设计契比雪夫 I 型数字滤波器函数：Chenby1

格式：[B,A] =cheby1(N,R,Wn)

函数用于设计 N 阶契比雪夫 I 型低通数字滤波器，其中 R（dB）通带纹波。函数返回滤波器分子多项式系数向量 $\boldsymbol{B}$、分母 $\boldsymbol{A}$ 多项式系数向量（长度为 $N+1$）。奈奎斯特归一化截止频率 $0.0 < W_n < 1.0$，其中取 1.0 对应奈奎斯特抽样率。如果不确定 R 值，可以开始取 $R=0.5$。若 W_n 为二元素向量 W_n=[W1 W2]，则 cheby1 返回 $2N$ 阶的带通滤波器，带宽为：$W_1 < w < W_2$。

格式：[B,A]=cheby1(N,R,Wn,'high')　%设计一个契比雪夫 Ⅰ 高通滤波器。

格式：[B,A]=cheby1(N,R,Wn,'low')　%设计一个契比雪夫 Ⅰ 低通滤波器。

格式：[B,A]=cheby1 (N,R,Wn,'stop')

%设计一个契比雪夫Ⅰ带阻滤波器，且 Wn=[W1 W2]。

格式：[Z,P,K]=cheby1 (…)

%返回滤波器零点向量 Z、极点向量 P（长度为 N）和增益 K。

调用格式形如：cheby1 (N,R,Wn,'s')，cheby1 (N,R,Wn,'high','s')及 cheby1 (N,R,Wn,'stop','s')是用于设计模拟 Chebyshev Ⅰ型滤波器，此时 W_n 的单位为 rad/s，取值可以大于 1.0。

4. 直接设计契比雪夫 Ⅱ 型数字滤波器函数：Chenby2

格式：[B,A] =cheby2(N,R,Wn)

函数用于设计 N 阶契比雪夫Ⅱ型低通数字滤波器，其中 R（dB）为阻带波动。

函数返回滤波器分子多项式系数向量 **B**、分母 **A** 多项式系数向量（长度为 $N+1$）。截止频率 $0.0<W_n<1.0$，其中取 1.0 对应奈奎斯特抽样率。如果不确定 R 值，可以开始取 $R=20$。若 W_n 为二元素向量 Wn= [W1 W2]，则 cheby2 返回 $2N$ 阶的带通滤波器，带宽为：$W_1<W<W_2$。

格式：[B,A]=cheby2(N,R,Wn,'high')　%设计一个契比雪夫Ⅱ高通滤波器。

格式：[B,A]=cheby2(N,R,Wn,'low')　%设计一个契比雪夫Ⅱ低通滤波器。

格式：[B,A]=cheby2 (N,R,Wn,'stop')

%设计一个契比雪夫Ⅱ带阻滤波器，且 Wn=[W1 W2]。

格式：[Z,P,K]=cheby2 (…)

%返回滤波器零点向量 Z、极点向量 P（长度为 N）和增益 K。

调用格式形如：cheby2 (N,R,Wn,'s')，cheby2 (N,R,Wn,'high','s')及 cheby2 (N,R,Wn,'stop','s')是用于设计模拟 ChebyshevⅡ型滤波器，此时 W_n 的单位为 rad/s，取值可以大于 1.0。

5. 直接设计椭圆型数字滤波器函数：ellip

格式：[B,A] = ellip(N,Rp,Rs,Wn)

函数用于设计 N 阶低通数字椭圆滤波器。其中 Rp 为通带纹波，Rs 为阻带纹波。

函数返回滤波器分子多项式系数向量 **B**、分母 **A** 多项式系数向量（长度为 $N+1$）。截止频率 $0.0<W_n<1.0$，其中取 1.0 对应奈奎斯特抽样率。如果不确定，可以开始取 $Rp=0.5$，$Rs=20$。

若 W_n 为二元素向量 Wn= [W1 W2]，则 ellip 返回 $2N$ 阶的带通滤波器，带宽为：$W_1<W<W_2$。

格式：[B,A]=ellip(N,Rp,Rs,Wn,'high')　%设计一个高通滤波器。

格式：[B,A]=ellip(N,Rp,Rs,Wn,'low')　%设计一个低通滤波器。

格式：[B,A] = ellip(N,Rp,Rs,Wn,'stop')

%设计一个带阻滤波器，且 Wn= [W1 W2]。

格式：[Z,P,K] = ellip(…)

%返回滤波器零点向量 Z、极点向量 P（长度为 N）和增益 K。

格式：[A,B,C,D] = ellip(…)　%返回状态空间矩阵。

调用格式形如：

ellip(N,Rp,Rs,Wn,'s')，ellip(N,Rp,Rs,Wn,'high','s')及 ellip(N,Rp,Rs,Wn,'stop','s')　%用于设计模拟椭圆滤波器，此时 W_n 的单位为 rad/s，取值可以大于 1.0。

【例 6-9】 已知低通滤波器的截止频率为 450Hz，抽样频率取 $f_s=3000$Hz，试直接设计四阶巴特沃斯 IIR 数字滤波器。

解： $N=4$，$f_c=450$，$f_s=3000$，故 $f$nai=1500Hz，奈奎斯特归一频率为：$w_n=450/1500=0.3$

在 MATLAB 下运行下列代码：

```
n=4;
fs=3000;
```

```
fc=450;
fnai=fs/2;
wn=fc/fnai;
[B,A]=butter(n,wn)
freqz(B,A);
```

输出：

```
B =
    0.0186    0.0743    0.1114    0.0743    0.0186
A =
    1.0000   -1.5704    1.2756   -0.4844    0.0762
```

及频谱图见图6-12。

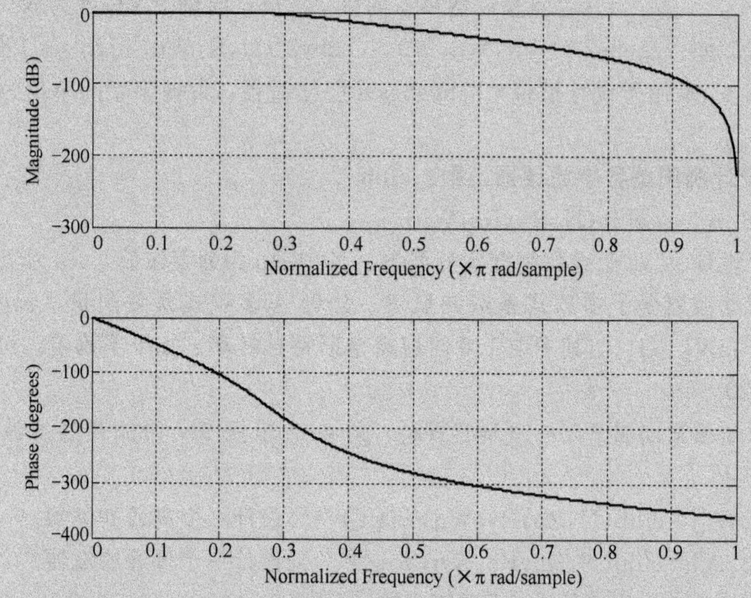

图6-12 设计的四阶巴特沃斯数字低通滤波器频谱图

故设计的四阶巴特沃斯数字低通滤波器为

$$H(z)=\frac{0.0186+0.0743z^{-1}+0.1114z^{-2}+0.0743z^{-3}+0.0186z^{-4}}{1-1.5704z^{-1}+1.2756z^{-2}-0.4844z^{-3}+0.0762z^{-4}}$$

【例6-10】 已知模拟带阻滤波器低频截止频率为200Hz，高频截止频率为900Hz，抽样频率取3000Hz，试直接设计对应等效的四阶契比雪夫Ⅰ型IIR数字带阻滤波器，其通带纹波$R_p=5$dB。

解： $N=2$，$f_1=200$，$f_2=900$，$f_s=3000$，$R_p=5$

在MATLAB下运行下列代码：

```
N=2;
f1=200;
f2=900;
fs=3000;
Rp=5;
fnai=fs/2;
```

```
Wn=[f1/fnai,f2/fnai];
[B,A] =cheby1(N,Rp,Wn,'stop')  %返回 2N=4 阶滤波器
freqz(B,A);
输出：
B =
    0.1861   -0.4074   0.5951   -0.4074   0.1861
A =
    1.0000   -0.9712   0.1710   -0.4776   0.5491
```

得到频谱图如图 6-13 所示。

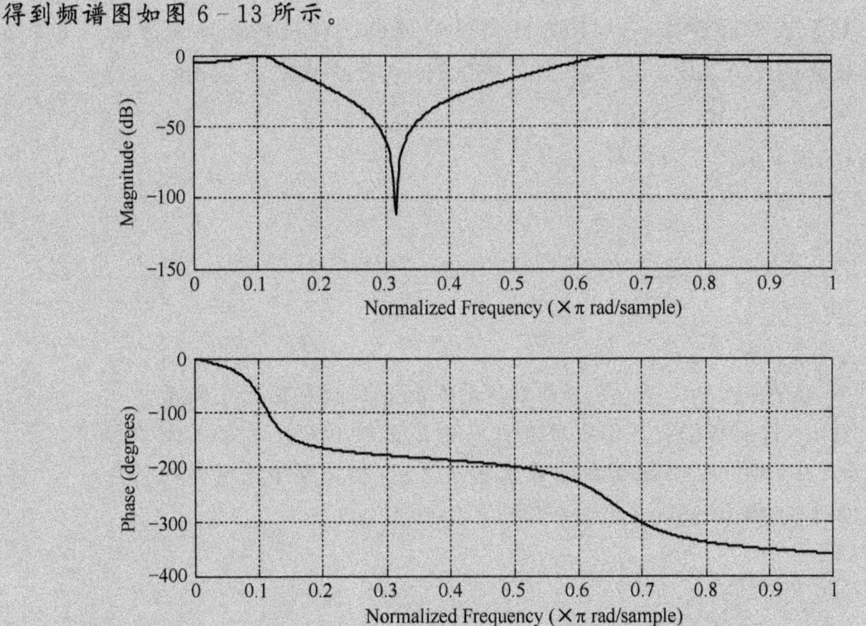

图 6-13 设计的四阶契比雪夫 I 型数字带阻滤波器频谱图

故设计的四阶契比雪夫 I 型数字带阻滤波器为

$$H(z)=\frac{0.1861-0.4074z^{-1}+0.5951z^{-2}-0.4074z^{-3}+0.1861z^{-4}}{1-0.9712z^{-1}+0.1710z^{-2}-0.4776z^{-3}+0.5491z^{-4}}$$

6.5.2 阶次 N 未知的直接 IIR 数字滤波器设计

再介绍未知滤波器阶次 N，而已知滤波器的各频率点的纹波要求，直接在数字域设计滤波器的 MATLAB 函数。

由于未知滤波器阶次 N，可以采用先前求滤波器阶次的 MATLAB 函数求得滤波器阶次。

1. Butterworth 数字滤波器设计函数

[n,wn]=buttord(wp,ws,Rp,Rs,'z')或[n,wn]=buttord(wp,ws,Rp,Rs) (6.75)

函数返回数字滤波器最小阶数 n 和返回归一化数字截止频率 w_n。其中，wp 和 ws 分别是数字滤波器通带和阻带的归一化截止频率（除以最高频率），且 0<wp（或 ws）<1，当取 1 时表示 $0.5f_s$，f_s 为抽样频率（Hz）；Rp 和 Rs 分别为通带和阻带区的纹波系数(dB)。该函数得到 Butterworth 数字滤波器的最小阶数 n，并使在通带（0，w_p）内纹波系

数小于 R_p(dB)，在阻带（w_s，1）内衰减系数大于 R_s(dB)，返回归一化数字截止频率 w_n($0 \leqslant w_n \leqslant 1$，即用最高频率归一化)。

当 $W_p < W_s$ 时，为低通滤波器；当 $W_p > W_s$ 时，为高通滤波器；W_p 和 W_s 为二元素向量时，则为设计带通或带阻滤波器。例如

低通 Lowpass：	W_p=.1，	W_s=.2
高通 Highpass：	W_p=.2，	W_s=.1
带通 Bandpass：	W_p=[.2 .7]，	W_s=[.1 .8]
带阻 Bandstop：	W_p=[.1 .8]，	W_s=[.2 .7]

【例 6-11】 已知抽样率 fs=1000Hz，设计低通巴特沃斯数字滤波器，要求在 0～40Hz 通带内纹波最大为 3dB，在阻带 150～500Hz 内最少衰减为 60dB。

解： W_p=40/500；W_s=150/500

在 MATLAB 下执行下列代码：

```
fs=1000;
wp=40;
ws=150;
fnai=fs/2;
Wp= wp/fnai; Ws = ws/fnai;
[n,Wn] = buttord(Wp,Ws,3,60)  %求阶次n和归一化截止频率
[b,a] = butter(n,Wn); %由阶次和归一化截止频率求数字滤波器
freqz(b,a,128,1000); %绘制数字滤波器频谱图(横轴频率没有归一化)
title('Butterworth Lowpass Filter');
```

得到输出：

```
n =
   5
Wn =
   0.0810
b =
  1.0e-003 *
   0.0227    0.1136    0.2272    0.2272    0.1136    0.0227
a =
   1.0000   -4.1768    7.0358   -5.9686    2.5478   -0.4375
```

及频谱图见图 6-14。

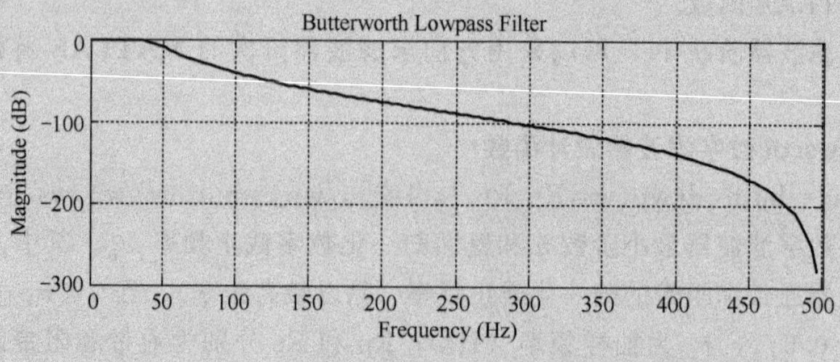

图 6-14 设计的巴特沃斯数字带通滤波器频谱图（横轴频率没有归一化）

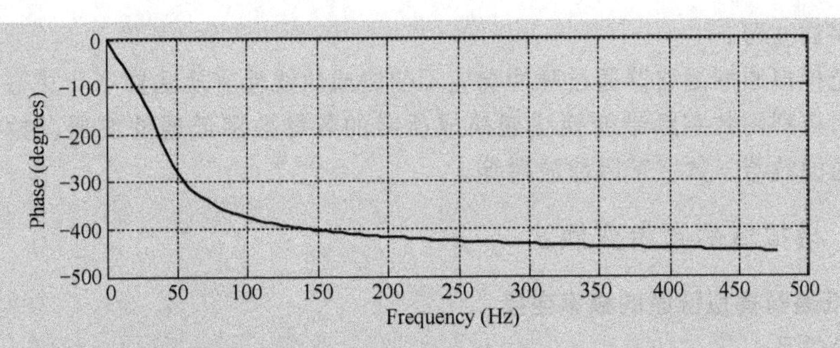

图 6-14　设计的巴特沃斯数字带通滤波器频谱图（横轴频率没有归一化）（续）

所以设计的巴特沃斯五阶数字滤波器为

$$H(z)=0.001\times\frac{0.0227+0.1136z^{-1}+0.2272z^{-2}+0.2272z^{-3}+0.1136z^{-4}+0.0227z^{-5}}{1-4.1768z^{-1}+7.0358z^{-2}-5.9686z^{-3}+2.5478z^{-4}-0.4375z^{-5}}$$

2. chebyshev Ⅰ型数字滤波器设计函数

[n,wn]=cheb1ord(wp,ws,Rp,Rs)或[n,wn]=cheb1ord(wp,ws,Rp,Rs)　(6.76)

其中，wp 和 ws 都为奈奎斯特归一化截止频率（除以最高频率），Rp 和 Rs 分别是通带和阻带内的纹波（dB）。该函数得到 chebyshev Ⅰ型数字滤波器的最小阶数 n，并使在通带（0，w_p）内纹波系数小于 R_p(dB)，在阻带（w_s，1）内衰减系数大于 R_s(dB)，返回奈奎斯特归一化数字截止频率 w_n($0\leqslant w_n\leqslant 1$，即用最高频率归一化)。

3. chebyshev Ⅱ型数字滤波器设计函数

[n,wn]=cheb2ord(wp,ws,Rp,Rs)或[n,wn]=cheb2ord(wp,ws,Rp,Rs,'z')　(6.77)

其中，wp 和 ws 都为奈奎斯特归一化截止频率（除以最高频率），Rp 和 Rs 分别是通带和阻带内的纹波（dB）。该函数得到 chebyshev Ⅱ型数字滤波器的最小阶数 n，并使在通带（0，w_p）内纹波系数小于 R_p(dB)，在阻带（w_s，1）内衰减系数大于 R_s(dB)，返回奈奎斯特归一化数字截止频率 w_n($0\leqslant w_n\leqslant 1$，即用最高频率归一化)。

4. 椭圆型数字滤波器设计函数

[n,wn]=ellipord(wp,ws,Rp,Rs)或[n,wn]=ellipord(wp,ws,Rp,Rs,'z')　(6.78)

其中 wp 和 ws 都为奈奎斯特归一化截止频率（除以最高频率），Rp 和 Rs 分别是通带和阻带内的纹波（dB）。该函数得到椭圆型数字滤波器的最小阶数 n，并使在通带（0，w_p）内纹波系数小于 R_p(dB)，在阻带（w_s，1）内衰减系数大于 R_s(dB)，返回奈奎斯特归一化数字截止频率 w_n($0\leqslant w_n\leqslant 1$，即用最高频率归一化)。

6.6　滤波器的频率变换

通常容易得到归一化模拟低通滤波器（原型滤波器），而要设计数字滤波器有各种类型：低通、高通、带通、带阻等，从原型模拟低通滤波器出发设计各种数字滤波器，根据变换频率的领域，可以分为两大方法。

（1）在模拟域先进行频带变换，即从模拟原型滤波器得到模拟低通滤波器、模拟高通、模拟带通、模拟带阻等滤波器，再由模拟滤波器设计通过脉冲响应不变法或双线性变换法得到数字滤波器。

(2) 先把模拟原型滤波器通过脉冲响应不变法或双线性变换法数字化成数字原型低通滤波器，然后再利用数字频带变换法变换成所需的各种数字低通滤波器、数字高通滤波器、数字带通滤波器、数字带阻滤波器等。

6.6.1 模拟域的频带变换法

1. 模拟低通到模拟低通的频率变换

(1) 变换关系

$$s=\frac{p}{\Omega_c} \tag{6.79}$$

其中 s 为模拟低通原型拉普拉斯变量 $(s=\sigma+j\Omega)$，p 为模拟低通滤波器的拉普拉斯变量 $(p=\bar{\sigma}+j\bar{\Omega})$，$\bar{\Omega}_c$ 是模拟低通滤波器的截止频率。变换对应的频率关系为

$$\begin{cases}\Omega=0\rightarrow\bar{\Omega}=0\\ \Omega=\Omega_c\rightarrow\bar{\Omega}=\bar{\Omega}_c\\ \Omega=\infty\rightarrow\bar{\Omega}=\infty\end{cases} \tag{6.80}$$

(2) 原型低通到低通模拟滤波器 MATLAB 变换函数 lp2lp

调用格式：[bt,at]=lp2lp(b,a,Wo)

其中：W_O 为变换后的低通滤波器的截止频率（弧度/秒）。

【例 6-12】 由巴特沃斯三阶低通滤波器原型求截止频率为 6.5 弧度/秒的模拟巴特沃斯滤波器。

解： 运行 MATLAB 代码：

```
[z,p,k]=buttap(3);
[b,a]=zp2tf(z,p,k)
wo=6.5;
[bt,at]=lp2lp(b,a,wo)
```

输出得到：

```
b =
        0         0         0    1.0000
a =
   1.0000    2.0000    2.0000    1.0000
bt =
  274.6250
at =
   1.0000   13.0000   84.5000  274.6250
```

于是模拟巴特沃斯滤波器为：$H(s)=\dfrac{274.625}{s^3+13s^2+84.5s+274.625}$。

由 b，a 值知道三阶模拟巴特沃斯滤波器原型为：$H(s)=\dfrac{1}{1+2s+2s^2+s^3}$，采用式 (6.61) 将 s 替换为 s/6.5，即可得：$H(s)=\dfrac{274.625}{s^3+13s^2+84.5s+274.625}$，与由 MATLAB 直接计算的结果一致。

2. 模拟低通到模拟带通的频率变换

(1) 变换关系

$$s=p+\frac{\overline{\Omega}_0^2}{p} \tag{6.81}$$

其中 s 为模拟原型低通拉普拉斯变量($s=\sigma+\mathrm{j}\Omega$),$p$ 为模拟带通滤波器的拉普拉斯变量($p=\overline{\sigma}+\mathrm{j}\overline{\Omega}$),$\overline{\Omega}_0$ 是模拟带通滤波器的几何中心频率,且

$$\begin{cases}\overline{\Omega}_0=\sqrt{\overline{\Omega}_1\,\overline{\Omega}_2}\\ B=\overline{\Omega}_2-\overline{\Omega}_1=\Omega_c\end{cases} \tag{6.82}$$

其中 B 为模拟带通滤波器的带宽,Ω_c 为模拟原型低通滤波器的截止频率。$\overline{\Omega}_2$ 和 $\overline{\Omega}_1$ 分别为模拟带通滤波器的高端截止频率、低端截止频率。变换对应的频率关系为

$$\begin{cases}\Omega=0\rightarrow\overline{\Omega}=\overline{\Omega}_0\\ \Omega=\Omega_c\rightarrow\overline{\Omega}=\overline{\Omega}_2\\ \Omega=-\Omega_c\rightarrow\overline{\Omega}=\overline{\Omega}_1\end{cases} \tag{6.83}$$

(2) 原型低通到带通模拟滤波器 MATLAB 变换函数 lp2bp。

调用格式:[bt,at]=lp2bp(b,a,Wo,Bw)

其中,Wo 为带通滤波器的中心频率(弧度/秒),Bw 为带宽。

【例 6-13】 设计三阶巴特沃斯模拟带通滤波器,其中模拟带通滤波器通带低端截止频率 $f_1=100\text{Hz}$,高端截止频率为 $f_2=144\text{Hz}$。

解: $\overline{\Omega}_0=\sqrt{\overline{\Omega}_1\,\overline{\Omega}_2}=\sqrt{2\times\pi\times f_1\times2\pi\times f_2}=2\pi\sqrt{f_1f_2}=753.6$

$B=\overline{\Omega}_2-\overline{\Omega}_1=2\pi(f_2-f_1)=276.32=\Omega_c$

查表得知,模拟巴特沃斯三阶低通滤波器原型:$H(s)=\dfrac{1}{1+2s+2s^2+s^3}$

根据式(6.79),将 s 替换成 $\dfrac{s}{276.32}$,得到模拟巴特沃斯低通滤波器

$$H(s)=\frac{276.32^3}{276.32^3+152705.4848s+552.64s^2+s^3}$$

再由模拟低通滤波器求模拟带通滤波器。

根据式(6.81),将模拟巴特沃斯三阶低通滤波器中的 s 替换成 $s+\dfrac{753.6^2}{s}$,化简得到模拟带通滤波器为

$$H(s)\approx\frac{s^3}{s^6+2s^5+1.7037\times10^6s^4+2.2717\times10^6s^3+9.6758\times10^{11}s^2+6.4505\times10^{11}s+1.8317\times10^{17}}$$

运行 MATLAB 代码:

```
pi=3.14;
fp1=100;
fp2=144;
Wo=sqrt((2*pi*fp1)*(2*pi*fp2));
Bw=2*pi*(fp2-fp1);
```

```
[z,p,k]=buttap(3);
[b,a]=zp2tf(z,p,k);
[bt1,at1]=lp2bp(b,a,Wo,Bw)  %由模拟低通原型滤波器得到模拟带通滤波器
freqs(bt1,at1);
输出得到:
bt1 =
  1.0e+007 *
    2.1098   -0.0000    0.0000   -0.0000
at1 =
  1.0e+017 *
    0.0000    0.0000    0.0000    0.0000    0.0000    0.0018    1.8317
```

输出带通滤波器频谱图如图 6-15 所示。

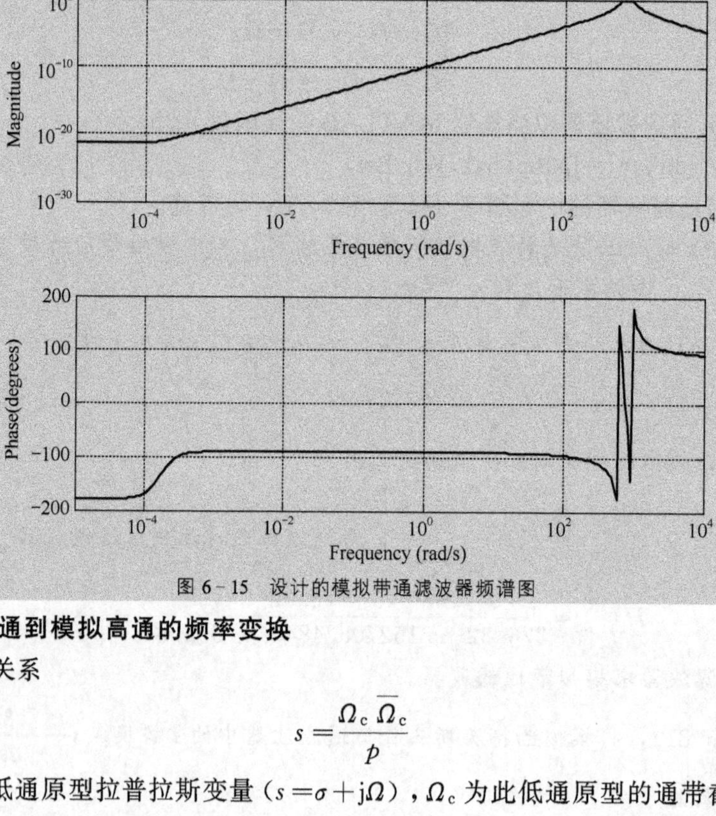

图 6-15 设计的模拟带通滤波器频谱图

3. 模拟低通到模拟高通的频率变换

(1) 变换关系

$$s=\frac{\Omega_c \overline{\Omega}_c}{p} \tag{6.84}$$

其中 s 为模拟低通原型拉普拉斯变量（$s=\sigma+j\Omega$），Ω_c 为此低通原型的通带截止频率，p 为模拟高通滤波器的拉普拉斯变量（$p=\overline{\sigma}+j\overline{\Omega}$），$\overline{\Omega}_c$ 是与 Ω_c 对应的高通模拟滤波器的通带截止频率。变换对应的频率关系为

$$\begin{cases}\Omega=0 \rightarrow \overline{\Omega}=\infty \\ \Omega=\infty \rightarrow \overline{\Omega} \rightarrow 0 \\ \Omega=\Omega_c \rightarrow \overline{\Omega}=-\overline{\Omega}_c\end{cases} \tag{6.85}$$

(2) 原型低通到高通模拟滤波器 MATLAB 变换函数 lp2hp

调用格式：[bt,at]=lp2hp(b,a,Wo)

其中：Wo 为高通滤波器的截止频率（弧度/秒）。

【例 6 - 14】 设计一个巴特沃斯高通滤波器，要求其带通截止频率 $f_p = 2\text{kHz}$，阻带截止频率为 $f_{st} = 1\text{kHz}$，通带衰减不大于 3dB，阻带衰减不小于 10dB，取样频率 $f_s = 10\text{kHz}$。

解： 运行下列 MATLAB 代码：

```
fs=10000;%取样频率
fst=1000;%阻带截止频率
fp=2000;%通带截止频率
fnai=fs/2;%奈奎斯特频率
ws=fst/fnai;%归一化
wp=fp/fnai;%归一化
Rp=3;%通带衰减纹波
Rs=10;%阻带衰减纹波
[n,wn]=buttord(wp,ws,Rp,Rs,'s')  %求得模拟低通滤波器的阶次和截止频率
[z,p,k]=buttap(n);%模拟低通滤波器原型
[b,a]=zp2tf(z,p,k);%由零极点型转为传输型
Wo=wn;%模拟高通滤波器截止频率
[bt1,at1]=lp2hp(b,a,Wo)  %由模拟低通原型滤波器得到模拟高通滤波器
freqs(bt1,at1);%模拟高通滤波器频谱
```

得到输出：

```
n =
    2
wn =
    0.3263
bt1 =
    1.0000    0.0000    -0.0000
at1 =
  1.0e+008 *
    0.0000    0.0002    1.5775
```

和输出频谱如图 6 - 16 所示。

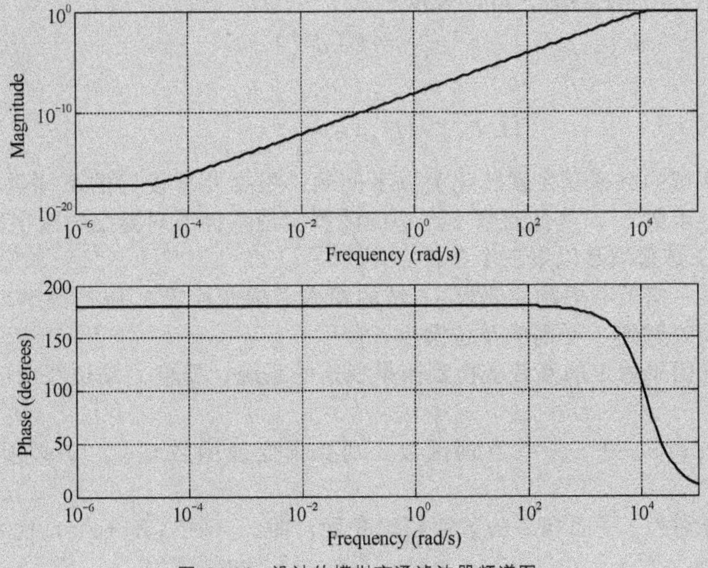

图 6 - 16　设计的模拟高通滤波器频谱图

4. 模拟低通到模拟带阻的频率变换

(1) 变换关系

$$s=\frac{\overline{\Omega}_0^2 p}{p^2+\overline{\Omega}_0^2} \tag{6.86}$$

其中 s 为模拟原型低通拉普拉斯变量（$s=\sigma+\mathrm{j}\Omega$），$p$ 为模拟带阻滤波器的拉普拉斯变量（$p=\overline{\sigma}+\mathrm{j}\overline{\Omega}$），$\overline{\Omega}_0$ 是模拟带阻滤波器的几何中心频率，且

$$\begin{cases}\overline{\Omega}_0=\sqrt{\overline{\Omega}_1\,\overline{\Omega}_2}\\ B=\overline{\Omega}_2-\overline{\Omega}_1=\dfrac{\overline{\Omega}_0^2}{\Omega_c}=\dfrac{\overline{\Omega}_1\,\overline{\Omega}_2}{\Omega_c}\end{cases} \tag{6.87}$$

其中 B 为模拟带阻滤波器的带宽，Ω_c 为模拟原型低通滤波器的截止频率。$\overline{\Omega}_2$ 和 $\overline{\Omega}_1$ 分别为模拟带阻滤波器的高端截止频率、低端截止频率。变换对应的频率关系为

$$\begin{cases}\Omega=0\rightarrow\overline{\Omega}=0,\ \overline{\Omega}=\infty\\ \Omega=\Omega_c\rightarrow\overline{\Omega}=\overline{\Omega}_1\\ \Omega=\pm\infty\rightarrow\overline{\Omega}=\overline{\Omega}_0\\ \Omega=-\Omega_c\rightarrow\overline{\Omega}=\overline{\Omega}_2\end{cases} \tag{6.88}$$

(2) 原型低通到带阻模拟滤波器 MATLAB 变换函数 lp2bs

调用格式：[bt,at]=lp2bs(b,a,Wo,Bw)

其中：W_o 为带阻滤波器的中心频率（弧度/秒），Bw 为模拟带阻滤波器的带宽。

6.6.2 数字域频率变换

从模拟低通原型滤波器出发，通过脉冲响应不变法或双线性不变法可以得到数字低通滤波器原型。然后在数字域从数字低通滤波器原型出发，通过数字域频率变换，就可以得到各种数字滤波器。

假设给定数字低通滤波器原型系统函数：$H_L(z)$，通过在数字域内的数字频率变换得到所需类型的各种数字滤波器系统函数为：$H_d(Z)$。则数字频域变换就是将 $H_L(z)$ 的 z 平面映射到 $H_d(Z)$ 的 z 平面，可以表示为

$$z^{-1}=G(Z^{-1}) \tag{6.89}$$

则有

$$H_d(Z)=H_L(z)\Big|_{z^{-1}=G(Z^{-1})} \tag{6.90}$$

这样在数字域的频率变换就转化为以下问题：根据要求设计的不同类型数字滤波器，寻找不同的变换函数 G，从低通数字原型滤波器实现各种不同类型的数字滤波器。

变换函数 G 必须满足以下三个条件：

(1) 为满足一定的频率响应要求，z 域的频率必须变换成 Z 域的频率，也就是说 z 平面的单位圆必须映射到 Z 平面的单位圆上；

(2) 为保证因果稳定的系统变换到因果稳定的系统，要求 z 单位圆内部映射到 Z 的单位圆内部。

(3) 由于 $H_L(z)$ 是 z^{-1} 的有理函数，则要求变换函数 $G(Z^{-1})$ 必须是 Z^{-1} 的有理函数。

设 θ 和 ω 分别为 z 平面和 Z 的数字频率变量，即：$z=\mathrm{e}^{\mathrm{j}\theta}$，$Z=\mathrm{e}^{\mathrm{j}\omega}$，代入式（6.89）得

$$\mathrm{e}^{-\mathrm{j}\theta}=G(\mathrm{e}^{-\mathrm{j}\omega})=\left|G(\mathrm{e}^{-\mathrm{j}\omega})\right|\mathrm{e}^{\mathrm{j}\arg[G(\mathrm{e}^{-\mathrm{j}\omega})]} \tag{6.91}$$

所以要求

$$\begin{cases}|G(\mathrm{e}^{-\mathrm{j}\omega})|=1\\ \theta=-\arg[G(\mathrm{e}^{-\mathrm{j}\omega})]\end{cases} \tag{6.92}$$

即变换函数在 z 平面的单位圆上的幅度必须恒等于1，即 G 为全通函数。可以表示为

$$z^{-1}=G(Z^{-1})=\pm\prod_{i=1}^{N}\frac{Z^{-1}-a_i^*}{1-a_iZ^{-1}} \tag{6.93}$$

其中 a_i 为$G(Z^{-1})$ 的极点，且满足 $|a_i|<1$，N 为阶次。当 ω 由 0 变到 π 时，全通函数的相角 $\arg[G(\mathrm{e}^{-\mathrm{j}\omega})]$ 的变化量为 $N\pi$。选定 N 和 a_i 就得到数字域频率变换公式。

本书这里列出数字域的频率变换公式，可供读者需要的时候查阅。

(1) 数字低通变换到数字低通

$$z^{-1}=G(Z^{-1})=\frac{Z^{-1}-\alpha}{1-\alpha Z^{-1}} \tag{6.94}$$

其中

$$\alpha=\frac{\sin\left(\dfrac{\theta_c-\omega_c}{2}\right)}{\sin\left(\dfrac{\theta_c+\omega_c}{2}\right)} \tag{6.95}$$

式中 θ_c 和 ω_c 分别是数字低通原型、变换后低通数字滤波器对应的截止频率。

(2) 数字低通变换到数字高通

$$z^{-1}=G(Z^{-1})=-\frac{Z^{-1}+\alpha}{1+\alpha Z^{-1}} \tag{6.96}$$

其中

$$\alpha=-\frac{\cos\left(\dfrac{\theta_c+\omega_c}{2}\right)}{\cos\left(\dfrac{\theta_c-\omega_c}{2}\right)} \tag{6.97}$$

式中 θ_c 和 ω_c 分别是数字低通原型、变换后高通数字滤波器对应的截止频率。

(3) 数字低通变换到数字带通

$$z^{-1}=-\frac{Z^{-2}-\dfrac{2\alpha k}{k+1}Z^{-1}+\dfrac{k-1}{k+1}}{\dfrac{k-1}{k+1}Z^{-2}-\dfrac{2\alpha k}{k+1}Z^{-1}+1} \tag{6.98}$$

其中

$$\alpha=\frac{\cos\left(\dfrac{\omega_2+\omega_1}{2}\right)}{\cos\left(\dfrac{\omega_2-\omega_1}{2}\right)}=\cos\omega_0 \tag{6.99}$$

$$k=\cot\left(\frac{\omega_2-\omega_1}{2}\right)\tan\frac{\theta_c}{2} \tag{6.100}$$

式中 ω_2，ω_1 为要求的通带的上下截止频率。ω_0 为通带中心频率。

(4) 数字低通变换到数字带阻

$$z^{-1}=-\frac{Z^{-2}-\dfrac{2\alpha}{1+k}Z^{-1}+\dfrac{1-k}{1+k}}{\dfrac{1-k}{1+k}Z^{-2}-\dfrac{2\alpha}{1+k}Z^{-1}+1} \tag{6.101}$$

其中

$$\alpha = \frac{\cos\left(\frac{\omega_2 + \omega_1}{2}\right)}{\cos\left(\frac{\omega_2 - \omega_1}{2}\right)} = \cos\omega_0 \tag{6.102}$$

$$k = \tan\left(\frac{\omega_2 - \omega_1}{2}\right)\tan\frac{\theta_c}{2} \tag{6.103}$$

式中 ω_2，ω_1 为要求的通带的上下截止频率。ω_0 为阻带中心频率。

思考题

1. 数字滤波器分为哪几大类？数字滤波器设计的任务是什么？

2. IIR 数字滤波器的设计方法可以分为哪几大类？

3. 用 MATLAB 函数写出 7 阶模拟巴特沃斯低通滤波器的原型系统函数。

4. 已知模拟椭圆滤波器的通带最大纹波为 $Rp=2$dB，阻带最小纹波 $Rs=12$dB，用 MATLAB 函数代码求该模拟椭圆滤波器的原型系统函数。

5. 设计一个模拟契比雪夫低通滤波器，给定指标：通带最高频率 500Hz，通带纹波不大于 1dB；阻带起始频率 1kHz，阻带衰减不小于 40dB。

6. 设一模拟滤波器：$H_a(s)=1/(s^2+8s+15)$，取样周期 $T=2$，采用双线性变换法求对应的数字滤波器系统函数 $H(z)$。

7. 设二阶模拟巴特沃斯低通滤波器 3dB 截止频率为 50Hz，设取样频率 $f_s=500$Hz，使用脉冲响应不变法求对应的数字滤波器。

8. 设计一个巴特沃斯数字高通滤波器，其在阻带截止频率为 3kHz，阻带最小衰减 30dB，通带截止频率 5kHz，最大衰减 3dB，取样频率 $fs=20$kHz，采用双线性变换法求对应的数字滤波器系统函数 $H(z)$。

9. 设计一个契比雪夫Ⅰ型数字带阻滤波器，当 $10\text{kHz}\leqslant f\leqslant 20\text{kHz}$ 时纹波 20dB，当 $f\leqslant 5$kHz，$f\geqslant 40$kHz 时，衰减 2dB，取抽样频率 $f_s=100$kHz，采用 MATLAB 和双线性变换法求该数字滤波器系统函数 $H(z)$，并画出频率响应图。

10. 用双线性法设计满足下列指标的数字带通巴特沃斯滤波器：通带上下边缘频率分别为 200Hz 和 300Hz，波动纹波 3dB；阻带上下边缘频率分别是 50Hz 和 450Hz，阻带衰减 20dB，取样频率 1kHz。

11. 设计巴特沃斯数字带通滤波器，要求通带范围为 $0.25\pi\text{rad}\leqslant\omega\leqslant 0.45\pi\text{rad}$，通带最大衰减为 3dB，阻带范围 $0\leqslant\omega\leqslant 0.15\pi\text{rad}$ 和 $0.55\pi\text{rad}\leqslant\omega\leqslant\pi\text{rad}$，阻带最小衰减为 40dB。用 MATLAB 编程实现设计的滤波器系统函数 $H(z)$ 的系数，并显示设计的滤波器频谱特性曲线。

第 7 章 有限长脉冲响应数字滤波器设计

【本章学习目标】

1. 掌握线性相位 FIR 数字滤波器的条件、幅度特性、零点特性；
2. 掌握线性相位 FIR 数字滤波器的窗函数设计方法；
3. 掌握线性相位 FIR 数字滤波器的频率采样设计法。

【本章能力目标】

1. 学会利用 MATLAB 窗函数产生窗谱；
2. 能够利用 MATLAB 窗函数进行 FIR 滤波器的设计，以及 FIR 滤波器的频率采样法设计。

7.1 线性相位 FIR 滤波器

7.1.1 线性相位 FIR 滤波器条件

由于图像等信息对相位非常敏感，线性相位滤波器非常重要，所以通常只研究线性相位滤波器。

设 FIR 的单位脉冲响应 $h(n)$[$h(n)$ 为实数，长度为 N] 的 Z 变换为

$$H(z)=\sum_{n=0}^{N-1}h(n)z^{-n} \tag{7.1}$$

$H(z)$ 是 z^{-1} 的 $N-1$ 阶多项式，在 z 平面上有个 $N-1$ 零点，在原点有 $N-1$ 个重极点。根据 FIR 滤波器单位脉冲响应 $h(n)$ 序列的对称情况，下面分别分析讨论 FIR 滤波器的相位特性。

1. 偶对称序列

$h(n)$ 为偶对称序列，如图 7－1 所示。

$h(n)$偶对称满足

$$h(n)=h(N-1-n) \tag{7.2}$$

则

$$\begin{aligned}H(z)&=\sum_{n=0}^{N-1}h(n)z^{-n}=\sum_{n=0}^{N-1}h(N-1-n)z^{-n}\\&=\sum_{n=0}^{N-1}h(n)z^{-(N-1-n)}\\&=z^{-(N-1)}\sum_{n=0}^{N-1}h(n)z^{n}\\&=z^{-(N-1)}H(z^{-1})\end{aligned} \tag{7.3}$$

则

$$H(z)=\frac{1}{2}[H(z)+z^{-(N-1)}H(z^{-1})]$$

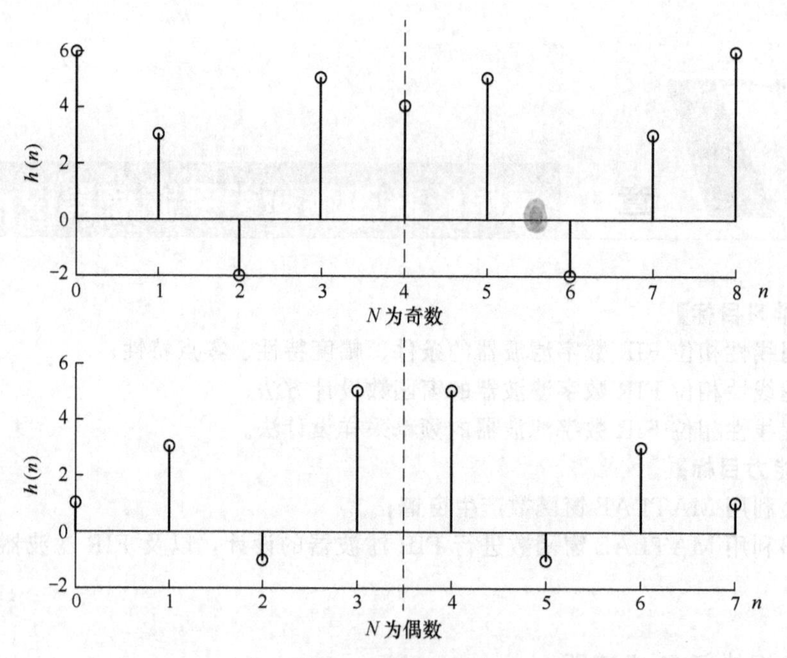

图 7-1 偶对称序列

$$=\frac{1}{2}\sum_{n=0}^{N-1}h(n)[z^{-n}+z^{-(N-1)}z^{n}]$$

$$=z^{-(N-1)/2}\sum_{n=0}^{N-1}h(n)\ \frac{1}{2}\left[z^{-\left(n-\frac{N-1}{2}\right)}+z^{\left(n-\frac{N-1}{2}\right)}\right]$$

因此

$$\begin{aligned}H(\mathrm{e}^{\mathrm{j}\omega})&=H(z)\Big|_{z=\mathrm{e}^{\mathrm{j}\omega}}\\&=\mathrm{e}^{-\mathrm{j}\omega\left(\frac{N-1}{2}\right)}\sum_{n=0}^{N-1}h(n)\cos\left[\omega\left(n-\frac{N-1}{2}\right)\right]\end{aligned}\tag{7.4}$$

将 $H(\mathrm{e}^{\mathrm{j}\omega})$ 表示成

$$H(\mathrm{e}^{\mathrm{j}\omega})=H(\omega)\mathrm{e}^{\mathrm{j}\varphi(\omega)}\tag{7.5}$$

与式（7.4）比较，则得

$$\begin{cases}H(\omega)=\displaystyle\sum_{n=0}^{N-1}h(n)\cos\left[\omega\left(n-\frac{N-1}{2}\right)\right]\\\varphi(\omega)=-\omega\left(\dfrac{N-1}{2}\right)\end{cases}\tag{7.6}$$

可见，其中幅度函数 $H(\omega)$ 是标量函数，可正可负；偶对称序列相位函数是数字频率 ω 的线性函数，且通过原点，即具有严格的线性相位特性。如图 7-2 所示。

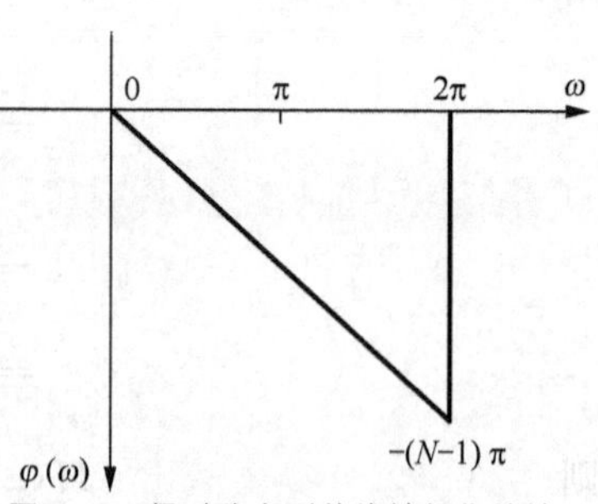

图 7-2 偶对称序列的线性相位特性

2. 奇对称序列

$h(n)$ 为奇对称序列，如图 7-3 所示。

$h(n)$ 为奇对称序列时满足

$$h(n)=-h(N-1-n)\tag{7.7}$$

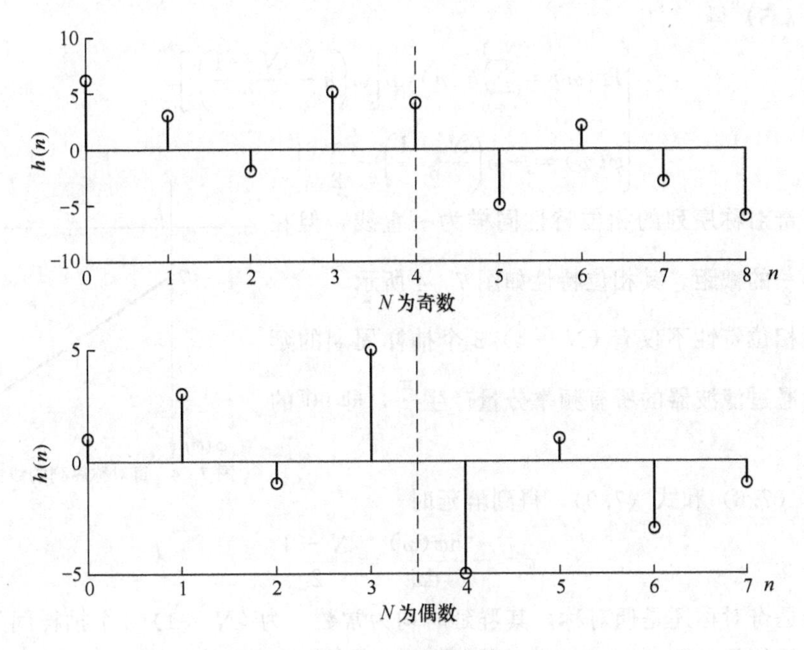

图 7-3　奇对称序列

令 $k=N-1-n$，则 $n=N-1-k$ 则

$$\begin{aligned} H(z) &= \sum_{n=0}^{N-1} h(n) z^{-n} = -\sum_{n=0}^{N-1} h(N-1-n) z^{-n} \\ &= -\sum_{k=N-1}^{0} h(k) z^{-(N-1-k)} \\ &= -z^{-(N-1)} \sum_{k=N-1}^{0} h(k) z^{k} \\ &= -z^{-(N-1)} \sum_{k=0}^{N-1} h(k) z^{k} \\ &= -z^{-(N-1)} H(z^{-1}) \end{aligned} \tag{7.8}$$

则 $H(z)$ 可写成

$$\begin{aligned} H(z) &= \frac{1}{2}[H(z)+H(z)] = \frac{1}{2}[H(z) - z^{-(N-1)} H(z^{-1})] \\ &= \frac{1}{2}\left[\sum_{n=0}^{N-1} h(n) z^{-n} - z^{-(N-1)} \sum_{n=0}^{N-1} h(n) z^{n}\right] \\ &= \frac{1}{2}\left\{\sum_{n=0}^{N-1} h(n)[z^{-n} - z^{-(N-1)} z^{n}]\right\} \\ &= \frac{1}{2} z^{-\left(\frac{N-1}{2}\right)} \left\{\sum_{n=0}^{N-1} h(n)\left[z^{-\left(n-\frac{N-1}{2}\right)} - z^{n-\left(\frac{N-1}{2}\right)}\right]\right\} \end{aligned}$$

因此

$$\begin{aligned} H(e^{j\omega}) &= -j e^{-j\omega\left(\frac{N-1}{2}\right)} \sum_{n=0}^{N-1} h(n) \sin\left[\omega\left(n-\frac{N-1}{2}\right)\right] \\ &= e^{-j\left[\omega\left(\frac{N-1}{2}\right)+\frac{\pi}{2}\right]} \sum_{n=0}^{N-1} h(n) \sin\left[\omega\left(n-\frac{N-1}{2}\right)\right] \end{aligned}$$

由式（7.5）得

$$\begin{cases} H(\omega)=\sum_{n=0}^{N-1}h(n)\sin\left[\omega\left(n-\frac{N-1}{2}\right)\right] \\ \varphi(\omega)=-\omega\left(\frac{N-1}{2}\right)-\frac{\pi}{2} \end{cases} \tag{7.9}$$

可见，奇对称序列的相位特性同样为一直线，但在零点处有 $-\frac{\pi}{2}$ 的截距。其相位特性如图 7-4 所示。

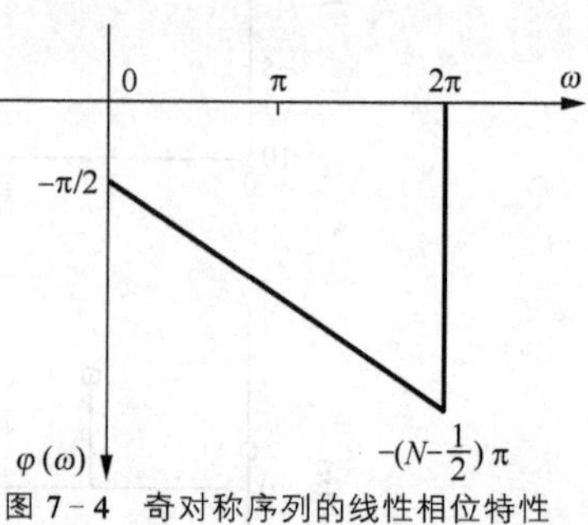

图 7-4　奇对称序列的线性相位特性

这说明相位特性不仅有 $(N-1)/2$ 个抽样周期的延时，并且对通过滤波器的所有频率分量产生 $\frac{\pi}{2}$，即 90°的相移。

根据式（7.6）和式（7.9），得到群延时

$$\tau=-\frac{d\varphi(\omega)}{d\omega}=\frac{N-1}{2} \tag{7.10}$$

可见，无论是奇对称还是偶对称，其群延时均为常数，为 $(N-1)/2$ 个抽样间隔。

因此，要使得 FIR 数字滤波器是线性相位，则必须使得单位脉冲响应 $h(n)$ 为偶对称序列或奇对称序列。根据 N 为偶数或奇数，以及 $h(n)$ 为偶对称序列或奇对称序列，就有四种线性相位 FIR 数字滤波器。若要严格的线性相应，则单位脉冲响应 $h(n)$ 须为偶对称序列。

7.1.2　线性相位 FIR 滤波器的幅频特性

1. 第 1 种情况：N 取奇数，$h(n)$ 偶对称的 FIR 滤波器幅频特性

由于

$$h(n)=h(N-1-n)$$

$$\cos\left[\omega\left(N-1-n-\frac{N-1}{2}\right)\right]=\cos\left[\omega\left(\frac{N-1}{2}-n\right)\right]=\cos\left[\omega\left(n-\frac{N-1}{2}\right)\right] \tag{7.11}$$

因此，求和式：$H(\omega)=\sum_{n=0}^{N-1}h(n)\cos\left[\omega\left(n-\frac{N-1}{2}\right)\right]$ 中各项关于 $(N-1)/2$ 对称的项相等。将相等项合并，因 N 为奇数，剩余中间一项 $h\left(\frac{N-1}{2}\right)$，由（7.6）式得到

$$\begin{aligned} H(\omega)&=\sum_{n=0}^{N-1}h(n)\cos\left[\omega\left(n-\frac{N-1}{2}\right)\right] \\ &=h\left(\frac{N-1}{2}\right)+\sum_{n=0}^{(N-3)/2}2h(n)\cos\left[\omega\left(n-\frac{N-1}{2}\right)\right] \end{aligned} \tag{7.12}$$

令：$m=(N-1)/2-n$，则

$$H(\omega)=h\left(\frac{N-1}{2}\right)+\sum_{m=1}^{(N-1)/2}2h\left(\frac{N-1}{2}-m\right)\cos m\omega \tag{7.13}$$

将上式记为

$$\begin{cases} H(\omega)=\sum\limits_{n=0}^{(N-1)/2} a(n)\cos n\omega \\ a(0)=h\left(\dfrac{N-1}{2}\right) \\ a(n)=2h\left(\dfrac{N-1}{2}-n\right),\ n=1,\ 2,\ \cdots,\ \dfrac{N-1}{2} \end{cases} \tag{7.14}$$

N 为奇数的偶对称序列及其幅度谱如图 7-5 所示，可见由于 $\cos n\omega$ 对于 $\omega=0$，π，2π 都为偶函数，所以幅度函数 $H(\omega)$ 对于 $\omega=0$，π，2π 都为偶函数。

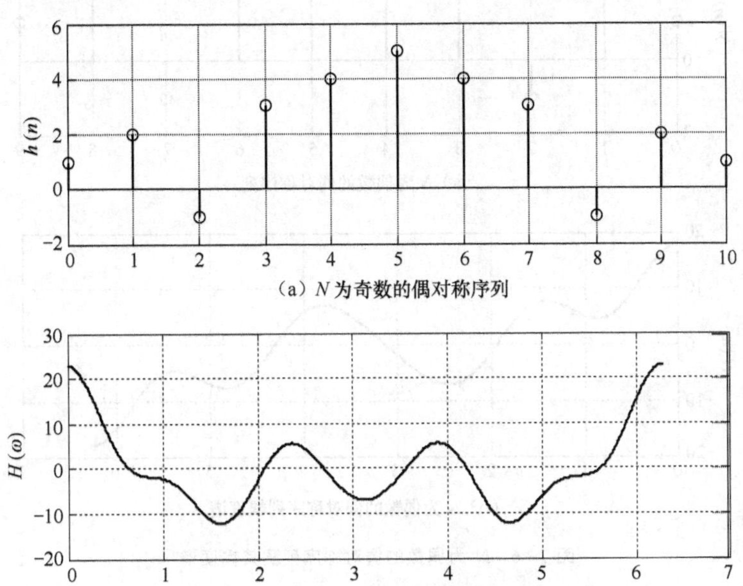

(a) N 为奇数的偶对称序列

(b) N 为奇数的偶对称序列幅度谱

图 7-5　N 为奇数的偶对称序列及其幅度谱

2. 第 2 种情况：N 取偶数，$h(n)$ 偶对称的 FIR 滤波器幅频特性

根据式（7.11），求和式：$H(\omega)=\sum\limits_{n=0}^{N-1}h(n)\cos\left[\omega\left(n-\dfrac{N-1}{2}\right)\right]$ 中各项关于 $(N-1)/2$ 对称的项相等。将相等项合并，因 N 为偶数，无剩余中间，由式（7.6）得到

$$\begin{aligned} H(\omega)&=\sum_{n=0}^{N-1}h(n)\cos\left[\omega\left(n-\frac{N-1}{2}\right)\right] \\ &=\sum_{n=0}^{N/2-1}2h(n)\cos\left[\omega\left(n-\frac{N-1}{2}\right)\right] \end{aligned} \tag{7.15}$$

令：$m=N/2-n$，则

$$H(\omega)=\sum_{m=1}^{N/2}2h\left(\frac{N}{2}-m\right)\cos\left[\omega\left(m-\frac{1}{2}\right)\right] \tag{7.16}$$

将上式记为

$$\begin{cases} H(\omega)=\sum\limits_{n=1}^{N/2}b(n)\cos\left[\omega\left(n-\dfrac{1}{2}\right)\right] \\ b(n)=2h\left(\dfrac{N}{2}-n\right),\ n=1,\ 2,\ \cdots,\ \dfrac{N}{2} \end{cases} \tag{7.17}$$

N 为偶数的偶对称序列及其幅度谱如图 7-6 所示，可见，当 $\omega=\pi$ 时，$\cos\left[\omega\left(n-\dfrac{1}{2}\right)\right]=0$，故 $H(\pi)=0$，即 $H(z)$ 在 $z=-1$ 为零点，且由于 $\cos\left[\omega\left(n-\dfrac{1}{2}\right)\right]$ 对 $\omega=\pi$ 呈奇对称，因此 $H(\omega)$ 对 $\omega=\pi$ 也呈奇对称；对于 $\omega=0$，2π 为偶对称。

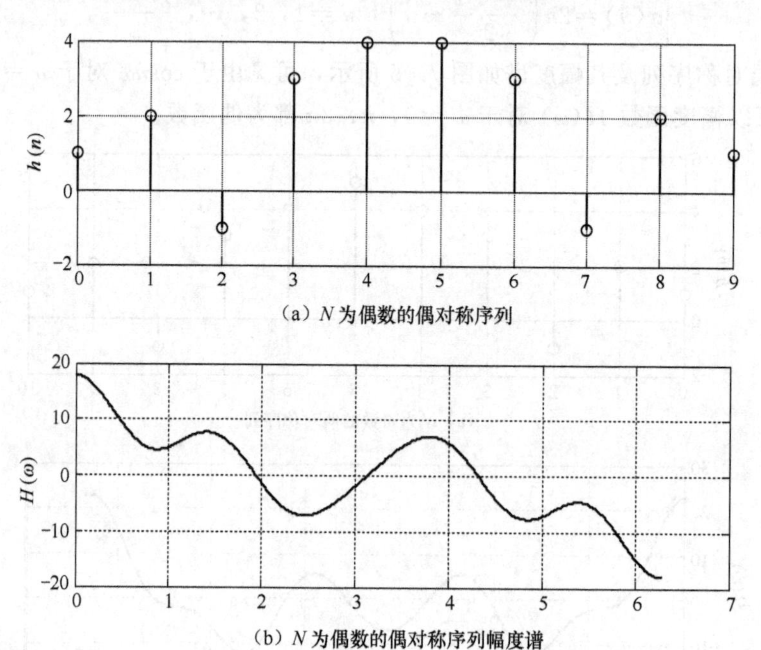

(a) N 为偶数的偶对称序列

(b) N 为偶数的偶对称序列幅度谱

图 7-6　N 为偶数的偶对称序列及其幅度谱

3. 第 3 种情况：N 取奇数，$h(n)$ 奇对称的 FIR 滤波器幅频特性

由于 $h(n)$ 对 $\dfrac{N-1}{2}$ 为奇对称，则有 $h\left(\dfrac{N-1}{2}\right)=0$。又由于 $\sin\left[\omega\left(\dfrac{N-1}{2}-n\right)\right]=-\sin\left[\omega\left(n-\dfrac{N-1}{2}\right)\right]=-\sin\left\{\omega\left[\dfrac{N-1}{2}-(N-1-n)\right]\right\}$，将求和 $\sum\limits_{n=0}^{N-1}h(n)\sin\left[\omega\left(n-\dfrac{N-1}{2}\right)\right]$ 中绝对值相等的两项合并，由式 (7.9) 得

$$
\begin{aligned}
H(\omega)&=\sum_{n=0}^{N-1}h(n)\sin\left[\omega\left(n-\frac{N-1}{2}\right)\right]\\
&=\sum_{n=0}^{(N-3)/2}2h(n)\sin\left[\omega\left(\frac{N-1}{2}-n\right)\right]
\end{aligned}
\tag{7.18}
$$

令：$m=(N-1)/2-n$，则

$$
H(\omega)=\sum_{m=1}^{(N-1)/2}2h\left(\frac{N-1}{2}-m\right)\sin(\omega m)
\tag{7.19}
$$

将上式记为

$$
\begin{cases}
H(\omega)=\sum\limits_{n=1}^{(N-1)/2}c(n)\sin(\omega n)\\
c(n)=2h\left(\dfrac{N-1}{2}-n\right),\ n=1,\ 2,\ \cdots,\ (N-1)/2
\end{cases}
\tag{7.20}
$$

从式（7.20）可见，当 $\omega=0$，π，2π 时，由于 $\sin(n\omega)=0$，因此 $H(\omega)=0$，也就是 $H(z)$ 在 $z=\pm1$ 处都为零。由于 $\sin(n\omega)$ 在 $\omega=0$，π，2π 处为奇对称，故在 $H(\omega)$ 在 $\omega=0$，π，2π 处也为奇对称。N 为奇数的奇对称序列及其幅度谱如图 7－7 所示。

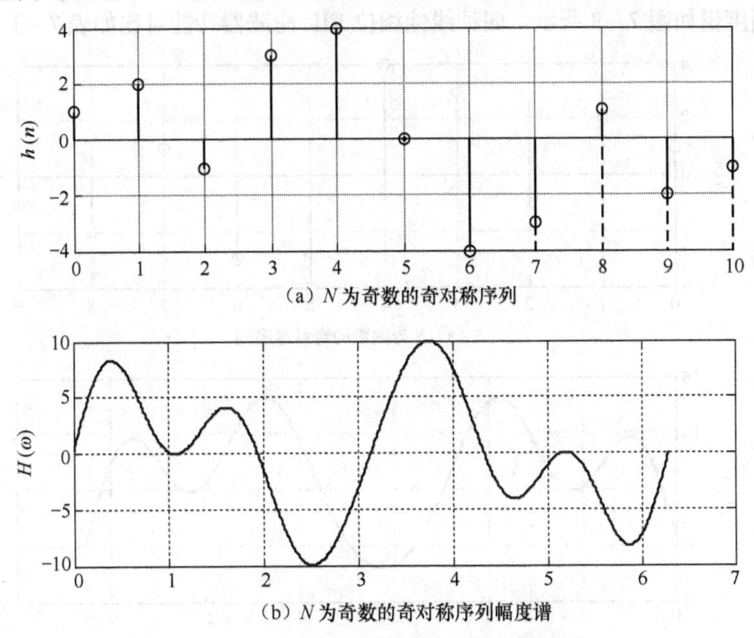

(a) N 为奇数的奇对称序列

(b) N 为奇数的奇对称序列幅度谱

图 7－7 N 为奇数的奇对称序列及其幅度谱

4. 第 4 种情况：N 取偶数，$h(n)$ 奇对称的 FIR 滤波器幅频特性

由于 $h(n)$ 对 $\dfrac{N-1}{2}$ 为奇对称，则有 $h\left(\dfrac{N-2}{2}\right)=h\left(\dfrac{N}{2}\right)$。又由于 $\sin\left[\omega\left(\dfrac{N-1}{2}-n\right)\right]=-\sin\left[\omega\left(n-\dfrac{N-1}{2}\right)\right]=-\sin\left\{\omega\left[\dfrac{N-1}{2}-(N-1-n)\right]\right\}$，将求和 $\sum\limits_{n=0}^{N-1}h(n)\sin\left[\omega\left(n-\dfrac{N-1}{2}\right)\right]$ 中相等的两项合并，由式（7.9）得

$$
\begin{aligned}
H(\omega)&=\sum_{n=0}^{N-1}h(n)\sin\left[\omega\left(n-\frac{N-1}{2}\right)\right]\\
&=\sum_{n=0}^{N/2-1}2h(n)\sin\left[\omega\left(\frac{N-1}{2}-n\right)\right]
\end{aligned}
\tag{7.21}
$$

令：$m=N/2-n$，则

$$
H(\omega)=\sum_{m=1}^{N/2}2h\left(\frac{N}{2}-m\right)\sin\left[\omega\left(m-\frac{1}{2}\right)\right] \tag{7.22}
$$

将上式记为

$$
\begin{cases}
H(\omega)=\sum\limits_{n=1}^{N/2}d(n)\sin\left[\omega\left(n-\dfrac{1}{2}\right)\right]\\
d(n)=2h\left(\dfrac{N}{2}-n\right),\ n=1,\ 2,\ \cdots,\ N/2
\end{cases}
\tag{7.23}
$$

从式（7.23）可见，由于 $\sin\left[\omega\left(n-\dfrac{1}{2}\right)\right]$ 在 $\omega=0$、2π 处为零，因此 $H(\omega)$ 在 $\omega=0$，2π

处也为零，即 $H(z)$ 在 $z=1$ 处为零；由于 $\sin\left[\omega\left(n-\frac{1}{2}\right)\right]$ 在 $\omega=0$、2π 处为奇对称，在 $\omega=\pi$ 处偶对称，故在 $H(z)$ 在 $\omega=0$，2π 处也为奇对称，在 $\omega=\pi$ 处也为偶对称。N 为偶数的奇对称序列及其幅度谱如图 7-8 所示。四种线性相位 FIR 滤波器特性对比如表 7-1 所示。

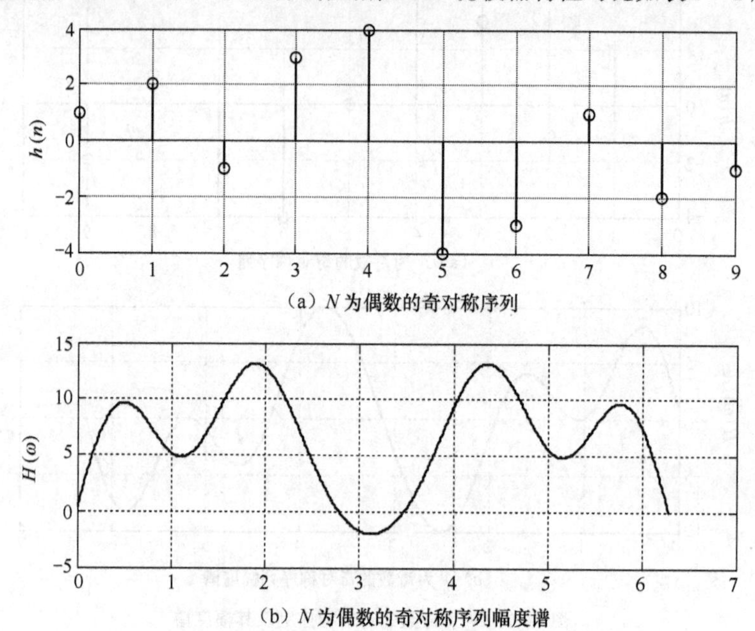

(a) N 为偶数的奇对称序列

(b) N 为偶数的奇对称序列幅度谱

图 7-8 N 为偶数的奇对称序列及其幅度谱

表 7-1 四种线性相位 FIR 滤波器特性

单位脉冲响应特性		偶对称：$h(n)=h(N-1-n)$	奇对称：$h(n)=-h(N-1-n)$
相频特性		$\varphi(\omega)=-\frac{N-1}{2}\omega$	$\varphi(\omega)=-\frac{\pi}{2}-\frac{N-1}{2}\omega$
幅度特性	N为奇数	$\begin{cases}H(\omega)=\sum_{n=0}^{(N-1)/2}a(n)\cos n\omega\\ a(0)=h\left(\frac{N-1}{2}\right)\\ a(n)=2h\left(\frac{N-1}{2}-n\right),\ n=1,2,\cdots,\frac{N-1}{2}\end{cases}$ $H(\omega)$ 关于 π 偶对称；关于 0、2π 偶对称	$\begin{cases}H(\omega)=\sum_{n=1}^{(N-1)/2}c(n)\sin(\omega n)\\ c(n)=2h\left(\frac{N-1}{2}-n\right),\ n=1,2,\cdots,(N-1)/2\end{cases}$ $H(\omega)$ 关于 π 奇对称；关于 0、2π 奇对称
	N为偶数	$\begin{cases}H(\omega)=\sum_{n=1}^{N/2}b(n)\cos\left[\omega\left(n-\frac{1}{2}\right)\right]\\ b(n)=2h\left(\frac{N}{2}-n\right),\ n=1,2,\cdots,\frac{N}{2}\end{cases}$ $H(\omega)$ 关于 π 奇对称；关于 0、2π 偶对称	$\begin{cases}H(\omega)=\sum_{n=1}^{N/2}d(n)\sin\left[\omega\left(n-\frac{1}{2}\right)\right]\\ d(n)=2h\left(\frac{N}{2}-n\right),\ n=1,2,\cdots,N/2\end{cases}$ $H(\omega)$ 关于 π 偶对称；关于 0、2π 奇对称

采用数字化方法帮助记忆表 7-1 的幅度特性对称性。

(1) 幅频特性 $H(\omega)$ 关于 π 的对称性：$J[H(\pi)]=-J[h]J[N]$，

其中：$J[h]=\begin{cases}+1,\ h(n)\text{ 为偶对称时}\\-1,\ h(n)\text{ 为奇对称时}\end{cases}$，$J[N]=\begin{cases}+1,\ N\text{ 取偶数时}\\-1,\ N\text{ 取奇数时}\end{cases}$，

$$J[H(\pi)]=\begin{cases}+1,\ H(\omega)\text{ 关于 }\omega=\pi\text{ 偶对称时}\\-1,\ H(\omega)\text{ 于 }\omega=\pi\text{ 奇对称时}\end{cases}$$

（2）幅频特性 $H(\omega)$ 关于 0、2π 的对称性与单位脉冲序列对称性一致，即

$$J[H(0,\ 2\pi)]=J[h]\text{，其中：}J[H(0,\ 2\pi)]=\begin{cases}+1,\ H(\omega)\text{ 关于 }\omega=0,\ 2\pi\text{ 偶对称时}\\-1,\ H(\omega)\text{ 关于 }\omega=0,\ 2\pi\text{ 奇对称时}\end{cases}$$

7.1.3 线性相位 FIR 滤波器的零点特性

若 z_i 是 FIR 滤波器系统函数 $H(z)$ 的零点，则根据式（7.3）和式（7.8）有

$$H(z_i)=\pm z_i^{-(N-1)}H(z_i^{-1})=0 \tag{7.24}$$

所以 z_i^{-1} 也是 FIR 滤波器系统函数 $H(z)$ 的零点。

若 $h(n)$ 为实数时，则 $H(z)$ 为实系数的多项式，零点为 $H(z)=0$ 的解 z_i，且解 z_i 应是共轭对称的，即 z_i^* 也是零点。因此对于一个实系数线性相位 FIR 滤波器，其零点为相对于单位圆镜像且共轭成对。如图 7－9 所示。

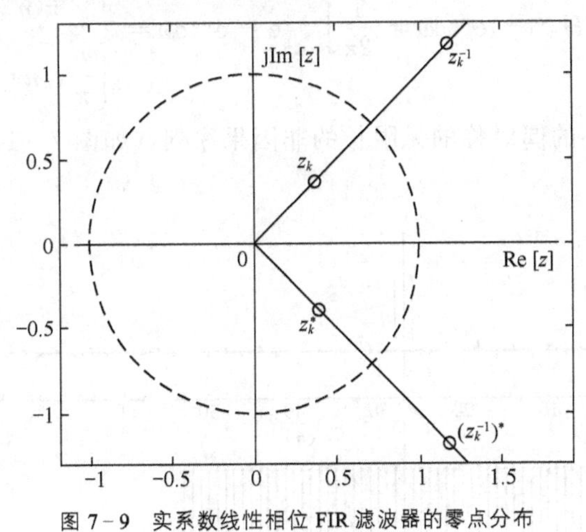

图 7－9 实系数线性相位 FIR 滤波器的零点分布

7.2 FIR 滤波器的窗函数设计方法

7.2.1 窗函数设计的基本方法

FIR 滤波器的设计问题在于寻求一系统函数 $H(z)=\sum_{n=0}^{N-1}h(n)z^{-n}$，使其频率响应 $H(e^{j\omega})=H(z)\big|_{z=e^{j\omega}}$ 逼近滤波器要求的理想频率响应 $H_d(e^{j\omega})$。如果要求 FIR 滤波器具有线性相位特性，则 $h(n)$ 必须满足线性相位的对称条件。

1. 设计思想

从时域出发，设计 $h(n)$ 逼近理想的 $h_d(n)$。

设理想滤波器的单位脉冲响应为 $h_d(n)$，则

$$H_d(e^{j\omega})=\sum_{n=-\infty}^{\infty}h_d(n)e^{-jn\omega} \tag{7.25}$$

$$h_d(n)=\frac{1}{2\pi}\int_{-\pi}^{\pi}H_d(e^{j\omega})e^{jn\omega}d\omega \tag{7.26}$$

所得 $h_d(n)$ 一般无限长序列，且非因果的。要想得到一个因果的有限长的滤波 $h(n)$，则用窗函数 $w(n)$ 进行切断，即

$$h(n)=h_d(n)w(n) \tag{7.27}$$

所以，设计 FIR 滤波器，就可以根据要求的理想频率响应 $H_d(e^{j\omega})$ 求得无限长序列 $h_d(n)$，再用选择的窗函数截取。选择窗函数是该方法设计的关键。

以设计 FIR 低通滤波器为例来说明设计过程。设理想低通滤波器的频率响应 $H_d(e^{j\omega})$ 为

$$H_d(e^{j\omega})=\begin{cases}e^{-j\omega\tau}, & |\omega|\leqslant\omega_c\\ 0, & \omega_c<|\omega|\leqslant\pi\end{cases} \tag{7.28}$$

其中 ω_c 为滤波器的截止频率；τ 为延时常数。则

$$h_d(n)=\frac{1}{2\pi}\int_{-\pi}^{\pi}H_d(e^{j\omega})e^{jn\omega}d\omega=\frac{1}{2\pi}\int_{-\omega_c}^{\omega_c}e^{-j\omega\tau}e^{jn\omega}d\omega=\begin{cases}\dfrac{\sin[\omega_c(n-\tau)]}{\pi(n-\tau)}, & n\neq\tau\\ \dfrac{\omega_c}{\pi}, & n=\tau\end{cases} \tag{7.29}$$

是一个以 τ 为对称中心的偶对称的无限长的非因果序列，如图 7-10（a）所示。

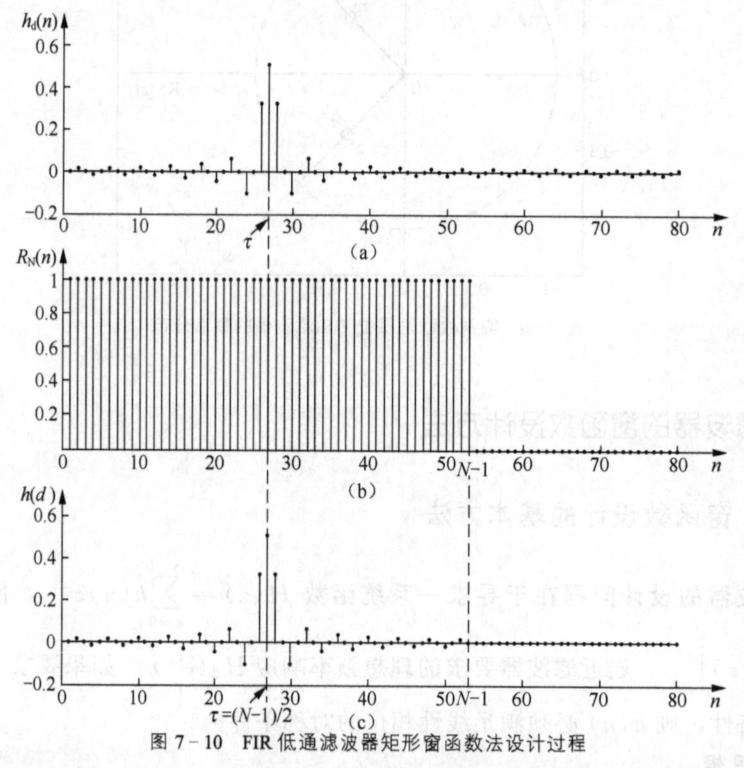

图 7-10 FIR 低通滤波器矩形窗函数法设计过程

长度为 N 的矩形窗函数如图 7-10（b）所示，公式表示

$$w(n)=R_N(n)=\begin{cases}1, & 0\leqslant n\leqslant N-1\\ 0, & 其他\end{cases} \tag{7.30}$$

用矩形窗切断 $h_d(n)$，就得到 $h(n)$ [如图 7-10（c）]。按照线性相位 FIR 的条件，

因为 $h_d(n)$ 是以 τ 为对称中心的偶对称序列，则 $h(n)$ 也必须是以 τ 为对称中心的偶对称序列，对称中心等于滤波器的时延常数 $\tau=(N-1)/2$，故有

$$\begin{cases}h(n)=h_d(n)R_N(n)\\ \tau=(N-1)/2\end{cases} \tag{7.31}$$

2. 吉布斯（Gibbs）效应

对式（7.31）进行傅里叶变换，求得矩形窗截取后滤波器的频率响应为

$$H(e^{j\omega})=\frac{1}{2\pi}\sum_{n=-\infty}^{\infty}[h(n)e^{-j\omega n}]=\frac{1}{2\pi}\sum_{n=-\infty}^{\infty}\{[h_d(n)R_N(n)]e^{-j\omega n}\} \tag{7.32}$$

根据频域卷积定理，得

$$H(e^{j\omega})=\frac{1}{2\pi}\int_{-\pi}^{\pi}[H_d(e^{j\theta})W(e^{j(\omega-\theta)})]d\theta \tag{7.33}$$

其中矩形窗函数 $W(n)$ 频谱为

$$W(e^{j\omega})=\mathrm{FT}[w(n)]=\sum_{n=0}^{N-1}e^{-j\omega n}=e^{-j\omega\left(\frac{N-1}{2}\right)}\ \frac{\sin(\omega N/2)}{\sin(\omega/2)} \tag{7.34}$$

用幅度和相位函数表示为

$$W(e^{j\omega})=W_R(\omega)e^{-j\left(\frac{N-1}{2}\right)\omega} \tag{7.35}$$

其中幅度函数为

$$W_R(\omega)=\frac{\sin(\omega N/2)}{\sin(\omega/2)} \tag{7.36}$$

为矩形窗的幅度响应，如图 7－11 所示。主瓣宽度为 $4\pi/N$ 。

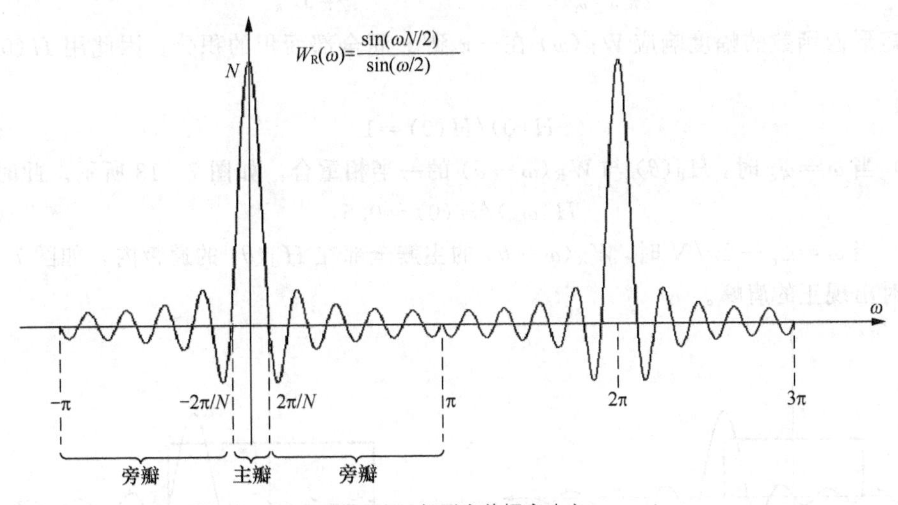

图 7－11 矩形窗的幅度响应

将理想低通滤波器的频率响应 $H_d(e^{j\omega})$ 表示为

$$H_d(e^{j\omega})=H_d(\omega)e^{-j\alpha\omega} \tag{7.37}$$

则理想低通滤波器的幅度响应如图 7－12 所示，为

$$H_d(\omega)=\begin{cases}1, & |\omega|\leqslant\omega_c\\ 0, & \omega_c<|\omega|\leqslant\pi\end{cases} \tag{7.38}$$

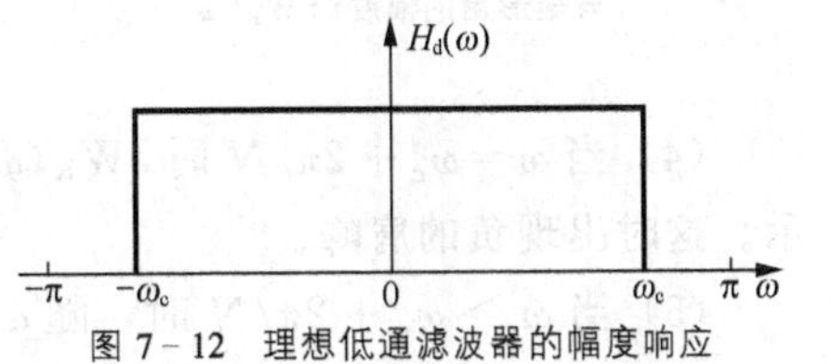

图 7－12 理想低通滤波器的幅度响应

将式（7.34）和式（7.38）代入式（7.33）得

$$
\begin{aligned}
H(e^{j\omega}) &= \frac{1}{2\pi}\int_{-\pi}^{\pi}[H_d(e^{j\theta})W(e^{j(\omega-\theta)})]d\theta \\
&= \frac{1}{2\pi}\int_{-\pi}^{\pi}[H_d(\theta)e^{-j\alpha\theta}W_R(\omega-\theta)e^{-j(\omega-\theta)(\frac{N-1}{2})}]d\theta
\end{aligned} \tag{7.39}
$$

再根据式（7.31)，得

$$
\begin{aligned}
H(e^{j\omega}) &= \frac{1}{2\pi}\int_{-\pi}^{\pi}[H_d(\theta)e^{-j\alpha\theta}W_R(\omega-\theta)e^{-j(\omega-\theta)\tau}]d\theta \\
&= e^{-j\omega\tau}\left\{\frac{1}{2\pi}\int_{-\pi}^{\pi}[H_d(\theta)W_R(\omega-\theta)]d\theta\right\} \\
&= H(\omega)e^{j\varphi(\omega)}
\end{aligned} \tag{7.40}
$$

其中 $H(\omega)$ 为设计的低通滤波器频谱 $H(e^{j\omega})$ 的幅度响应，$\varphi(\omega)$ 为相位响应，且

$$
\begin{cases}
H(\omega) = \dfrac{1}{2\pi}\displaystyle\int_{-\pi}^{\pi}[H_d(\theta)W_R(\omega-\theta)]d\theta \\
\varphi(\omega) = -\omega\tau = -\left(\dfrac{N-1}{2}\right)\omega
\end{cases} \tag{7.41}
$$

该式说明设计的滤波器的幅度响应 $H(\omega)$ 是矩形窗函数的幅度响应 $W_R(\omega)$ 与理想低通滤波器的幅度响应 $H_d(\omega)$ 的卷积。

下面分析式（7.41）中幅度的卷积过程

（1）当 $\omega=0$ 时

$$
H(0) = \frac{1}{2\pi}\int_{-\omega_c}^{\omega_c} 1\cdot W_R(-\theta)d\theta \approx \frac{1}{2\pi}\int_{-\pi}^{\pi}W_R(\theta)d\theta \tag{7.42}
$$

也就是矩形窗函数的幅度响应 $W_R(\omega)$ 在 $-\pi$ 到 π 间全部面积的积分。因此用 $H(0)$ 归一化，得

$$
H(0)/H(0) = 1 \tag{7.43}
$$

（2）当 $\omega=\omega_c$ 时，$H_d(\theta)$ 与 $W_R(\omega-\theta)$ 的一半相重合，如图 7－13 所示。此时，有

$$
H(\omega_c)/H(0) = 0.5 \tag{7.44}
$$

（3）当 $\omega=\omega_c-2\pi/N$ 时，$W_R(\omega-\theta)$ 的主瓣全部在 $H_d(\theta)$ 的通带内，如图 7－14 所示。这时出现正的肩峰。

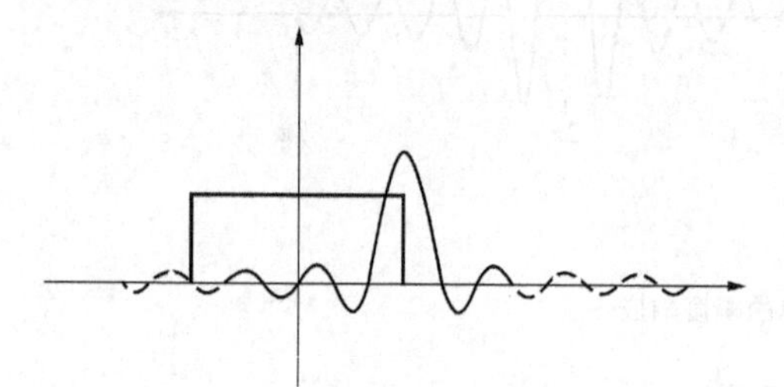

图 7－13　当 $\omega=\omega_c$ 时的理想低通滤波器幅度谱与矩形窗的幅度谱 $W_R(\omega-\theta)$

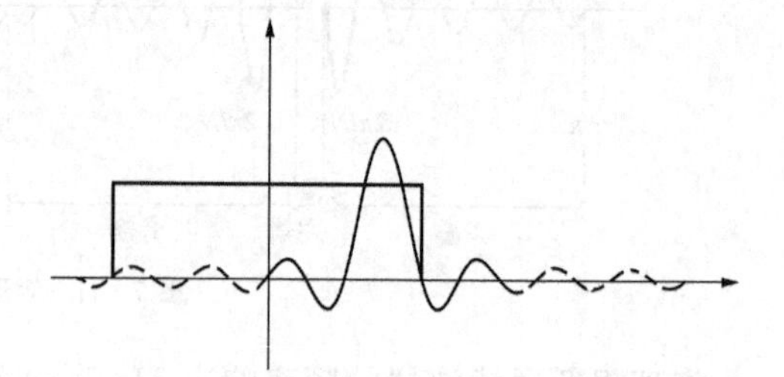

图 7－14　当 $\omega=\omega_c-2\pi/N$ 时理想低通滤波器幅度谱与矩形窗的幅度谱 $W_R(\omega-\theta)$

（4）当 $\omega=\omega_c+2\pi/N$ 时，$W_R(\omega-\theta)$ 的主瓣全部在 $H_d(\theta)$ 的通带外，如图 7－15 所示。这时出现负的肩峰。

（5）当 $\omega>\omega_c+2\pi/N$ 时，随 ω 增加，$W_R(\omega-\theta)$ 的左边旁瓣的起伏部分扫过通带，

卷积结果 $H(\omega)$ 也随着 $W_R(\omega-\theta)$ 的旁瓣在通带内的面积变化而变化，故 $H(\omega)$ 将围绕着零值而波动。

(6) 当 $\omega<\omega_c-2\pi/N$ 时，$W_R(\omega-\theta)$ 的右边旁瓣的起伏部分将进入 $H_d(\theta)$ 的通带，卷积结果 $H(\omega)$ 也随着 $W_R(\omega-\theta)$ 的右边旁瓣在通带内的面积变化而变化，故 $H(\omega)$ 将围绕着 $H(0)$ 值而波动。

卷积结果如图 7-16 所示。可见加矩形窗处理后，得到的FIR滤波器幅度响应有以下特点。

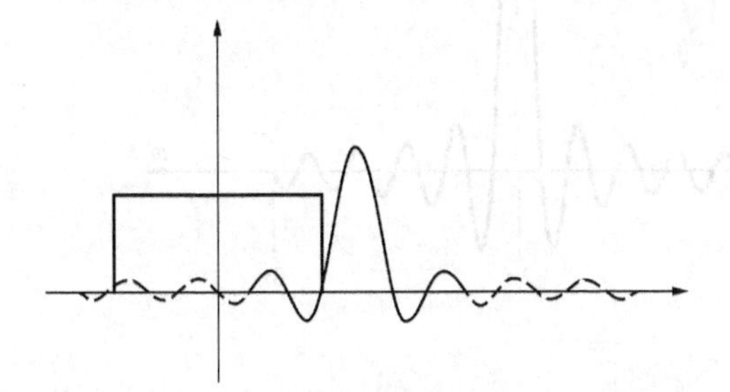

图 7-15　当 $\omega=\omega_c+2\pi/N$ 时理想低通滤波器幅度谱与矩形窗的幅度谱 $W_R(\omega-\theta)$

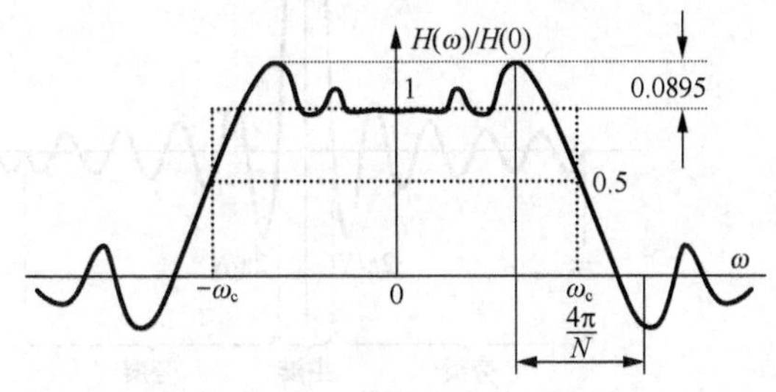

图 7-16　矩形窗截取后的 FIR 滤波器幅度谱 $[H(\omega)/H(0)]$

①在 ω_c 处形成一个宽度为 $4\pi/N$ 的过渡带，宽度正好等于矩形窗幅度响应的主瓣宽度；

②在截止频率 ω_c 的两边的 $\omega=\omega_c\pm2\pi/N$ 处，设计的滤波器的幅度响应 $H(\omega)$ 出现最大的肩峰值；

③在 $|\omega|>\omega_c+2\pi/N$ 和 $|\omega|<\omega_c-2\pi/N$ 情况下，幅度响应 $H(\omega)$ 波动振荡，其振荡幅度取决于旁瓣的相对幅度，而振荡的多少则取决于旁瓣的多少；

④从窗函数幅度谱 $W_R(\omega)=\dfrac{\sin(N\omega/2)}{\sin(\omega/2)}$ 的图 7-11 可见，改变 N 值能够改变 $W_R(\omega)$ 的绝对值的大小、主瓣宽度 $4\pi/N$ 和旁瓣开始位置 $\pm2\pi/N$；

⑤最大肩峰值恒为：$\max[H(\omega)/H(0)]=8.95\%$。当 N 增加，$\dfrac{4\pi}{N}$ 减小，起伏振荡变密。无论如何改变 N 值，都不会改变 FIR 滤波器幅度响应 $H(\omega)$ 的最大相对肩峰值，这个最大相对肩峰值总是 8.95%，这就是吉布斯（Gibbs）效应。

最大尖峰值影响到设计的 FIR 滤波器幅度响应通带和阻带的相对衰减，从上面分析可见，正因为采用矩形窗函数存在吉布斯效应，使得最大相对肩峰值总是 8.95%，造成阻带最小衰减只有 21dB 左右，因此，为了取得较好的频率特性的 FIR 滤波器，采用窗函数法设计 FIR 滤波器时很少采用矩形窗，而采用其他窗函数。

7.2.2　窗函数序列及其特性

1. 矩形窗

$$w(n)=R_N(n) \tag{7.45}$$

频率响应

$$W(e^{j\omega})=W_R(\omega)e^{-j\left(\frac{N-1}{2}\right)\omega} \tag{7.46}$$

其中幅度函数为

$$W_R(\omega)=\frac{\sin(\omega N/2)}{\sin(\omega/2)} \tag{7.47}$$

为矩形窗的幅度响应，如图 7－17 所示。主瓣宽度为 $4\pi/N$ 。

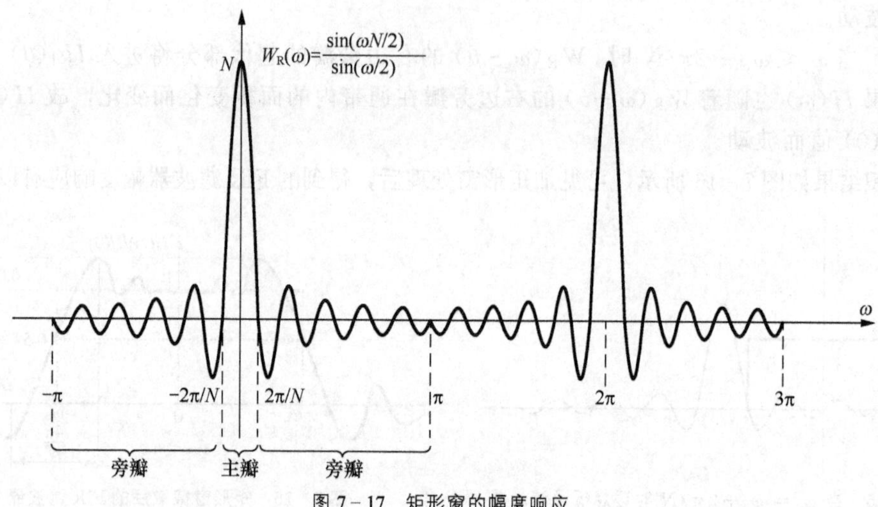

图 7－17 矩形窗的幅度响应

2. Bartlett 窗和三角窗

（1）Bartlett 窗

$$w(n)=\begin{cases}\dfrac{2n}{N-1}, & 0\leqslant n\leqslant\dfrac{N-1}{2}\\ 2-\dfrac{2n}{N-1}, & \dfrac{N-1}{2}<n\leqslant N-1\end{cases}\tag{7.48}$$

其中当 $(N-1)/2$ 不为整数时进行四舍五入。Bartlett 窗如图 7－18（a）和（b）。其频率响应为

$$W(e^{j\omega})=\frac{2}{N-1}\left\{\frac{\sin\left[\left(\dfrac{N-1}{4}\right)\omega\right]}{\sin\left(\dfrac{\omega}{2}\right)}\right\}^2 e^{-j\left(\frac{N-1}{2}\right)\omega}\tag{7.49}$$

当 $N\gg1$ 时

$$W(e^{j\omega})\approx\frac{2}{N}\left\{\frac{\sin\left(\dfrac{N\omega}{4}\right)}{\sin\left(\dfrac{\omega}{2}\right)}\right\}^2 e^{-j\left(\frac{N-1}{2}\right)\omega}\tag{7.50}$$

第一对零点为 $\dfrac{N\omega}{4}=\pm\pi$，即 $\omega=\pm\dfrac{4\pi}{N}$ 处，所以主瓣宽度为 $\dfrac{8\pi}{N}$，比矩形窗宽一倍。

（2）三角形窗：

$$w(n)=\begin{cases}N\text{ 为奇数}\begin{cases}\dfrac{2(n+1)}{N+1}, & 0\leqslant n\leqslant\dfrac{N-1}{2}\\ 2-\dfrac{2(n+1)}{N+1}, & \dfrac{N-1}{2}<n\leqslant N-1\end{cases}\\ N\text{ 为偶数}\begin{cases}\dfrac{2n+1}{N}, & 0\leqslant n\leqslant\dfrac{N-2}{2}\\ 2-\dfrac{2n+1}{N}, & \dfrac{N}{2}\leqslant n\leqslant N-1\end{cases}\end{cases}\tag{7.51}$$

三角形窗如图 7－18（c）和（d）。尽管相同长度 N 的 Bartlett 窗与三角形窗类似，但还是有些区别，二者的主瓣宽度都约为 $\frac{8\pi}{N}$。

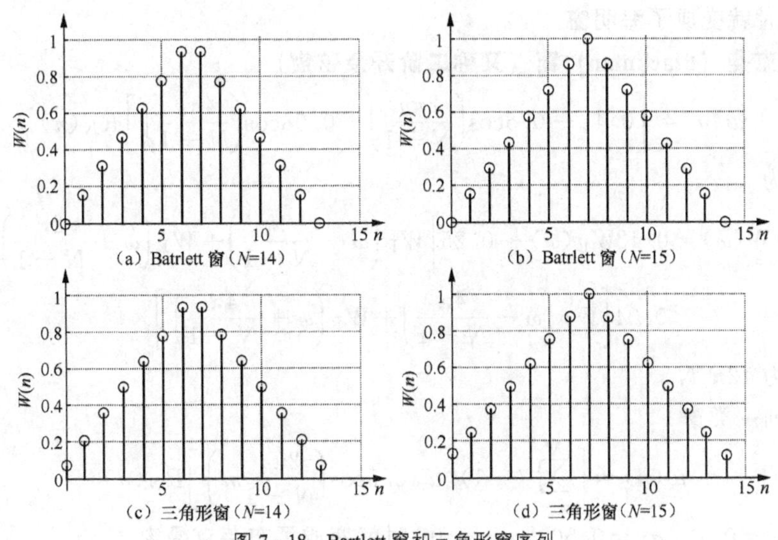

图 7－18　Bartlett 窗和三角形窗序列

3. 汉宁（Hanning）窗（又称升余弦窗）

$$w(n)=\frac{1}{2}\left[1-\cos\left(\frac{2n\pi}{N-1}\right)\right]R_{\mathrm{N}}(n) \tag{7.52}$$

其频率响应为

$$W(\mathrm{e}^{\mathrm{j}\omega})=W(\omega)\mathrm{e}^{-\mathrm{j}\left(\frac{N-1}{2}\right)\omega} \tag{7.53}$$

其中幅度函数

$$W(\omega)=0.5W_{\mathrm{R}}(\omega)+0.25\left[W_{\mathrm{R}}\left(\omega-\frac{2\pi}{N}\right)+W_{\mathrm{R}}\left(\omega+\frac{2\pi}{N}\right)\right] \tag{7.54}$$

其中 $W_R(\omega)$ 如式（7.47）为矩形窗幅度谱。

与矩形窗相比，汉宁窗的能量在主瓣更加集中，汉宁窗的主瓣宽度比矩形窗增加一倍主瓣宽度达到 $8\pi/N$。

对于下列一类窗

$$\begin{cases} w(n)=\left[\cos^{\alpha}\left(\dfrac{n\pi}{N-1}\right)\right]R_{\mathrm{N}}(n) \\ w(n)=\left[\sin^{\alpha}\left(\dfrac{n\pi}{N-1}\right)\right]R_{\mathrm{N}}(n) \end{cases} \tag{7.55}$$

当 $\alpha=2$ 时就变成了汉宁窗。

4. 海明（Hamming）窗（又称改进的升余弦窗）

$$w(n)=\left[0.54-0.46\cos\left(\frac{2\pi n}{N-1}\right)\right]R_{\mathrm{N}}(n) \tag{7.56}$$

其中幅度响应为

$$W(\omega)=0.54W_{\mathrm{R}}(\omega)+0.23\left[W_{\mathrm{R}}\left(\omega-\frac{2\pi}{N}\right)+W_{R}\left(\omega+\frac{2\pi}{N}\right)\right],\ N\geqslant 1 \tag{7.57}$$

其主瓣宽度为 $8\pi/N$，旁瓣峰值小于主瓣峰值的 1%。

对于下列一类窗

$$w(\omega)=\left[\alpha-(1-\alpha)\cos\left(\frac{2\pi n}{N-1}\right)\right]R_N(n) \tag{7.58}$$

当 $\alpha=0.54$ 时就变成了海明窗。

5. 布莱克曼（Blackman）窗（又称二阶升余弦窗）

$$w(n)=\left[0.42-0.5\cos\left(\frac{2\pi n}{N-1}\right)+0.08\cos\left(\frac{4\pi n}{N-1}\right)\right]R_N(n) \tag{7.59}$$

其幅度响应为

$$\begin{aligned}W(\omega)=&0.42W_R(\omega)+0.25\left[W_R\left(\omega-\frac{2\pi}{N-1}\right)+W_R\left(\omega+\frac{2\pi}{N-1}\right)\right]+\\&0.04\left[W_R\left(\omega-\frac{4\pi}{N-1}\right)+W_R\left(\omega+\frac{4\pi}{N-1}\right)\right]\end{aligned} \tag{7.60}$$

其主瓣宽度为 $12\pi/N$。

对于下列一类窗

$$w(n)=\left[\sum_{m=0}^{M}(-1)^m a_m 0.5\cos\left(\frac{2\pi n}{N-1}m\right)\right]R_N(n) \tag{7.61}$$

当 $M=2$，$\alpha_0=0.42$，$\alpha_1=0.50$，$\alpha_2=0.08$ 时就变成了布莱克曼窗。

图 7-19 所示为五种窗函数的时域包络比较，其中 $N=51$；图 7-20 所示为五种窗函数的频域幅度谱比较，图 7-21 所示为通过这五种窗函数截取同一理想低通滤波器后的线性相位 FIR 滤波器的幅度谱（$N=51$，截止频率 $\omega_c=0.5\pi$）。

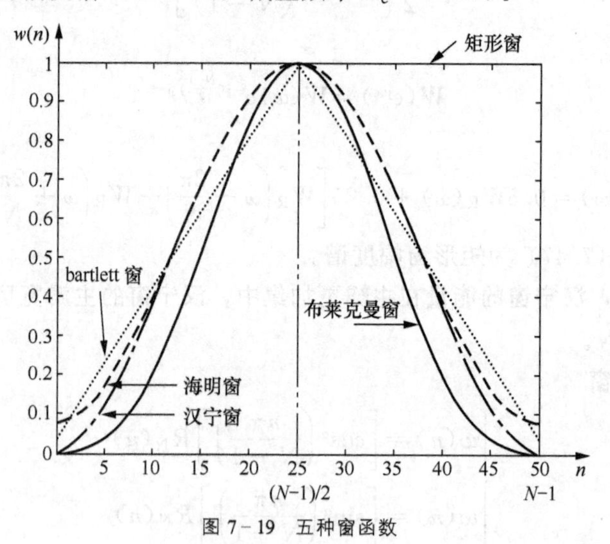

图 7-19　五种窗函数

6. 凯泽窗

$$w(n)=\frac{I_0\left(\beta\sqrt{1-[1-2n/(N-1)]^2}\right)}{I_0(\beta)},\quad 0\leqslant n\leqslant N-1 \tag{7.62}$$

其中 $I_0(.)$ 是第一类修正零阶贝塞尔函数：$I_0(x)=1+\sum\limits_{k=1}^{\infty}\left[\frac{1}{k!}\left(\frac{x}{2}\right)^k\right]^2$，一般取 15～25 项就可以满足精度要求。$\beta$ 是一个可选参数，用来同时调整主瓣宽度与旁瓣衰减，一般 β 越大，过渡带越宽，窗越窄，频谱旁瓣越小，而主瓣相应增加，阻带越小，衰减也越大。

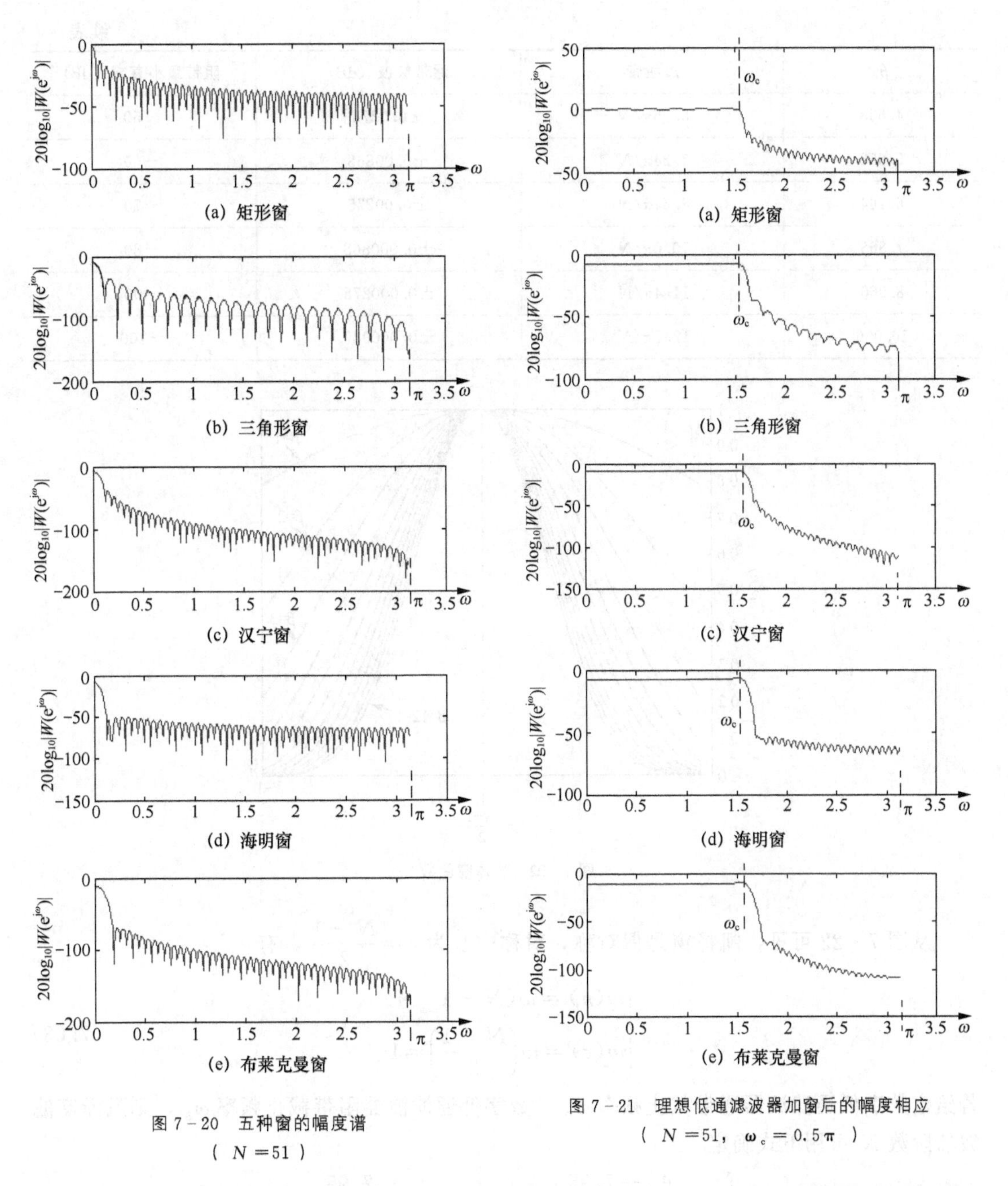

图 7-20 五种窗的幅度谱（$N=51$）

图 7-21 理想低通滤波器加窗后的幅度相应（$N=51$，$\omega_c=0.5\pi$）

当 $\beta=0$ 时相当于矩形窗，通常取 $4<\beta<9$。如图 7-22 所示。参数 β 对滤波器的性能影响见表 7-2。

表 7-2 凯泽窗参数 β 对滤波器的性能影响

β	过渡带	通带纹波（dB）	阻带最小衰减（dB）
2.120	$3.00\pi/N$	±0.27	−30
3.384	$4.46\pi/N$	±0.0868	−40

续表

β	过渡带	通带纹波（dB）	阻带最小衰减（dB）
4.538	5.86π/N	±0.0274	−50
5.658	7.24π/N	±0.00868	−60
6.764	8.64π/N	±0.00275	−70
7.865	10.0π/N	±0.000868	−80
8.960	11.4π/N	±0.000275	−90
10.056	12.8π/N	±0.000087	−100

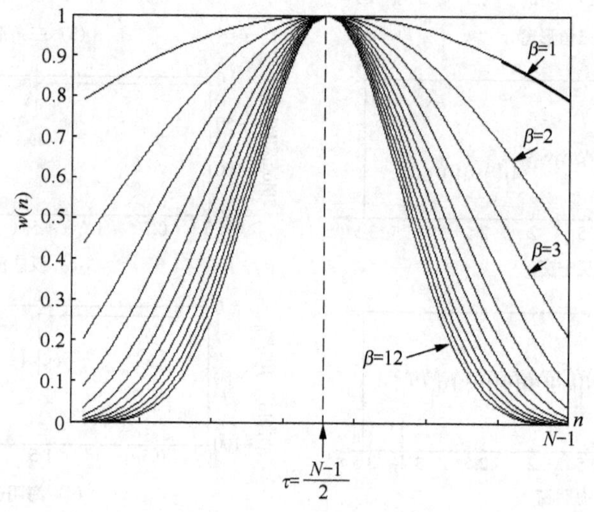

图 7-22　凯泽窗函数

从图 7-22 可见，凯择窗是偶对称，对称中心为 $\tau=\dfrac{N-1}{2}$，有

$$\begin{cases}w(n)=w(N-1-n)\\ w(\tau)=w\left(\dfrac{N-1}{2}\right)=1\end{cases}\tag{7.63}$$

若给定数字低通滤波器通带截止频率 ω_p，数字低通滤波器阻带截止频率 ω_s，则凯泽窗滤波器阶数 N 可用下式确定

$$\begin{cases}N=\dfrac{A_s-7.95}{2.286\Delta\omega}+1\ 或\ N=\dfrac{A_s-7.95}{14.36\Delta f}+1\\ \Delta\omega=\omega_s-\omega_p\\ \omega=2\pi f\end{cases}\tag{7.64}$$

如果已知阻带最小衰减 A_s(dB)，则凯泽窗的 β 参数可以用下列经验公式确定

$$\beta=\begin{cases}0.1102(A_s-8.7),\ A_s>50\\ 0.5842(A_s-21)^{0.4}+0.07886(A_s-21),\ 21\leqslant A_s\leqslant 50\\ 0,\ A_s<21\end{cases}\tag{7.65}$$

各种窗函数基本性能比较见表 7-3 。

表 7-3　各种窗函数基本性能比较

窗函数	窗谱性能		加窗后滤波器性能指标	
	旁瓣峰值（dB）	主瓣宽度（×2π/N）	过渡带宽 Δω（×2π/N）	阻带最小衰减（dB）
矩形窗	−13	2	0.9	−21
三角形窗（巴特列特窗）	−25	4	2.1	−25
汉宁窗	−31	4	3.1	−44
海明窗	−41	4	3.3	−53
布拉克曼窗	−57	6	5.5	−74
凯泽窗（β=7.865）	−57		5	−80

窗函数方法设计 FIR 滤波器的总体思路概括如下。

（1）给定要求设计的滤波器频率响应函数 $H_{\mathrm{d}}(\mathrm{e}^{\mathrm{j}\omega})$；

（2）求傅里叶反变换，得到序列：$H_{\mathrm{d}}(n)=\dfrac{1}{2\pi}\displaystyle\int_{-\pi}^{\pi}H_{\mathrm{d}}(\mathrm{e}^{\mathrm{j}\omega})\mathrm{e}^{\mathrm{j}n\omega}\mathrm{d}\omega$；

（3）由过渡带宽及阻带最小衰减等要求，用表 7-2 和表 7-3，选定窗 $w(n)$ 的形状（例如矩形窗等）及 N；

（4）用选定窗求得 FIR 滤波器：$h(n)=H_{\mathrm{d}}(n)w(n)$；

（5）求 FIR 滤波器的频谱 $H(\mathrm{e}^{\mathrm{j}\omega})=\dfrac{1}{2\pi}\displaystyle\sum_{n=-\infty}^{\infty}h(n)\mathrm{e}^{-\mathrm{j}\omega n}$；

（6）检验 FIR 滤波器是否满足指标要求，若不满足则转步骤（3）重新设计。

【例 7-1】 用三角窗设计一个线性相位的低通数字滤波器，已知 $\omega_{\mathrm{c}}=0.2\pi$，过渡带宽 $\Delta\omega=0.381\pi$，求 $h(n)$ 和幅度响应 $|H(\mathrm{e}^{\mathrm{j}\omega})|$。

解：（1）求理想低通数字滤波器的单位脉冲响应 $H_{\mathrm{d}}(n)$

$$H_{\mathrm{d}}(n)=\frac{1}{2\pi}\int_{-\omega_{\mathrm{c}}}^{\omega_{\mathrm{c}}}\mathrm{e}^{-\mathrm{j}\alpha\omega}.\mathrm{e}^{\mathrm{j}n\omega}\mathrm{d}\omega=\frac{\sin[\omega_{\mathrm{c}}(n-\alpha)]}{\pi(n-\alpha)}$$

（2）根据三角窗的过渡带宽（表 7-3 主瓣宽度）

$$\Delta\omega=\frac{8\pi}{N}\Rightarrow N=\frac{8\pi}{\Delta\omega}=21$$

（3）确定时延 α

$$\alpha=\frac{N-1}{2}=10$$

（4）利用式（7.51）得到三角窗

$$w(n)=\begin{cases}\dfrac{n+1}{11}, & 0\leqslant n\leqslant 10\\[2ex] 2-\dfrac{n+1}{11}, & 10<n\leqslant 20\end{cases}$$

（5）FIR 滤波器单位脉冲响应

$$h(n)=H_{\mathrm{d}}(n)w(n)=\begin{cases}\dfrac{n+1}{11}\dfrac{\sin[0.2\pi(n-10)]}{\pi(n-10)}, & 0\leqslant n<10\\ 1, & n=10\\ \left(2-\dfrac{n+1}{11}\right)\dfrac{\sin[0.2\pi(n-10)]}{\pi(n-10)}, & 10<n\leqslant 20\end{cases}$$

(6) 求频率响应

$$|H(\mathrm{e}^{\mathrm{j}\omega})|=\left|\sum_{n=0}^{20}h(n)\mathrm{e}^{-\mathrm{j}n\omega}\right|$$

运行下列MATLAB程序：

```
clear;
N=21;
pi=3.1415926;
for n=0:20
   if n<10
      h(n+1)=(n+1)/11.*sin(0.2*pi.*(n-10))/(pi.*(n-10));
   else
      if n==10
         h(n+1)=1;
      else
h(n+1)=(2-(n+1)/11).*sin(0.2*pi.*(n-10))/(pi.*(n-10));
end
   end
end
n=0:20;
stem(n,h);grid on;
xlabel('n');ylabel('h(n)');
figure;
freqz(h,1);
```

输入序列如图7-23所示，输出频率特性如图7-24所示。可见阻带衰减很小，因而仅仅用三角窗近似也无法满足一般设计指标对衰减的要求。

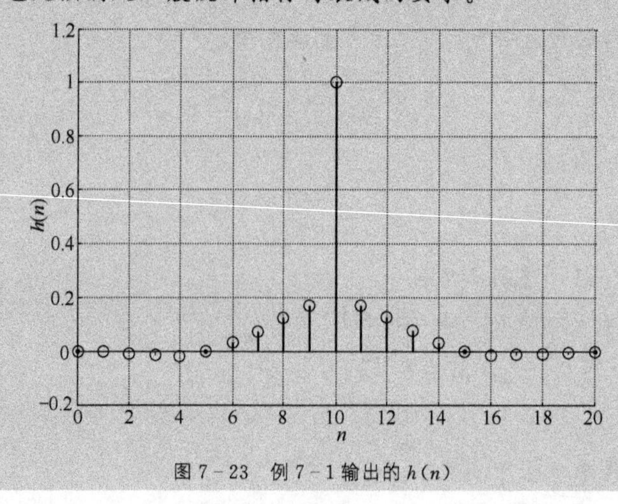

图7-23 例7-1输出的$h(n)$

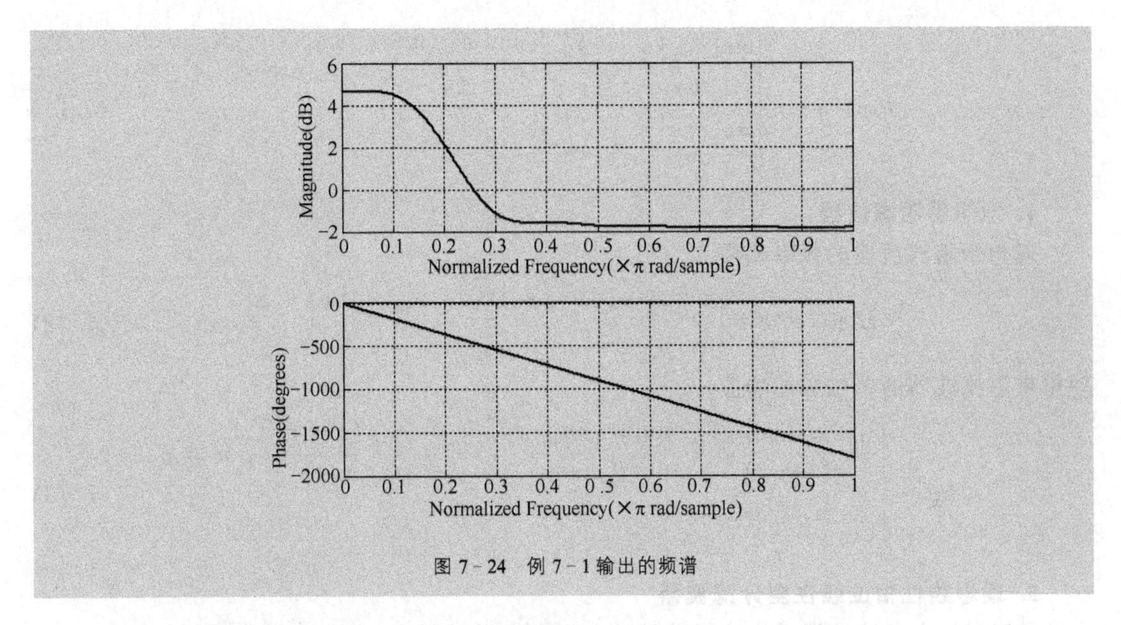

图 7-24 例 7-1 输出的频谱

7.2.3 理想滤波器及其单位脉冲响应

1. 理想低通滤波器

理想低通滤波器的频率响应

$$H_{\mathrm{dLP}}(\mathrm{e}^{\mathrm{j}\omega})=\begin{cases}\mathrm{e}^{-\mathrm{j}\omega\tau}, & 0\leqslant|\omega|\leqslant\omega_{\mathrm{c}}\\ 0, & |\omega|>\omega_{\mathrm{c}}\end{cases}\tag{7.66}$$

理想低通滤波器的单位脉冲响应：

$$h_{\mathrm{dLP}}(n)=\begin{cases}\dfrac{\sin[\omega_{\mathrm{c}}(n-\tau)]}{\pi(n-\tau)}, & n\neq\tau\\ \dfrac{\omega_{\mathrm{c}}}{\pi}, & n=\tau\end{cases}\tag{7.67}$$

2. 理想高通滤波器

理想高通滤波器的频率响应

$$H_{\mathrm{dHP}}(\mathrm{e}^{\mathrm{j}\omega})=\begin{cases}\mathrm{e}^{-\mathrm{j}\omega\tau}, & \omega_{\mathrm{c}}\leqslant|\omega|<\pi\\ 0, & 0\leqslant\omega\leqslant\omega_{\mathrm{c}}\end{cases}\tag{7.68}$$

理想高通滤波器的单位脉冲响应

$$h_{\mathrm{dHP}}(n)=\begin{cases}\dfrac{\{\sin[\pi(n-\tau)]-\sin[\omega_{\mathrm{c}}(n-\tau)]\}}{\pi(n-\tau)}, & n\neq\tau\\ 1-\dfrac{\omega_{\mathrm{c}}}{\pi}, & n=\tau\end{cases}\tag{7.69}$$

3. 理想带通滤波器

理想带通滤波器的频率响应

$$H_{\mathrm{dBP}}(\mathrm{e}^{\mathrm{j}\omega})=\begin{cases}\mathrm{e}^{-\mathrm{j}\omega\tau}, & \omega_{c2}\geqslant|\omega|\geqslant\omega_{c1}\\ 0, & \omega_{c1}>|\omega|\geqslant 0,\ \omega_{c2}<|\omega|<\pi\end{cases}\tag{7.70}$$

理想带通滤波器的单位脉冲响应

$$h_{\mathrm{dBP}}(n)=\begin{cases}\dfrac{\sin[\omega_{c_2}(n-\tau)]}{\pi(n-\tau)}-\dfrac{\sin[\omega_{c_1}(n-\tau)]}{\pi(n-\tau)},\ n\neq\tau\\ \dfrac{\omega_{c_2}-\omega_{c_1}}{\pi},\ n=\tau\end{cases}\tag{7.71}$$

4. 理想带阻滤波器

理想带阻滤波器的频率响应

$$H_{\mathrm{dBS}}(\mathrm{e}^{\mathrm{j}\omega})=\begin{cases}\mathrm{e}^{-\mathrm{j}\omega\tau},\ \omega_{\mathrm{c1}}\geqslant|\omega|\geqslant 0,\ \omega_{\mathrm{c2}}\leqslant|\omega|\leqslant\pi\\ 0,\ \omega_{\mathrm{c2}}>|\omega|>\omega_{\mathrm{c1}}\end{cases}\tag{7.72}$$

理想带阻滤波器的单位脉冲响应

$$h_{\mathrm{dBS}}=\begin{cases}\dfrac{\sin[\pi(n-\tau)]}{\pi(n-\tau)}+\dfrac{\sin[\omega_{\mathrm{c1}}(n-\tau)]}{\pi(n-\tau)}-\dfrac{\sin[\omega_{\mathrm{c2}}(n-\tau)]}{\pi(n-\tau)},\ n\neq\tau\\ 1-\dfrac{\omega_{\mathrm{c2}}-\omega_{\mathrm{c1}}}{\pi},\ n=\tau\end{cases}\tag{7.73}$$

5. 理想线性相位线性差分滤波器

数字线性差分滤波器是幅度函数随数字频率 ω 成线性变化。

理想线性相位线性差分滤波器（相位、频率都随数字频率 ω 线性变换）频率响应

$$H_{\mathrm{d}}(\mathrm{e}^{\mathrm{j}\omega})=|H_{\mathrm{d}}(\omega)|\mathrm{e}^{-\mathrm{j}\varphi_{\mathrm{d}}(\omega)}=\mathrm{j}\omega\mathrm{e}^{-\mathrm{j}\varphi_{\mathrm{d}}(\omega)},\ |\omega|\leqslant\pi\tag{7.74}$$

其中幅度响应

$$H_{\mathrm{d}}(\omega)=\mathrm{j}\omega,\ |\omega|\leqslant\pi\tag{7.75}$$

由于线性差分滤波器的幅度随频率作线性变化，且关于 $\omega=0$ 处为奇对称，为了实现线性相位的特性，其单位脉冲响应为奇对称且节数 N 为奇数。所以相位响应为

$$\varphi_{\mathrm{d}}(\omega)=\begin{cases}-\omega\tau+\dfrac{\pi}{2},\ 0\leqslant\omega<\pi\\ -\omega\tau-\dfrac{\pi}{2},\ -\pi\leqslant\omega<0\end{cases}\tag{7.76}$$

理想线性相位线性差分器单位脉冲响应

$$h_{\mathrm{d}}(n)=\begin{cases}\dfrac{(-1)^{n-\tau}}{(n-\tau)},\ n\neq\tau\\ 0,\ n=\tau\end{cases}\tag{7.77}$$

为了获得线性相位的特性，其单位脉冲响应必须具有 $\tau=\dfrac{N-1}{2}$ 的延时，为保证 τ 为整数，N 必须为奇数。

6. 理想线性相位希尔伯特变换器（线性相位 90°移相器）

希尔伯特变换器的频率响应

$$H_{\mathrm{d}}(\mathrm{e}^{\mathrm{j}\omega})=\begin{cases}\mathrm{e}^{\mathrm{j}(-\frac{\pi}{2})}=-\mathrm{j},\ 0\leqslant\omega<\pi\\ \mathrm{e}^{\mathrm{j}(\frac{\pi}{2})}=\mathrm{j},\ -\pi\leqslant\omega<0\end{cases}\tag{7.78}$$

其单位脉冲响应

$$h_{\mathrm{d}}(n)=\frac{1-(-1)^n}{n\pi}=\begin{cases}\dfrac{2}{n\pi},\ n=\text{奇数}\\ 0,\ n=\text{偶数}\end{cases}\tag{7.79}$$

对于式（7.78）的有限长 N 的实现，为了获得线性相位的特性，其单位脉冲响应必须具有 $\tau=\dfrac{N-1}{2}$ 的延时，为保证 τ 为整数，N 必须为奇数。因此上式变为

$$h_{\mathrm{d}}(n)=\frac{1-(-1)^{n-\tau}}{(n-\tau)\pi}=\begin{cases}\dfrac{2}{(n-\tau)\pi}, & n-\tau=\text{奇数}\\ 0, & n-\tau=\text{偶数}\end{cases} \tag{7.80}$$

此时实际的相位响应为

$$\varphi(\omega)=\begin{cases}-\dfrac{\pi}{2}-\tau\omega, & 0\leqslant\omega<\pi\\ \dfrac{\pi}{2}-\tau\omega, & -\pi\leqslant\omega<0\end{cases} \tag{7.81}$$

7.2.4 MATLAB 中的窗函数

1. 矩形窗

调用格式：w=boxcar(n)

其中 n 为窗序列的长度。返回 n 点的矩形窗序列（列向量）。

2. 三角窗函数

调用格式：w=triang(n)

其中 n 为三角形窗序列的长度。返回 n 点的三角形窗序列（列向量）。

3. Bartlett 窗

调用格式：w=bartlett(n)

其中 n 为 Bartlett 窗序列的长度。返回 n 点的 Bartlett 窗序列（列向量）。

4. 汉明窗

调用格式：w=hamming(n)

其中 n 为汉明窗序列的长度。返回 n 点的汉明窗序列（列向量）。

5. 汉宁窗

调用格式：w=hanning(n)

其中 n 为汉宁窗序列的长度。返回 n 点的汉宁窗序列（列向量）。

6. 布莱克曼窗

调用格式：w=Blackman(n)

其中 n 为布莱克曼窗序列的长度。返回 n 点的布莱克曼窗序列（列向量）。

7. Chebyshev 窗

调用格式：w=chebwin(n,r)

其中 n 为 Chebyshev 窗序列的长度，r 为相对的旁瓣衰减（dB），若省略 r 则默认 r 取为 100dB。返回 n 点的 Chebyshev 窗序列（列向量）。

8. 高斯窗

调用格式：gausswin(n，ALPHA)

其中 n 为高斯窗序列的长度，ALPHA 为标准偏差的倒数，是衡量其傅里叶变换的宽度。随着 ALPHA 增加，窗口的宽度将减少。如果省略了，则 ALPHA 是 2.5。返回 n 点的高斯窗序列（列向量）。

9. 凯泽窗

调用格式：w=kaiser(n,beta)

其中 n 为凯泽窗序列的长度，beta 即可凯泽窗参数 β，若省略则默认为 0.5。返回 n 点的凯泽窗序列（列向量）。

10. window 函数

调用格式：window(@WNAME,N,opt)

返回 N 点的指定类型窗序列（列向量），通过@WNAME 指定窗类型，其中@WNAME 为以下所列的窗名称：

@bartlett	—Bartlett.
@barthannwin	—Modified Bartlett-Hanning 窗．
@blackman	—Blackman 窗．
@blackmanharris	—Minimum 4-term Blackman—Harris 窗．
@bohmanwin	—Bohman 窗．
@chebwin	—Chebyshev 窗．
@flattopwin	—Flat Top window.
@gausswin	—Gaussian 窗．
@hamming	—Hamming 窗．
@hann	—Hann 窗．
@kaiser	—Kaiser 窗．
@nuttallwin	—Nuttall defined minimum 4-term Blackman-Harris 窗．
@parzenwin	—指定 Parzen (de la Valle-Poussin) 窗．
@rectwi	—指定矩形窗．
@tukeywi	—指定 Tukey 窗．
@triang	—指定三角形窗．

【例 7-2】运行下列 MATLAB 代码

```
N=65;
w = window (@ blackmanharris,N);
w1 = window (@ hamming,N);
w2= window (@ gausswin,N,2.5);
plot (1: N, [w, w1, w2]); axis([1 N 0 1]);
legend ( 'Blackman-Harris','Hamming','Gaussian');
```

得到同时输出的三种窗，如图 7-25 所示。

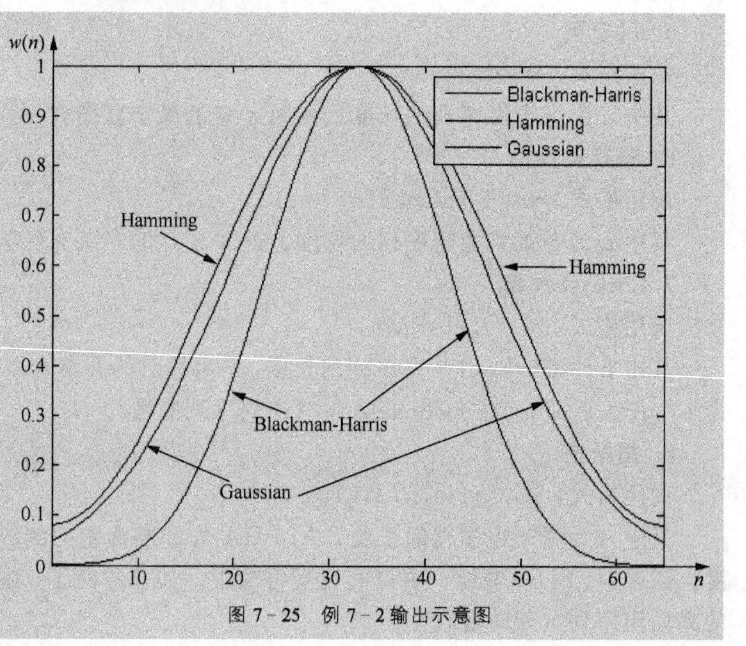

图 7-25 例 7-2 输出示意图

【例 7-3】用窗函数法设计 FIR 低通数字滤波器，要求抽样频率 $\Omega_s = 2\pi \times 10^4$（rad/s），通带截止频率 $\Omega_p = 2\pi \times 10^3$（rad/s），阻带起始频率 $\Omega_{st} = 2\pi \times 3 \times 10^3$（rad/s），阻带衰减不小于 -50dB。

解：(1) 求各指标对应的数字频率

由于数字频率 ω 和模拟频率 Ω 存在

$$\omega = \Omega T = \Omega / f_s = \frac{\Omega}{(\Omega_s / 2\pi)} = 2\pi \frac{\Omega}{\Omega_s}$$

所以通带截止频率　$\omega_p = 2\pi \dfrac{\Omega_p}{\Omega_s} = 0.2\pi$

阻带起始频率　$\omega_{st} = 2\pi \dfrac{\Omega_{st}}{\Omega_s} = 0.6\pi$

(2) 求理想低通滤波器的脉冲响应 $h_{dLP}(n)$

从理想线性相位低通滤波器的频谱出发

$$H_{dLP}(e^{j\omega}) = \begin{cases} e^{-j\omega\tau}, & |\omega| \leqslant \omega_c \\ 0, & |\omega| > \omega_c \end{cases} \tag{7.82}$$

理想低通滤波器截止频率为 ω_c，而设计题实际要求的截止频率存在过渡带，即存在通带截止频率 ω_p 和阻带起始频率 ω_{st}。可以取二者的平均作为近似值，即取

$$\omega_c \approx \frac{1}{2}(\omega_p + \omega_{st}) \tag{7.83}$$

经过计算得到：$\omega_c \approx \dfrac{1}{2}(\omega_p + \omega_{st}) = \dfrac{1}{2}(0.2\pi + 0.6\pi) = 0.4\pi$，再求 $H_{dLP}(e^{j\omega})$ 傅里叶反变换，得

$$\begin{aligned} h_{dLP}(n) &= \frac{1}{2\pi}\int_{-\pi}^{\pi}[e^{-j\omega\tau}e^{j\omega n}]d\omega = \frac{1}{2\pi}\int_{-\omega_c}^{\omega_c} e^{j\omega(n-\tau)}d\omega \\ &= \begin{cases} \dfrac{1}{\pi(n-\tau)}\sin[\omega_c(n-\tau)], & n \neq \tau \\ \dfrac{\omega_c}{\pi}, & n = \tau \end{cases} \end{aligned} \tag{7.84}$$

其中滤波器时延 τ 待定，如果通过窗函数截取设计得到有限长度为 N 的 FIR 滤波器，则

$$\tau = \frac{N-1}{2} \tag{7.85}$$

(3) 选择窗函数

根据阻带最小衰减要求不低于 -50dB，查表 7-1，表 7-2 可知可以选择海明窗或者凯泽窗满足该要求，性能指标分别为

$$\text{海明窗：}\begin{cases} \text{过渡带宽 } \Delta\omega = 3.3 \times 2\pi/N \\ \text{阻带最小衰减：} -53\text{dB} \end{cases} \tag{7.86}$$

$$\text{凯泽窗：}\begin{cases} \text{过渡带宽 } \Delta\omega = 5.86\pi/N \\ \text{阻带最小衰减：} -50\text{dB} \end{cases} \tag{7.87}$$

再根据题中设计要求的过渡带宽：$\Delta\omega = \omega_{st} - \omega_p = 0.4\pi$，由式 (7.86) 和式 (7.87) 计算设计的 FIR 的长度

海明窗：$N=\dfrac{3.3\times 2\pi}{0.4\pi}=16.5\leqslant 17$

凯泽窗：$N=\dfrac{5.86\pi}{0.4\pi}=14.65\leqslant 15$

由式（7.85）得到延时分别为：$\tau=8$ 和 $\tau=7$。

（4）求FIR滤波器的序列 $h(n)$

这里先选择海明窗计算 $h(n)$

$$w(n)=\left[0.54-0.46\cos\left(\frac{2\pi n}{N-1}\right)\right]R_N(n) \tag{7.88}$$

$$\begin{aligned}h_{\mathrm{dLP}}(n)&=\frac{1}{2\pi}\int_{-\pi}^{\pi}\left[\mathrm{e}^{-\mathrm{j}\omega\tau}\mathrm{e}^{\mathrm{j}\omega n}\right]\mathrm{d}\omega=\frac{1}{2\pi}\int_{-\omega_c}^{\omega_c}\mathrm{e}^{\mathrm{j}\omega(n-\tau)}\mathrm{d}\omega\\&=\begin{cases}\dfrac{1}{\pi(n-\tau)}\sin[0.4\pi(n-\tau)], & n\neq\tau\\0.4, & n=\tau\end{cases}\end{aligned} \tag{7.89}$$

所以

$$\begin{aligned}h(n)&=h_{\mathrm{dLP}}(n)\cdot w(n)\\&=\begin{cases}\dfrac{1}{\pi(n-\tau)}\sin[0.4\pi(n-\tau)]\cdot\left[0.54-0.46\cos\left(\dfrac{2\pi n}{N-1}\right)\right], & n\neq\tau\\0.4\times\left[0.54-0.46\cos\left(\dfrac{2\pi n}{N-1}\right)\right], & n=\tau\end{cases}\end{aligned} \tag{7.90}$$

（5）根据FIR滤波器的 $h(n)$ 后，然后再求其频谱 $H(\mathrm{e}^{\mathrm{j}\omega})$

$$H(\mathrm{e}^{\mathrm{j}\omega})=\int_{-\infty}^{\infty}h(n)\mathrm{e}^{\mathrm{j}\omega n}\mathrm{d}\omega \tag{7.91}$$

运行下列MATLAB代码：

```
%窗函数法设计FIR滤波器
clear;
N=17;%改变N可以求得不同长度FIR
pi=3.1415926;
h=zeros(1,N);
t=(N-1)/2;
for n=0:N-1
  if n~=t
      h(n+1)=1/(pi*(n-t)).*sin(0.4*pi.*(n-t)).*(0.54-0.46*cos(2*pi.*n/(N-1)));
  else
      h(n+1)=0.4*(0.54-0.46*cos(2*pi*n/(N-1))) ;
  end
end
n=0:N-1;
stem(n,h);xlabel('n');ylabel('h(n)');grid on;
figure;
freqz(h,1);axis([0 1 -100 0]);
```

输出序列 $h(n)$ 和其频谱 $H(e^{j\omega})$ 分别见图 7－26 和图 7－27。

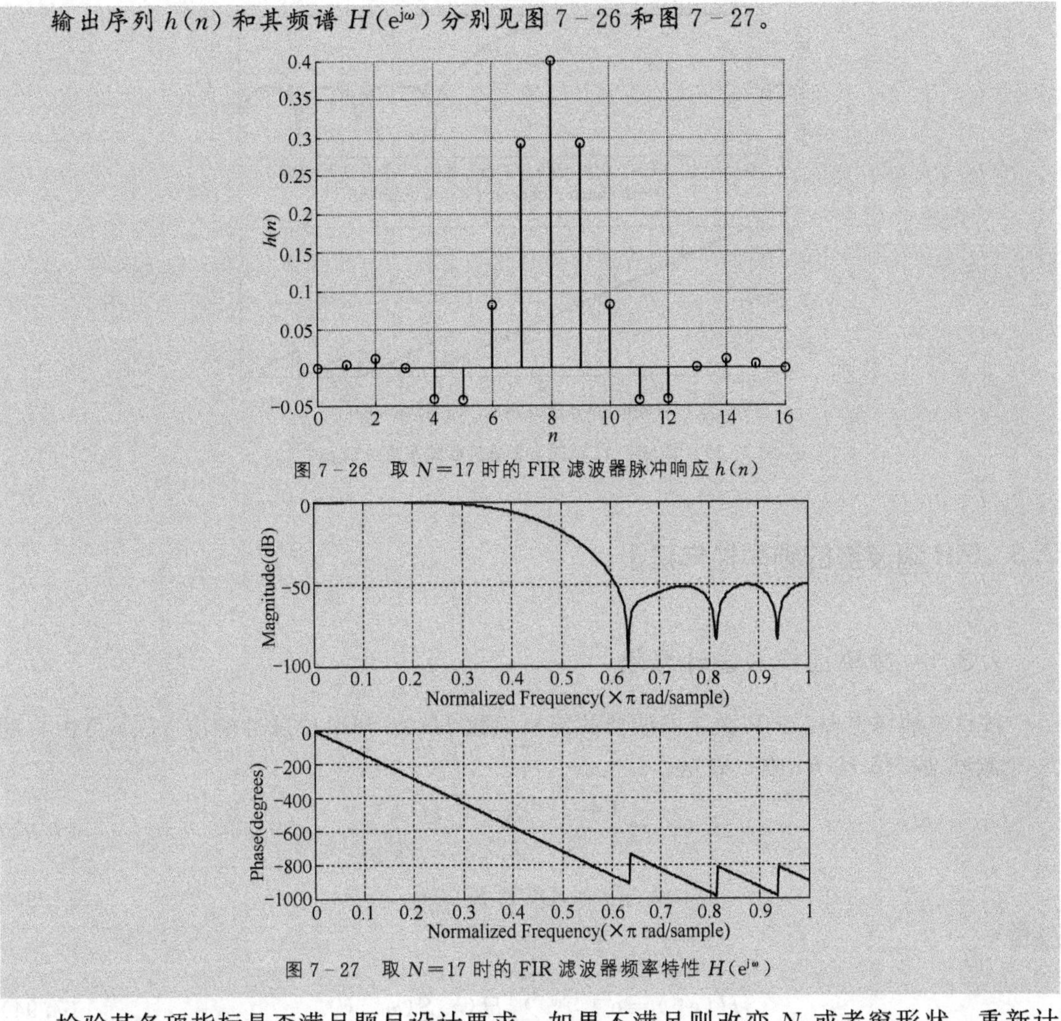

图 7－26　取 $N=17$ 时的 FIR 滤波器脉冲响应 $h(n)$

图 7－27　取 $N=17$ 时的 FIR 滤波器频率特性 $H(e^{j\omega})$

检验其各项指标是否满足题目设计要求，如果不满足则改变 N 或者窗形状，重新计算设计。由图 7－27 可见，过渡带满足要求，但在阻带截止频率 0.6π 处衰减不满足 -50dB。故需要重新设计。

改变 $N=18$，重新运行程序得到输出序列 $h(n)$ 和其频谱 $H(e^{j\omega})$ 分别见图 7－28 和图 7－29。可见，取 $N=18$ 时，设计满足指标要求。

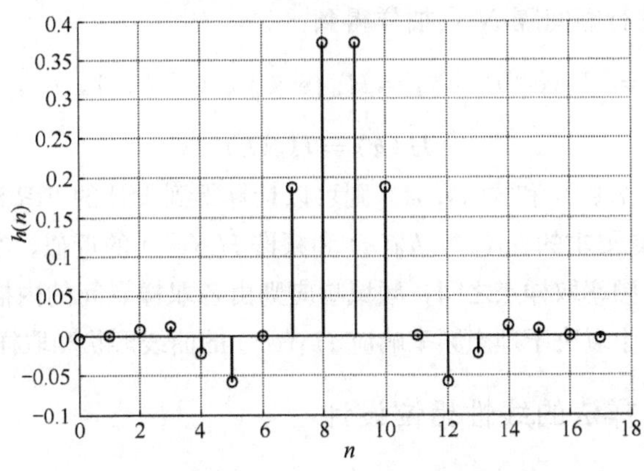

图 7－28　取 $N=18$ 时的 FIR 滤波器脉冲响应 $h(n)$

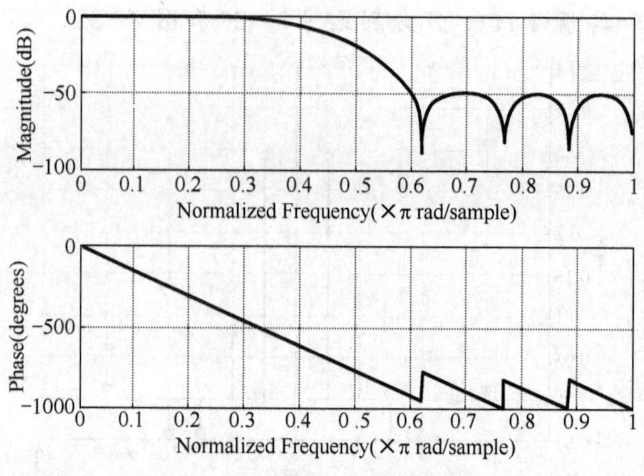

图 7-29 取 N = 18 时的 FIR 滤波器频率特性 $H(e^{j\omega})$

7.3 FIR 滤波器的频率抽样法设计

7.3.1 频率抽样法设计思想

按频域抽样定理，FIR 数字滤波器的传输函数 $H(z)$ 和单位脉冲响应 $h(n)$ 可由它的 N 个频域抽样值 $H(k)$ 唯一确定

$$H(z)=\frac{1-z^{-N}}{N}\sum_{k=0}^{N-1}\frac{H(k)}{1-e^{j\frac{2\pi k}{N}}z^{-1}} \tag{7.92}$$

$$h(n)=\mathrm{IDFT}[H(k)] \tag{7.93}$$

频谱

$$H(e^{j\omega})=e^{-j\frac{N-1}{2}\omega}\sum_{k=0}^{N-1}H(k)S(\omega,\ k) \tag{7.94}$$

其中内插函数

$$S(\omega,\ k)=e^{j(N-1)k\pi/N}\frac{\sin[N(\omega-2\pi k/N)/2]}{N\sin[(\omega-2\pi k/N)/2]} \tag{7.95}$$

假定要设计的 FIR 数字滤波器的理想频率响应为 $H_d(e^{j\omega})$，在频域对该要求设计的频率响应在 $0\sim 2\pi$ 范围进行等间隔 N 点抽样得到

$$H_d(k)=H_d(e^{j\omega})\Big|_{\omega=\frac{2\pi k}{N}}=H_d(e^{j\frac{2\pi k}{N}}),\ k=0,\ 1,\ \cdots,\ N-1 \tag{7.96}$$

$$H(k)=H_d(k)$$

再代入式（7.92）、式（7.93）和式（7.94）则可以计算得到设计的 FIR 滤波器的 $H(z)$、$h(n)$ 和频谱 $H(e^{j\omega})$，它们是要求的 $h_d(z)$、$h_d(n)$ 和频谱 $H_d(e^{j\omega})$ 的近似。在频域离散点，二者具有相同的频率响应，在频率取样点之间，频域响应则由各取样点间的内插函数加权确定。但存在逼近误差，误差的大小取决于理想频率响应 $H_d(e^{j\omega})$ 的曲线形状和取样点数 N 。

7.3.2 频率抽样法的线性相位设计

按以上方法设计得到 FIR 滤波器的 $h(n)$ 不一定是线性相位 FIR 滤波器。为使设计的滤波器为线性相位滤波器，滤波器的频率响应 $H(e^{j\omega})$ 及其频率抽样值 $H(k)$ 必须满足一定的条件。

一般而言，由给定的理想滤波器的幅度响应能得到范围内频率抽样的幅度值，因而上式中的 k 只能取 0 到 $N/2$ 这 $(N/2+1)$ 点，另外 $(N/2-1)$ 点（从 $N/2+1$ 到 $N-1$）则需根据线性相位的奇偶对称条件求得。

根据线性相位滤波器 FIR 的充要条件：$h(n)$ 必须为偶对称序列或奇对称序列。N 可以取偶数和奇数，即有四种线性相位 FIR 滤波器。

下面以设计 FIR 滤波器满足偶对称单位脉冲响应 $h(n)=h(N-n-1)$ 为例说明设计公式。

1. 频率响应的频域离散取样

设 $h(n)$ 的频率响应为

$$H(e^{j\omega})=H_g(\omega)e^{j\theta(\omega)} \tag{7.97}$$

对线性相位滤波器，其相位响应为

$$\theta(\omega)=-\frac{N-1}{2}\omega \tag{7.98}$$

在 $(0\sim 2\pi)$ 内对频率响应 $H(e^{j\omega})$ 等间隔 N 点离散频域抽样得到

$$H(k)=H(e^{j\omega})\Big|_{\omega=\frac{2\pi}{N}k},\ k=0,1,\cdots,N-1 \tag{7.99}$$

令

$$H(k)=|H(k)|e^{j\theta(k)} \tag{7.100}$$

则

$$\begin{cases}|H(k)|=H_g(\omega)\Big|_{\omega=\frac{2\pi}{N}k}\\ \theta(k)=\theta(\omega)\Big|_{\omega=\frac{2\pi}{N}k}\end{cases} \tag{7.101}$$

根据 N 为奇数和偶数，N 个离散点在单位圆上的分布如图 7－30 所示。

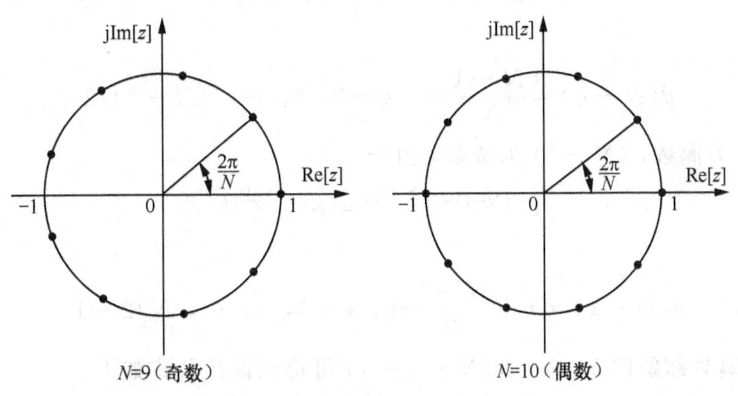

图 7－30 频域响应的离散化

2. 偶对称单位脉冲响应 FIR 滤波器幅度公式

按线性相位的偶对称序列的幅度相位特性区分。

(1) 若 N 为奇数，则幅度响应 $H_g(\omega)$ 关于 π 偶对称，即

$$H_g(\omega)=H_g(2\pi-\omega) \tag{7.102}$$

(2) 若 N 为偶数，则幅度响应 $H_g(\omega)$ 关于 π 奇对称，即

$$H_g(\omega)=-H_g(2\pi-\omega) \tag{7.103}$$

根据式 (7.101) 频域离散取样，并结合图 7-30 取样的对称性，因而对于频率域的离散幅度值有：

(1) 若 N 为奇数，则 $|H(k)|$ 关于 $N/2$ 偶对称

$$|H(k)|=|H(N-k)|,\ k=0,\ 1,\ \cdots,\ \frac{N-1}{2} \tag{7.104}$$

即：$|H(0)|=|H(N)|$，$|H(1)|=|H(N-1)|$，…，$\left|H\left(\frac{N-1}{2}\right)\right|=\left|H\left(\frac{N-1}{2}+1\right)\right|$。

(2) 若 N 为偶数，则 $|H(k)|$ 关于 $N/2$ 奇对称

$$\begin{cases}|H(k)|=-|H(N-k)|,\ k=0,\ 1,\ \cdots,\ N/2-1\\ \left|H\left(\frac{N}{2}\right)\right|=-\left|H\left(\frac{N}{2}\right)\right|=0\end{cases} \tag{7.105}$$

即：$|H(0)|=-|H(N)|=0$，$|H(1)|=-|H(N-1)|$，…，$\left|H\left(\frac{N}{2}-1\right)\right|=-\left|H\left(\frac{N}{2}+1\right)\right|$，$\left|H\left(\frac{N}{2}\right)\right|=0$。

3. 偶对称单位脉冲响应 FIR 滤波器相位公式

按式 (7.98) 和式 (7.101) 对相位进行频率离散抽样得

$$\theta(k)=-\frac{1}{2}(N-1)\frac{2\pi}{N}k=-\frac{N-1}{N}\pi k,\ k=0,\ 1,\ \cdots,\ (N-1)/2 \tag{7.106}$$

而

$$\theta(N-k)=-\frac{N-1}{N}\pi(N-k)=-(N-1)\pi+\frac{N-1}{N}\pi k \tag{7.107}$$

(1) 对 N 为奇数，$(N-1)$ 为偶数，由于

$$e^{-j(N-1)\pi+j\frac{(N-1)}{N}\pi k}=e^{j\frac{(N-1)}{N}\pi k} \tag{7.108}$$

故可取

$$\theta(N-k)=\frac{N-1}{N}\pi k,\ k=0,\ 1,\ \cdots,\ (N-1)/2 \tag{7.109}$$

(2) 对 N 为偶数，$(N-1)$ 为奇数，由于

$$e^{-j(N-1)\pi+j\frac{(N-1)}{N}\pi k}=e^{j\pi+j\frac{(N-1)}{N}\pi k} \tag{7.110}$$

故可取

$$\theta(N-k)=\pi+\frac{N-1}{N}\pi k,\ k=0,\ 1,\ \cdots,\ N/2-1 \tag{7.111}$$

综上，对偶对称条件 $h(n)=h(N-n-1)$ 可得到设计公式如下：

(1) 对 N 为奇数，设计公式为

$$\begin{cases}|H(k)|=|H(N-k)|,\ k=0,\ 1,\ \cdots,\ (N-1)/2\\ \theta(k)=-\frac{N-1}{N}\pi k\\ \theta(N-k)=\frac{N-1}{N}\pi k\end{cases} \tag{7.112}$$

（2）对 N 为偶数，设计公式为

$$\begin{cases}|H(k)|=-|H(N-k)|,\ k=0,1,\cdots,N/2-1\\ \left|H\left(\frac{N}{2}\right)\right|=0\\ \theta(k)=-\frac{N-1}{N}\pi k\\ \theta(N-k)=\pi+\frac{N-1}{N}\pi k\end{cases}\tag{7.113}$$

同样可以得到其他三类线性相位 FIR 滤波器的频率抽样设计公式，见表 7-4。

表 7-4　四种线性相位滤波器频率抽样法设计公式

单位脉冲响应特性		偶对称：$h(n)=h(N-1-n)$	奇对称：$h(n)=-h(N-1-n)$
N为奇数	离散幅度公式	$\lvert H(k)\rvert=\lvert H(N-k)\rvert$，$k=0,1,\cdots,(N-1)/2$	$\lvert H(k)\rvert=-\lvert H(N-k)\rvert$，$k=0,1,\cdots,N/2-1$，$\left\lvert H\left(\frac{N}{2}\right)\right\rvert=0$
	离散相位公式	$\theta(k)=-\frac{N-1}{N}\pi k$，$\theta(N-k)=\frac{N-1}{N}\pi k$	$\theta(k)=\frac{\pi}{2}-\frac{N-1}{N}\pi k$，$\theta(N-k)=\frac{\pi}{2}+\frac{N-1}{N}\pi k$
N为偶数	离散幅度公式	$\lvert H(k)\rvert=-\lvert H(N-k)\rvert$，$k=0,1,\cdots,N/2-1$，$\left\lvert H\left(\frac{N}{2}\right)\right\rvert=0$	$\lvert H(k)\rvert=\lvert H(N-k)\rvert$，$k=0,1,\cdots,(N-1)/2$
	离散相位公式	$\theta(k)=-\frac{N-1}{N}\pi k$，$\theta(N-k)=\pi+\frac{N-1}{N}\pi k$	$\theta(k)=\frac{\pi}{2}-\frac{N-1}{N}\pi k$，$\theta(N-k)=\frac{3\pi}{2}+\frac{N-1}{N}\pi k$

7.3.3　过渡带设计

频率抽样法设计是直接在频率域对理想滤波器进行离散取样，在频域离散点，二者具有相同的频率响应，在频率取样点之间，频域响应则由各取样点间的内插函数加权确定。但存在逼近误差，误差的大小取决于理想频率响应 $H_d(e^{j\omega})$ 的曲线形状和取样点数 N 。

实际要求的滤波器存在过渡带，而理想滤波器是通带到阻带的不连续突变，这样对理想滤波器的取样值在通带边缘也是存在陡然变化，这种突变将使设计的滤波器在不连续点两边引起肩峰，在通带、阻带引起起伏振荡的纹波变化。如图 7-31（a）所示为理想低通滤波器的频域幅度离散偶对称序列，其频谱为图 7-31（b）所示。可见频谱在通带和阻带都有振荡，且在不连续点处有肩峰。

为了提高逼近质量，可以采取在不连续的边缘加上一些过渡取样点（幅度值大于 0 小于 1），从而增加过渡带，减少起伏振荡，增加阻带最小衰减。从式（7.94）和式（7.95）可见，增加过渡带离散点数则产生频率响应及其相位的变化。如果精心设计过渡带取样值

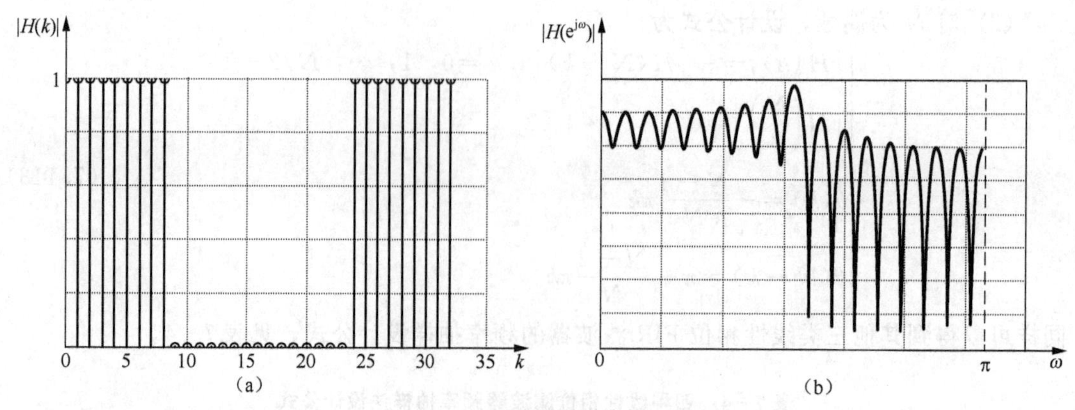

图 7－31　频域幅度离散及其幅度谱

和过渡带取样点数，就可能使滤波器的有用频带纹波减少，阻带最少衰减变大，从而得到较好的滤波器。一般过渡带取1～3点就可以满足设计要求。加过渡离散取样点（过渡带）后如图 7－32 所示。

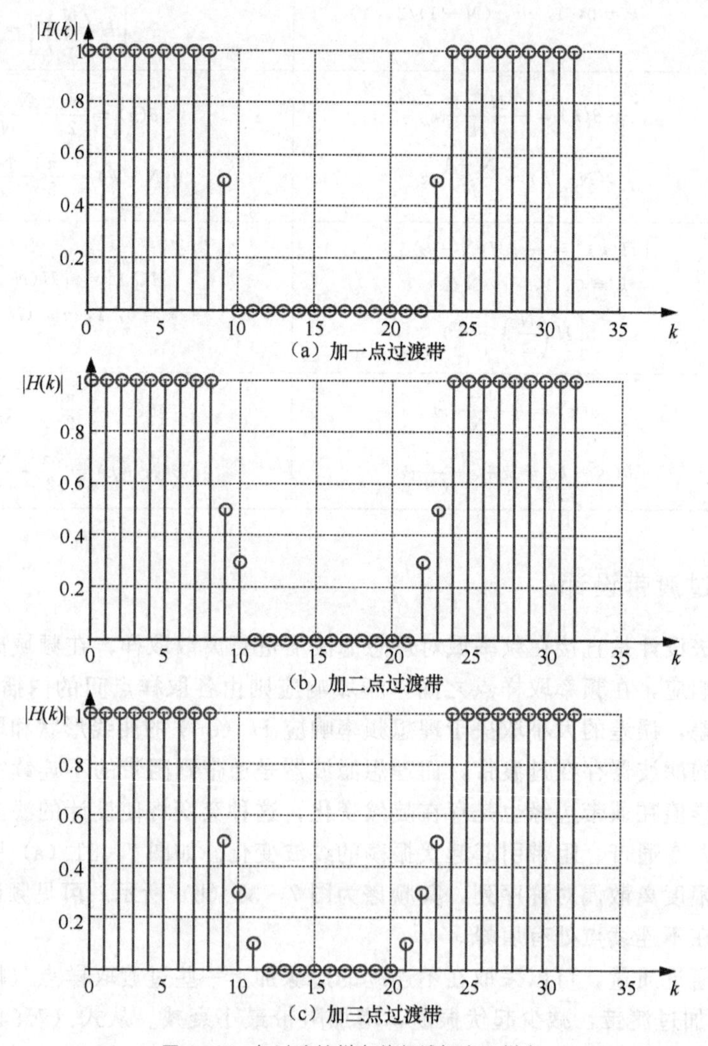

图 7－32　加过渡抽样点的频域幅度取样点

过渡带取样点数增加虽然可以增加阻带最小衰减，但也会带来过渡带变宽。如果想通过增加过渡带取样点来改善滤波器性能（增加阻带最小衰减），但不想增加过渡带，可以增加滤波器取样点数 N 。这又会造成提高 FIR 的阶次，增加运算量。

【例 7-4】 利用频率抽样法设计一个线性相位低通数字滤波器，抽样点数 $N=29$，幅度抽样值为

$$|H(k)|=\begin{cases}1,\ k=0,\ 1\\0.5,\ k=2\\0,\ k=3\sim 14\end{cases}$$

求 $H(z)$ 。

解： 由于 $N=29$ 为奇数，采用偶对称脉冲响应 FIR 滤波器设计，故：

$$|H(k)|=|H(N-k)|=|H(29-k)|,\ k=0,\ 1.\cdots,\ 14$$

$$\begin{cases}\theta(k)=-\dfrac{N-1}{N}\pi k=-\dfrac{28}{29}\pi k\\\theta(N-k)=\dfrac{N-1}{N}\pi k=\dfrac{28}{29}\pi k\end{cases}$$

因此：

$$|H(k)|=\begin{cases}1,\ k=0,\ 1,\ 28,\ 29\\0.5,\ k=2,\ 27\\0,\ k=3,\ \cdots,\ 26\end{cases}$$

$$\begin{cases}\theta(k)=-\dfrac{N-1}{N}\pi k=-\dfrac{28}{29}\pi k,\ k=0,\ 1,\ 2\cdots,\ 14\\\theta(N-k)=\dfrac{N-1}{N}\pi k=\dfrac{28}{29}\pi k,\ k=0,\ 1,\ 2,\ \cdots,\ 14\end{cases}$$

所以：

$$H(k)=|H(k)|e^{j\theta(k)}=\begin{cases}e^{-\frac{28}{29}\pi k},\ k=0,\ 1\\0.5e^{-\frac{28}{29}\pi k},\ k=2\\0,\ k=3\sim 26\\0.5e^{\frac{28}{29}\pi k},\ k=27\\e^{\frac{28}{29}\pi k},\ k=28,\ 29\end{cases}$$

7.4 MATLAB 在 FIR 滤波器设计中的应用

7.4.1 基于窗函数的 FIR 滤波器设计函数——fir1

函数 fir1 有以下几种调用格式：

b=fir1[n,wn];%用 Hamming 窗设计一个 n 阶的 FIR 低通滤波器

b=fir1[n,wn,'ftype'];%用 Hamming 窗设计一个 n 阶 FIR 指定类型的滤波器

b=fir1[n,wn,window];%按照指定的窗函数设计一个 n 阶 FIR 低通滤波器

b=fir1[n,wn,'ftype',window]; %按照指定的窗函数设计一个 n 阶 FIR 指定类型滤波器

说明：

（1）n为FIR数字滤波器的阶次，对于高通和带阻滤波器，n必须取偶数；

（2）wn为归一化（用奈奎斯特频率）截止频率 $0<wn<1$，其中 $wn=1$ 对应于半抽样率（即对应于奈奎斯特频率）；

（3）ftype＝high为高通，ftype＝low低通；ftype可以取：high，low，bandpass，stop。

（4）window可以取：boxcar，triang，bartlett，hanning，hamming，kaiser，Blackman，chebwin，gausswin。省略该参数则默认使用Hamming窗设计。其中窗序列为 $n+1$ 长度。

返回：b为n+1个FIR的系数（单位脉冲响应）。

【例7-5】 借助MATLAB程序分别用矩形窗、Kaise（$\beta=8.5$）窗

（1）设计5阶FIR数字低通滤波器，使得其频谱特性满足：

$$|H(e^{j\omega})|=\begin{cases}1, & 0\leqslant\omega\leqslant 0.4\pi\\ 0, & 0.4\pi<\omega\leqslant\pi\end{cases}$$

（2）设计6阶FIR数字高通滤波器，使得其频谱特性满足

$$|H(e^{j\omega})|=\begin{cases}0, & 0\leqslant\omega\leqslant 0.3\pi\\ 1, & 0.3\pi<\omega\leqslant\pi\end{cases}$$

解：

（1）低通滤波器设计的MATLAB代码

```
b=fir1(5,0.4,boxcar(6));
freqz(b,1);
b=fir1(5,0.4,kaiser(6,8.5));
figure;
freqz(b,1);
```

输出见图7-33。

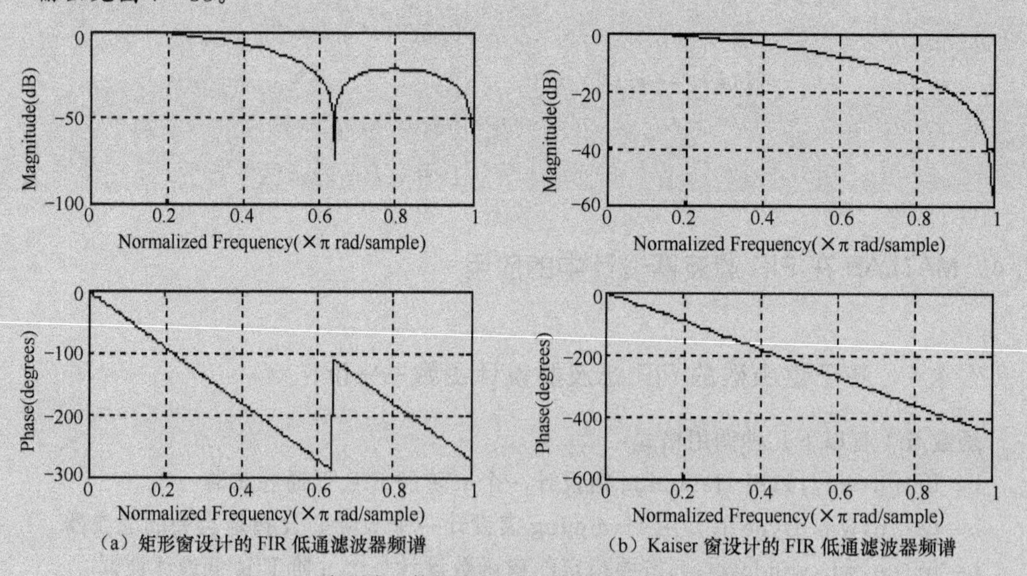

（a）矩形窗设计的FIR低通滤波器频谱　（b）Kaiser窗设计的FIR低通滤波器频谱

图7-33 矩形窗函数和Kaiser窗函数设计的低通滤波器频谱

（2）高通滤波器设计的 MATLAB 代码

```
b=fir1(6,0.3,'high',boxcar(7));
freqz(b,1);
b=fir1(6,0.3,'high',kaiser(7,8.5));
figure;
freqz(b,1);
```

输出如图 7-34 所示。

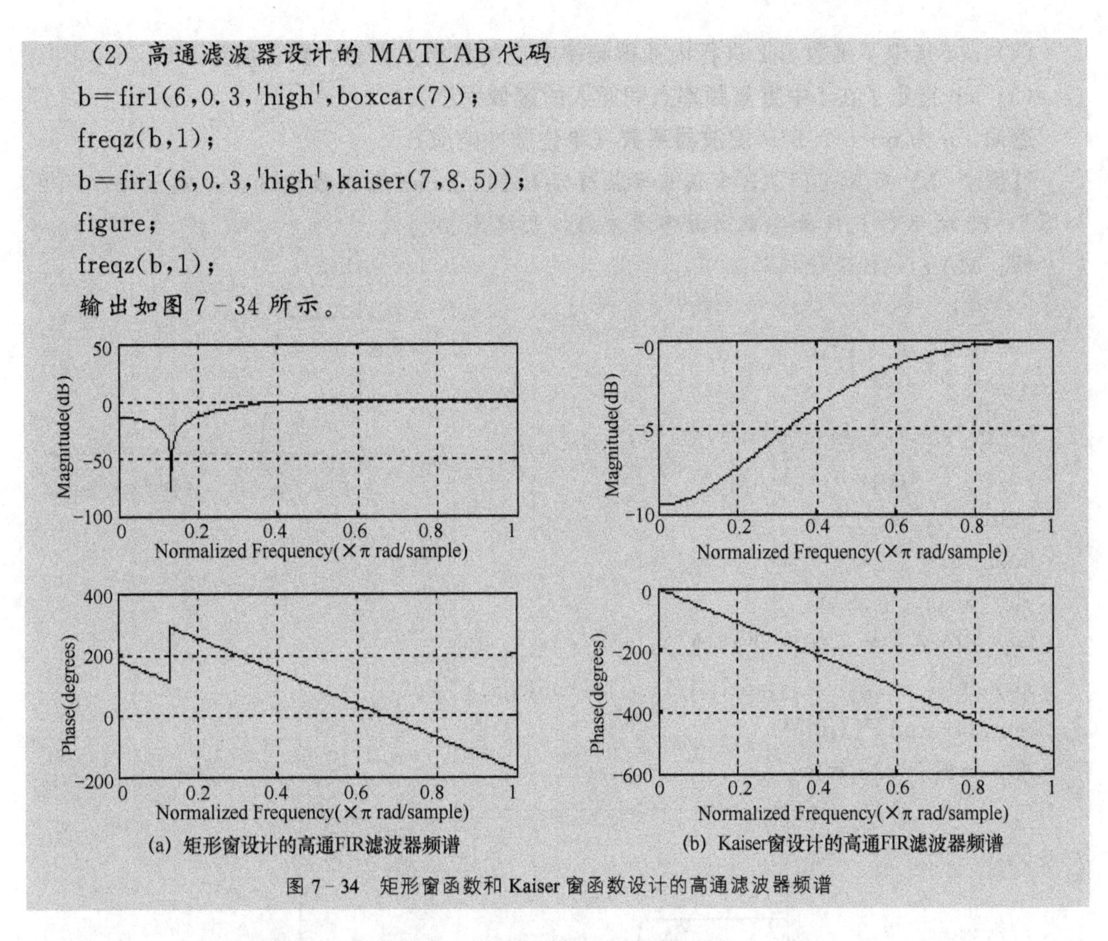

(a) 矩形窗设计的高通FIR滤波器频谱　　(b) Kaiser窗设计的高通FIR滤波器频谱

图 7-34 矩形窗函数和 Kaiser 窗函数设计的高通滤波器频谱

7.4.2 基于频率抽样法的 FIR 滤波器设计函数——fir2

函数 fir2 调用格式：

b=fir2[n,f,A];

%按照取样频率 f 和幅值 A 的频率抽样法设计 n 阶 FIR 滤波器，默认用 Hamming 窗

b=fir2[n,f,A,window];

%按照取样频率 f 和幅值 A 的频率抽样法设计 n 阶 FIR 滤波器，采用指定的窗函数

b=fir2[n,f,A,npt,window];

b=fir2[n,f,A,npt,lap];

b=fir2[n,f,A,npt,lap,window];

说明：

（1）n 为 FIR 数字滤波器阶次，对于高通和带阻滤波器 n 必须取偶数；

（2）向量 f 指定归一化频率取样点，其中 f=1 对应半取样速率（即对应于奈奎斯特频率），向量 A 指定频率取样点对应的幅度响应，这两个向量必须第一个和最后一个分量分别是 0 和 1，且递增取值。当设计的滤波器在频率为 π 的幅度响应不是 0 时，滤波器的阶数 n 为偶数；

（3）window 可以取：boxcar，triang，bartlett，hanning，hamming，kaiser，Blackman，chebwin，gausswin。省略该参数则默认使用 Hamming 窗设计。其中窗序列为 n+1 长度；

(4) npt 指定了函数 fir2 进行内插得频率响应的栅格点数目，默认值为 512；

(5) lap 指定了在 f 中重复频率点间插入的区域大小。

返回：b 为 n+1 个 FIR 滤波器系数（单位脉冲响应）。

【例 7-6】 用 MATLAB 采用频率抽样法和 Blackman 窗函数设计一个幅度频率响应如图 7-35 所示的 FIR 数字低通数字滤波器，长度为 32。

解：MATLAB 设计代码如下：

```
N=32;
f=[0,0.3,0.4 1];
A=[1 1  0 0];
b=fir2(N,f,A,blackman(N+1));
[h,w] = freqz(b,1,128);
plot(f,A,'—.');
hold on;
plot(w/pi,abs(h));
legend('要求的','fir2 设计的');
xlabel('{\omega}');ylabel('|H(e^j^{\omega})|');
text(1,-0.1,'{\pi}');
```

图 7-35 要求设计的滤波器幅频特性

输出如图 7-36 所示。

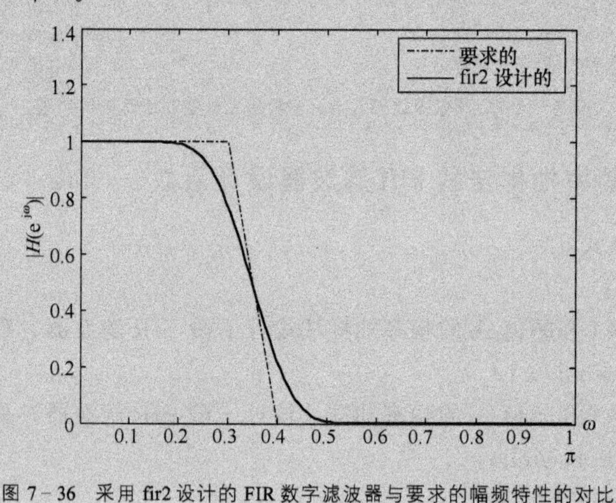

图 7-36 采用 fir2 设计的 FIR 数字滤波器与要求的幅频特性的对比

7.4.3 等纹波最佳逼近设计 FIR 数字滤波器设计函数——firpm

函数 firpm 调用格式为

b=firpm[n,f,A];

b=firpm[n,f,A,'type'];

说明：

(1) n 为 FIR 阶次；f 为以 π 归一频率，且频率向量 $0\leqslant f\leqslant 1$，且第一个取值为 0，最后一个取值为 1；

(2) A 指定频率（f）向量对应的幅度（A）响应向量，A 和 f 长度一致；

(3) 字符 type 可以取 h、s 等，分别表示高通、带阻；

(4) 返回：b 为 n+1 个 FIR 滤波器系数（单位脉冲响应）。

【例 7-7】用 firpm 设计等纹波 30 阶 FIR 低通滤波器，通带截止频率为 0.2π，阻带截止频率为 0.4π，只绘出设计滤波器频谱图。

解：

执行下列 MATLAB 设计代码：

```
N=30; %阶次
f=[00.2 0.4 1];%归一化频率取样点
A=[1 1 0 0];%频率取样点幅度
h=firpm(N,f,A);
freqz(h,1,512);
```

程序输出设计的 FIR 滤波器频谱图如图 7-37 所示。

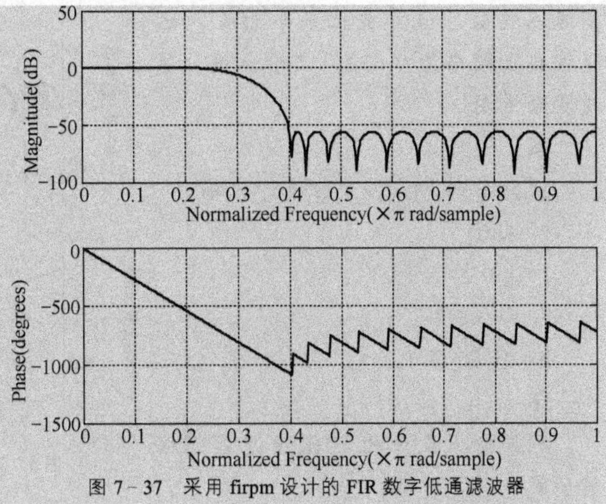

图 7-37 采用 firpm 设计的 FIR 数字低通滤波器

【例 7-8】用 firpm 设计等纹波 25 阶 FIR 高通滤波器，通带截止频率为 0.5π，阻带截止频率为 0.4π，只绘出设计滤波器频谱图。

解：

执行下列 MATLAB 设计代码：

```
N=25; %阶次
f=[00.4 0.5 1];%归一化频率取样点
A=[0 0 1 1];%频率取样点幅度
h=firpm(N,f,A,'h');
freqz(h,1,512);
```

程序输出设计的 FIR 滤波器频谱图如图 7-38 所示。

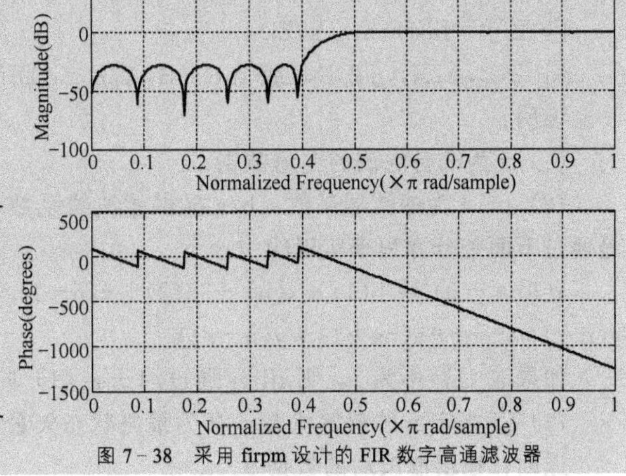

图 7-38 采用 firpm 设计的 FIR 数字高通滤波器

7.4.4 最小二乘法线性相位 FIR 数字滤波器设计函数——firls

函数 firls 调用格式为

```
b=firls[n,f,A];
b=firls[n,f,A,'type'];
```

说明：

(1) n 为 FIR 阶次；f 为以 π 归一频率，且频率向量 0≤f≤1，且第一个取值为 0，最后一个取值为 1；

(2) A 指定频率（f）向量对应的幅度（A）响应向量，A 和 f 长度一致；

(3) 字符 type 可以取 h、s 等，分别表示高通、带阻；

(4) 返回：b为n+1个FIR滤波器系数（单位脉冲响应）。

【例7-9】用firls设计30阶FIR高通滤波器，通带截止频率为0.4π，阻带截止频率为0.5π，只绘出设计滤波器频谱图。

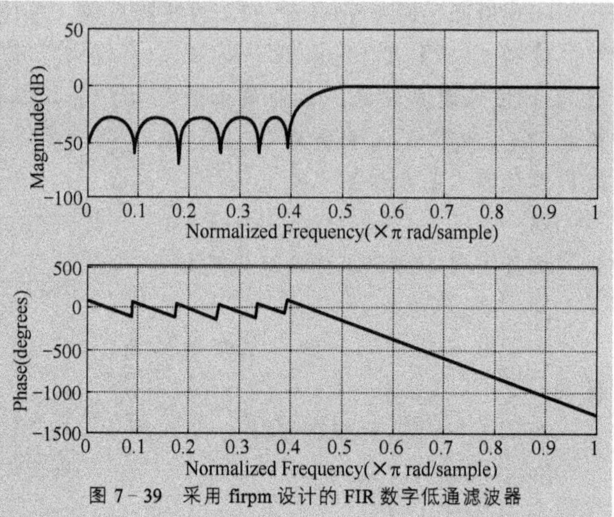

图7-39 采用firpm设计的FIR数字低通滤波器

解：

执行下列MATLAB设计代码：

```
N=30;
f=[0 .4 .5 1];
A=[0 0 1 1];
h=firls(N,f,A);
freqz(h,1,512);
```

程序输出设计的FIR滤波器频谱图如图7-39所示。

7.4.5 用MATLAB实现序列的滤波——filter

一维数字滤波函数filter的调用格式：

y=filter(b,a,x);%将向量数据x通过b，a描述的滤波器进行滤波

[y,Zf] =filter(b,a,x,Zi);

filter(B,A,X,[],DIM)或filter(B,A,X,Zi,DIM);%指定X的维数DIM进行操作

说明：

(1) x为准备滤波的向量数据；

(2) b，a为滤波器系数，b/a提供滤波器系数，b为分子，a为分母，整个滤波过程是通过下面差分方程来实现的

a(1) * y(n) = b(1) * x(n) + b(2) * x(n-1) +…+ b(nb+1) * x(n-nb) - a(2) * y(n-1) -…- a(na+1) * y(n-na)

如果a (1) 不为1，则filter通过因子a (1) 归一化滤波器进行滤波；

(3) Zi指定x的初始状态，Zf为最终状态矢量；

返回：输出滤波后的数据y。

【例7-10】下列MATLAB代码先产生含有随机干扰的正弦信号，然后通过频率取样法设计一个FIR数字低通滤波器，最后用设计的数字滤波器对信号滤波，得到滤波后的数字序列信号。

```
clear;
%————产生随机序列信号———
pi=3.1415926;
n=linspace(0,2*pi,128);
x1=5*sin(2.*n.*pi); %产生正弦信号
x2=rand(1,128);          %产生随机信号
x=x1+x2;                  %信号叠加
subplot(2,1,1);plot(n,x,'.');
```

```
hold on;plot(n,x);
ylabel('x(n)');
xlabel('(a)滤波器前信号');
%------设计滤波器---
f=[0 0.3 0.3 1]; %频率点
A=[1 1  0 0];     %频率点处的幅度
b=fir2(5,f,A);  %频率取样法设计 5 阶滤波器
a=[1];
%----用滤波器对信号滤波----
y=filter(b,a,x);
subplot(2,1,2);plot(n,y,'.');
hold on;plot(n,y);
ylabel('y(n)');
xlabel('(b)滤波器后信号');
```

输出如图 7-40 所示。

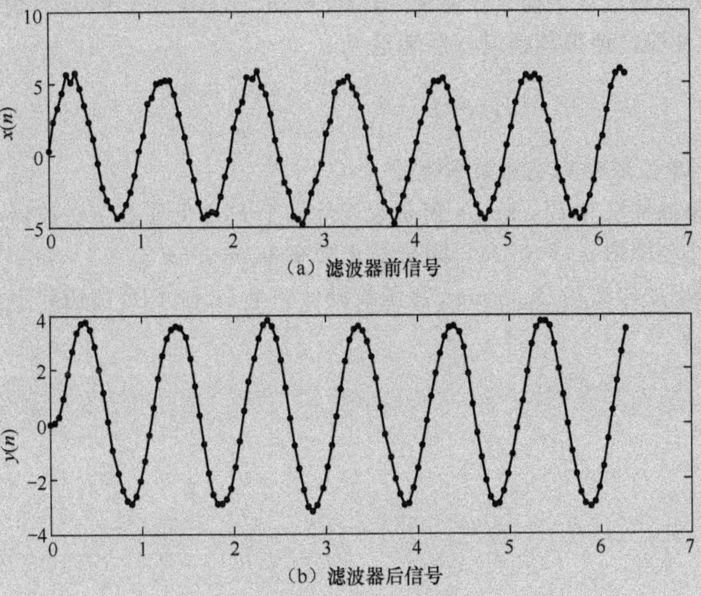

(a) 滤波器前信号

(b) 滤波器后信号

图 7-40　数字信号通过 FIR 数字滤波器滤波前后

通过对比可见，通过 FIR 数字滤波后的信号滤除了随机干扰信号。

思考题

1. 线性相位数字滤波器的条件是什么？有几种线性相位数字滤波器？
2. 各种线性相位数字滤波器的幅度特性是什么？
3. 各种线性相位数字滤波器的零点特性是什么？
4. FIR 数字滤波器的设计方法有哪几种？
5. 已知 FIR 滤波器的系统函数为

$$H(z)=\frac{1}{10}(1+0.9z^{-1}+2.1z^{-2}+0.9z^{-3}+z^{-4})$$

求其单位脉冲响应 $h(n)$，判断是否具有线性相位，求其幅度特性函数和相位特性函数。

6. 用矩形窗设计一个线性相位低通 FIR 滤波器，要求过渡带宽度不超过 $\pi/8$。希望逼近的理想低通滤波器频率响应函数为

$$H_{\rm d}(e^{j\omega})=\begin{cases}e^{-j\omega\alpha}, & 0\leqslant\omega\leqslant\omega_c\\ 0, & \omega_c\leqslant\omega\leqslant\pi\end{cases}$$

(1) 求出理想低通滤波器的单位脉冲响应 $H_{\rm d}(n)$；

(2) 求出加矩形窗设计的低通 FIR 滤波器的单位脉冲响应 $h(n)$ 的表达式，确定 α 与 N 的关系。

7. 用窗设计法设计一个线性相位 FIR 低通滤波器，要求通带截止频率为 $\pi/4$rad，过渡带宽为 $8\pi/51$rad，阻带最小衰减为 45dB。

(1) 选择合适的窗函数及其长度，求出 $h(n)$ 的表达式；

(2) 用 MATLAB 绘出 FIR 的频谱特性。

8. 分别用矩形窗、汉宁窗、汉明窗、Blackman、Kaise（$\beta=8.5$）窗设计 10 阶（$N=11$）FIR 数字滤波器，使得其频谱特性满足

$$|H(e^{j\omega})|=\begin{cases}1, & 0\leqslant\omega\leqslant 0.4\pi\\ 0, & 0.4<\omega\leqslant\pi\end{cases}$$

绘出滤波器单位取样响应和频率特性。

9. 采用频率抽样法和 Blackman 窗函数设计一个 FIR 低通数字滤波器，取样响应长度为 32，通带截止频率取 $\omega_p=0.3\pi$，阻带截止频率 $\omega_s=0.5\pi$。

10. 采用频率抽样法和 Blackman 窗函数设计一个 10 阶 FIR 高通数字滤波器，截止频率取 $\omega_c=0.3\pi$。

第8章 TMS320C55x DSP 处理器

【本章学习目标】

1. 理解 TMS320C55x DSP 处理器的片上硬件资源组成；

2. 了解 CCS 的使用；

3. 了解 TMS320C55x DSP 寻址方式和指令系统；

4. 理解 TMS320C55x DSP 汇编语言程序设计。

【本章能力目标】

能够通过查找手册资料来掌握 TMS320C55x DSP 的片上硬件资源的原理和开发使用，并能够编写一个入门级汇编程序。

8.1 概述

C55x 系列 DSP 为 16 位定点 DSP，主要包括 VC5501、VC5502、VC5503、VC5504、VC5506、VC5507、VC5509 等芯片，因 DSP 芯片的主要任务是面向实时数字信号处理，强调处理的高速性，为此在结构、指令系统和指令流程上，都与普通微处理器有所不同，并做了很大的改进。目前 C55x 系列 DSP 均具有以下特点。

（1）采用哈佛结构：数据总线和程序总线分离，可以同时访问指令和数据。

（2）采用多总线结构：内部设置多个总线，可以同时进行取指令和多个数据存取操作，并由辅助寄存器自动增减地址进行寻址，使 CPU 在一个机器周期内可以多次对程序空间和数据空间进行访问，大大提高了 DSP 的运行速度。

（3）采用流水线结构：取指、译码、取数、执行和存数等操作可以重叠进行，多数指令可以在一个机器周期内完成。

（4）配有专用的硬件乘法－累加器：可以在一个周期内完成一次乘法和一次累加操作，保证数字信号处理的高速性。

（5）采用特殊的寻址方式和指令：可以根据信号处理的需要设计特殊的寻址方式和指令，例如：循环寻址可以使卷积、相关、FIR 滤波器等容易实现，位反转寻址使 FFT 算法的效率大大提高，FIRS 和 LMS 指令是专门用于完成系数对称的 FIR 滤波器和 LMS 算法。

（6）支持并行指令操作：某些指令可以并行执行，提高代码的执行效率。

（7）丰富的接口功能：片内除了具有串行口、定时器、主机接口、DMA 控制器和软件可编程等待状态发生器等电路外，还配有中断处理器、PLL 片内存储器和测试接口等单元电路，有些芯片还配有 USB 接口、模/数转换（ADC）、看门狗定时器（WD）、实时时钟（RTC）和多媒体卡控制器（MMC）等电路，可以方便地构成一个功能完善的嵌入式 DSP 应用系统。

（8）支持多处理器结构：方便处理器之间通信，应用灵活、方便。

8.2 TMS320C55x的硬件结构

8.2.1 TMS320C55x的结构

C55x芯片主要由3个部分组成：CPU、存储空间、片内外设。不同芯片体系结构相同，它们具有相同的CPU，但片上存储器和外围电路配置有所不同，要了解具体DSP芯片的片上存储器、外围电路配置以及封装和引脚时，可查看相应芯片的数据手册(datasheet)，图8-1所示为TMS320VC5509的结构图，从图中可以看出CPU通过总线与片内外设和存储空间进行通信。

C55x芯片内部含有12组独立总线，分别为：程序地址总线（PAB）：1组，24位；程序数据总线（PDB）：1组，32位；数据读地址总线（BAB、CAB、DAB）：3组，24位；数据读总线（BB、CB、DB）：3组，16位；数据写地址总线（EAB、FAB）：2组，24位；数据写总线（EB、FB）：2组，16位。

C55x芯片的CPU包含5个功能单元，分别为：指令缓冲单元（I单元）；程序流单元（P单元）；地址一数据流单元（A单元）；数据运算单元（D单元）；存储器接口单元（M单元）。

I单元包括32×16位指令缓冲队列和指令译码器。其功能为接收程序代码并负责放入指令缓冲队列，由指令译码器解释指令，再把指令流传给其他的工作单元（P、A、D）来执行这些指令。

P单元包括程序地址发生器和程序控制逻辑。其功能为产生所有程序空间地址，并送到PAB总线。

A单元包括数据地址产生电路（DAGEN）、附加16位ALU和1组寄存器。其功能为产生读/写数据空间地址，并送到BAB、CAB、DAB总线。

D单元包括1个40位的筒形移位寄存器（barrel shifter）、2个乘加单元（MAC）、1个40位的ALU和若干寄存器。该单元为CPU中最主要的部分，是主要的数据处理部件。

M单元是CPU和数据空间或I/O空间之间传输所有数据的中间媒介。

C55x芯片采用统一的存储空间和I/O空间。片内存储空间共有352KB（176K字），外部存储空间共有16MB（8M字）。存储区支持的存储器类型有异步SRAM、异步EPROM、同步DRAM和同步突发SRAM。C55x芯片的I/O空间与程序/地址空间分开，I/O空间的字地址为16位，能访问64K字地址。当CPU读/写I/O空间时，在16位地址前补0来扩展成24位地址。表8-1列出了C55x片内存储器配置的情况。

表8-1 C55x片内存储器配置

存储器	C5501	C5502	C5503	C5506	C5507	C5509	C5510
ROM（KB）	32	32	64	64	64	64	32
RAM（KB）	32	64	64	128	128	256	320

C55x芯片片内外设主要包括：模/数转换器（ADC）、可编程数字锁相环时钟发生器(DPLL)、指令高速缓存（I-Cache）、外部存储器接口（EMIF）、存储器直接访问控制器

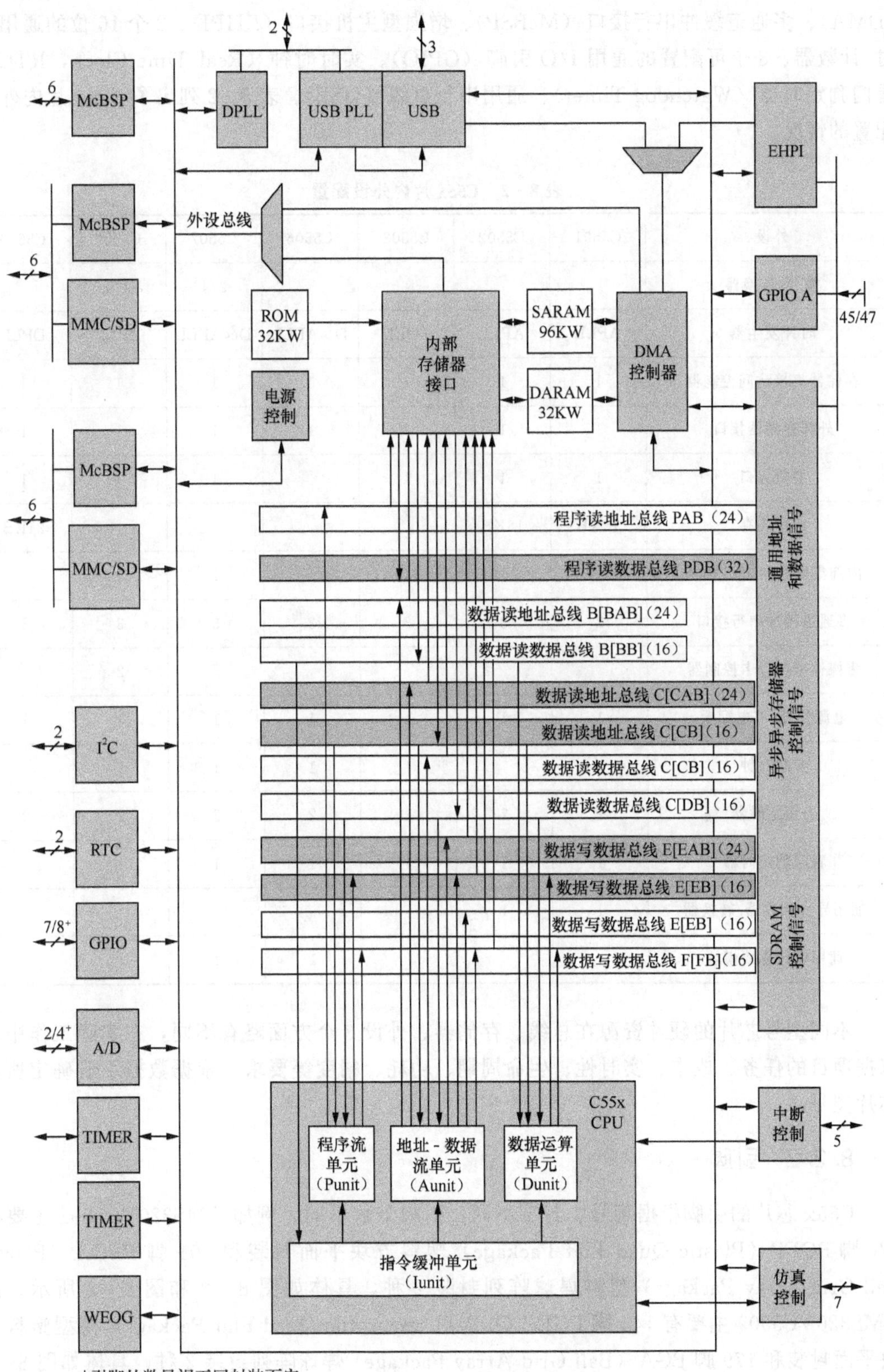

图 8－1 TMS320VC5509 结构框图

(DMA)、多通道缓冲串行接口（McBSP)、增强型主机接口（EHPI)、2个16位的通用定时/计数器、8个可配置的通用I/O引脚（GPIO)、实时时钟（Real Time Clock，RTC)、看门狗定时器（Watchdog Timer)、通用串行总线（USB)。表8-2列出了C55x片内外设配置的情况。

表8-2 C55x片内外设配置

外设	C5501	C5502	C5503	C5506	C5507	C5509	C5510
模/数转换器					2/4	2/4	
时钟发生器	APLL	APLL	DPLL	D&APLL	D&APLL	DPLL	DPLL
存储器直接访问控制器	1	1	1	1	1	1	1
外部存储器接口	1	1	1	1	1	1	1
主机接口	1	1	1		1	1	1
指令缓存	16KB	16KB					24KB
内部集成电路 I^2C 模块	1	1	1	1	1	1	
多通道缓冲串行接口	2	3	3	3	3	3	3
多媒体卡/SD卡控制器						2	
电源管理/节电配置	1	1	1	1	1	1	1
实时时钟			1	1	1	1	
通用定时器	2	2	2	2	2	2	2
看门狗定时器	1	1	1	1	1	1	
通用异步接收器/转换器	1	1					
通用串行总线模块				1	1	1	

不同型号芯片的硬件资源在总线、存储器、外设3个方面略有不同，在实际工作中可依据项目的任务、成本、实时性、生命周期、功耗、精度等要求，根据数据手册确定所选芯片型号。

8.2.2 引脚

C55x芯片的引脚根据型号、封装不同，引脚个数不同。例如TMS320VC5502主要有176脚PQFP（Plastic Quad Flat Package）塑料方块平面封装和201脚PBGA（Plastic Ball Grid Array Package）塑料焊球阵列封装2种，具体如图8-2和图8-3所示。而TMS320VC5509主要有144脚PGE LQFP（Low-profile Quad Flat Package）薄型塑料方块平面封装和179脚BGA（Ball Grid Array Package）焊球阵列封装2种，具体如图8-4和图8-5所示。

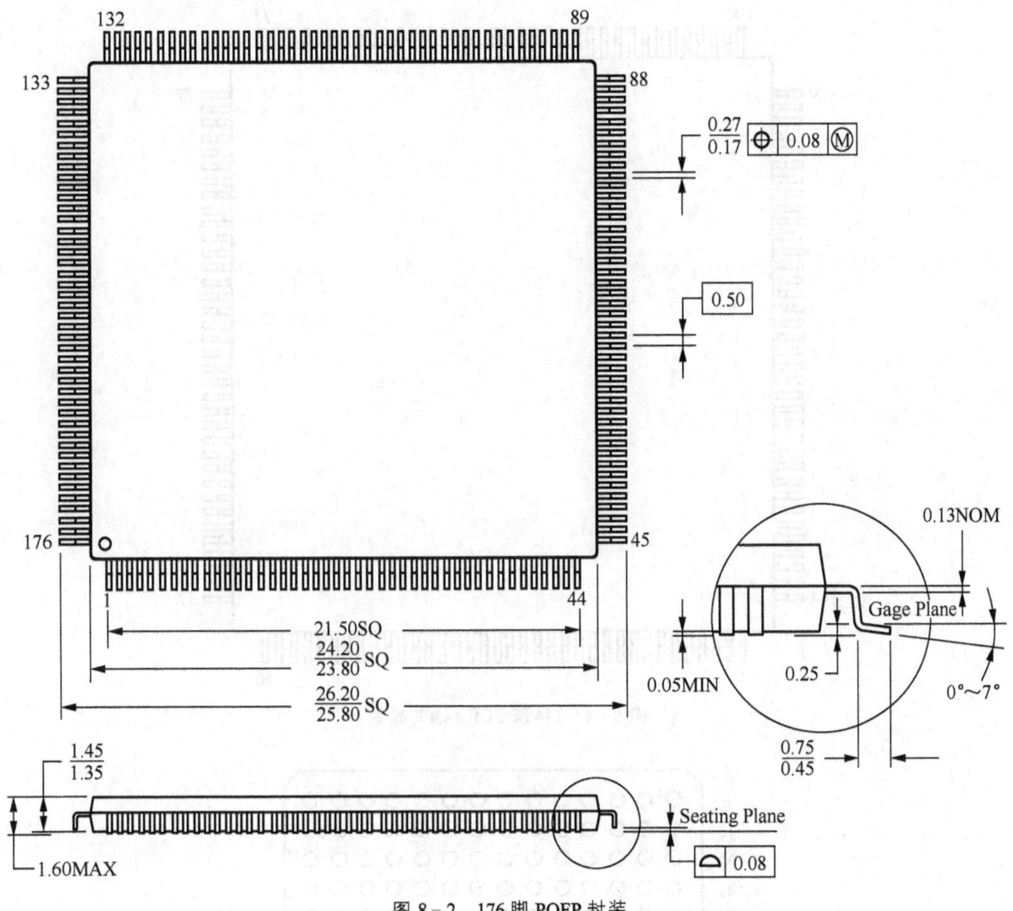

图 8-2 176 脚 PQFP 封装

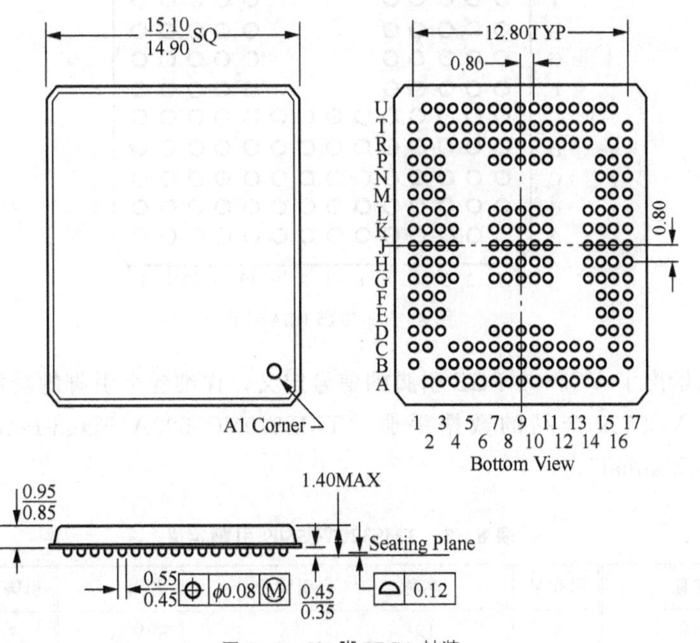

图 8-3 201 脚 PBGA 封装

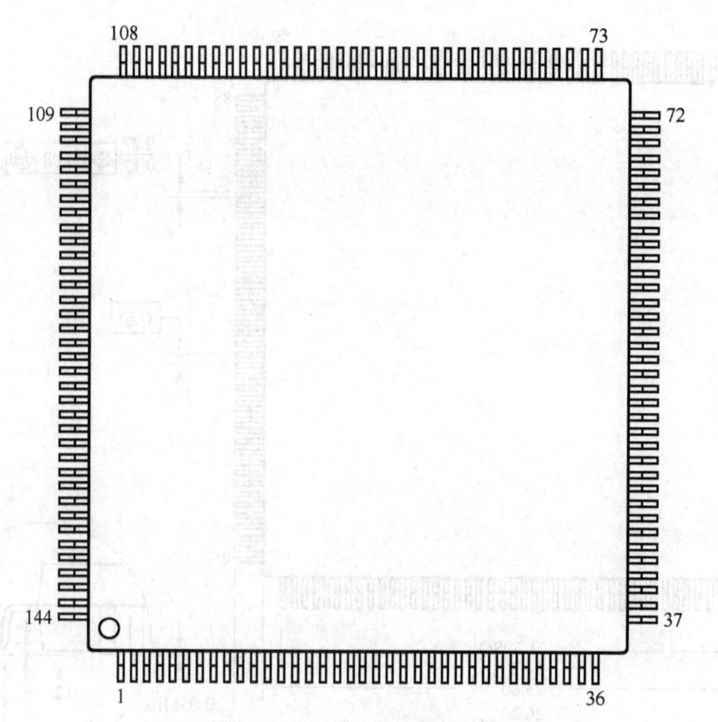

图 8-4　144 脚 PGE LQFP 封装

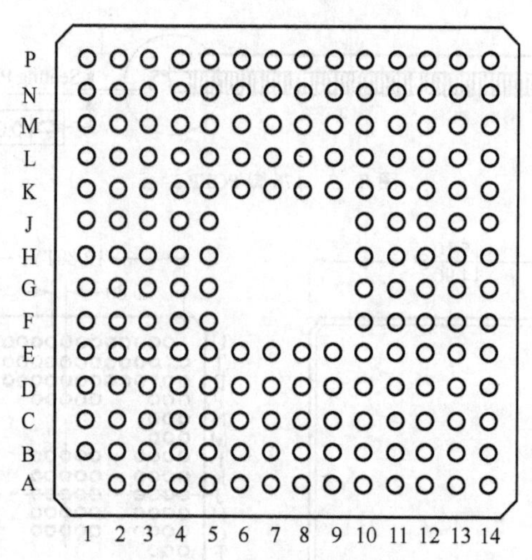

图 8-5　179 脚 BGA 封装

表 8-3 只给出了 VC5509 PGE 引脚的信号定义，详细各个引脚的功能描述请查阅 TI 公司官方网站 VC5509 产品的数据手册“TMS320VC5509A Fixed-Point Digital Signal Processor Data Manual”。

表 8-3　TMS320VC5509 引脚定义

引脚号	名称	引脚号	名称	引脚号	名称	引脚号	名称
1	V_{SS}	3	DP	5	$USBV_{DD}$	7	V_{SS}
2	PU	4	DN	6	GPIO7	8	DV_{DD}

续表

引脚号	名称	引脚号	名称	引脚号	名称	引脚号	名称
9	GPIO2	43	A9	77	D15	111	RTCINX2
10	GPIO1	44	A8	78	CV_{DD}	112	RTCINX1
11	V_{SS}	45	V_{SS}	79	EMU0	113	V_{SS}
12	GPIO0	46	A7	80	EMU1/$\overline{OFF}$	114	V_{SS}
13	X2/CLKIN	47	A6	81	TDO	115	V_{SS}
14	X1	48	A5	82	TDI	116	S23
15	CLKOUT	49	DV_{DD}	83	CV_{DD}	117	S25
16	C0	50	A4	84	$\overline{TRST}$	118	CV_{DD}
17	C1	51	A3	85	TCK	119	S24
18	CV_{DD}	52	A2	86	TMS	120	S21
19	C2	53	CV_{DD}	87	CV_{DD}	121	S22
20	C3	54	A1	88	DV_{DD}	122	V_{SS}
21	C4	55	A0	89	SDA	123	S20
22	C5	56	DV_{DD}	90	SCL	124	S13
23	C6	57	D0	91	$\overline{RESET}$	125	S15
24	DV_{DD}	58	D1	92	$USBPLLV_{DD}$	126	DV_{DD}
25	C7	59	D2	93	$\overline{INT0}$	127	S14
26	C8	60	V_{SS}	94	$\overline{INT1}$	128	S11
27	C9	61	D3	95	$USBPLLV_{DD}$	129	S12
28	C11	62	D4	96	$\overline{INT2}$	130	S10
29	CV_{DD}	63	D5	97	$\overline{INT3}$	131	DX0
30	CV_{DD}	64	V_{SS}	98	DV_{DD}	132	CV_{DD}
31	C14	65	D6	99	$\overline{INT4}$	133	FSX0
32	C12	66	D7	100	V_{SS}	134	CLKX0
33	V_{SS}	67	D8	101	XF	135	DR0
34	C10	68	CD_{DD}	102	V_{SS}	136	FSR0
35	C13	69	D9	103	ADV_{SS}	137	CLKR0
36	V_{SS}	70	D10	104	ADV_{DD}	138	DV_{DD}
37	V_{SS}	71	D11	105	AIN0	139	DV_{DD}
38	A13	72	DV_{DD}	106	AIN1	140	TIN/TOUT0
39	A12	73	V_{SS}	107	AV_{DD}	141	GPIO6
40	A11	74	D12	108	AV_{SS}	142	GPIO4
41	CV_{DD}	75	D13	109	RDV_{DD}	143	GPIO3
42	A10	76	D14	110	RCV_{DD}	144	V_{SS}

8.2.3 CPU

C55x的CPU结构如图8-6所示，其主要组成有：存储器接口单元（M单元）；指令缓冲单元（I单元）；程序流单元（P单元）；地址数据流单元（A单元）；数据计算单元（D单元）和内部地址总线与数据总线，各个单元的详细功能和结构如下。

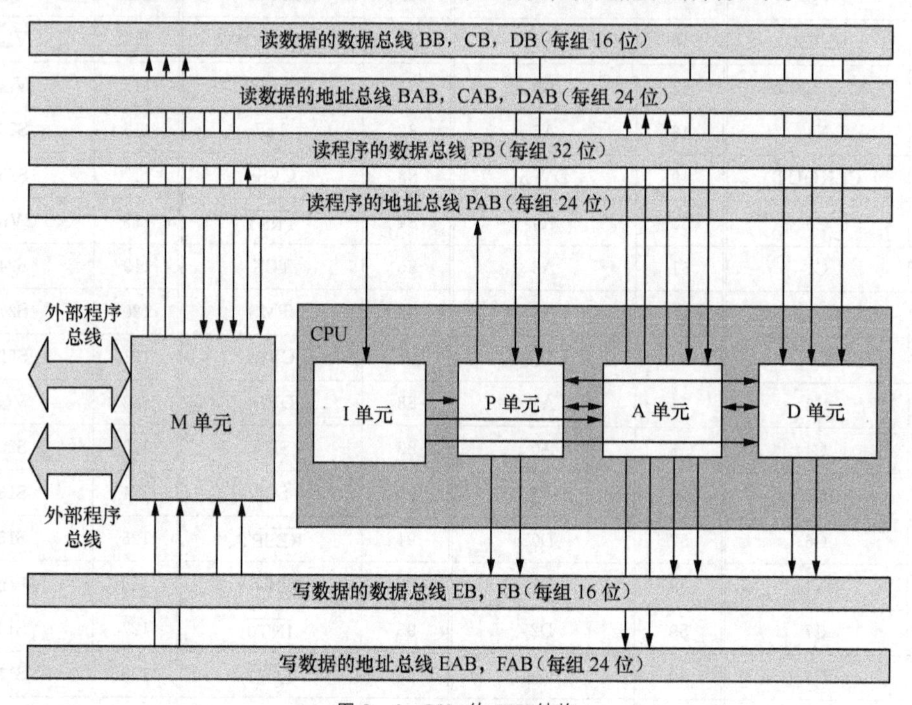

图8-6 C55x的CPU结构

M单元是一个内部数据流、指令流接口，管理所有来自CPU、数据空间或I/O空间的数据和指令，负责CPU和数据空间以及CPU和I/O空间的数据传输。

I单元结构如图8-7所示，每个机器周期，PB从程序空间传送32位的程序代码至I单元的指令缓冲队列，该队列最大可以存放64个字节的待译码指令，可以执行块循环指令，具有对于分支、调用和返回指令的随机处理能力。当CPU准备译码时，6个字节的代码从队列发送到I单元的指令译码器，指令译码器能够识别指令边界，可以译码8、16、24、32、40和48位的指令，决定2条指令是否并行执行，将译码结果和立即数送至P单元、A单元、D单元。

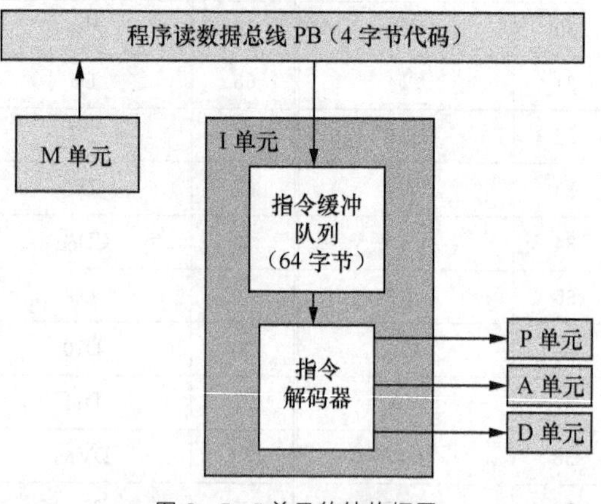

图8-7 I单元的结构框图

P单元结构如图8-8所示，其功能主要是产生所有的程序空间地址，并加载地址到PAB，同时控制指令流顺序。其中程序地址产生器负责产生24位的程序空间取指的地址，它可以产生顺序地址，也可以以I单元的立即数或D单元的寄存器值作为地址。程序控制逻辑接收来自I单元的立即数，并测试来自A单元或D单元的结果从而执行如下动作：

①测试条件执行指令的条件是否成立，把测试结果送程序地址发生器；②当中断被请求或使能时，初始化中断服务程序；③控制单一指令重复或块指令重复，可以实现循环的三级嵌套，可以在块循环中嵌套块循环和/或单指令循环，块循环最高可以实现二级嵌套，单指令循环可以成为第三级嵌套。④管理并行执行的指令，程序控制指令和数据处理指令可以并行执行。

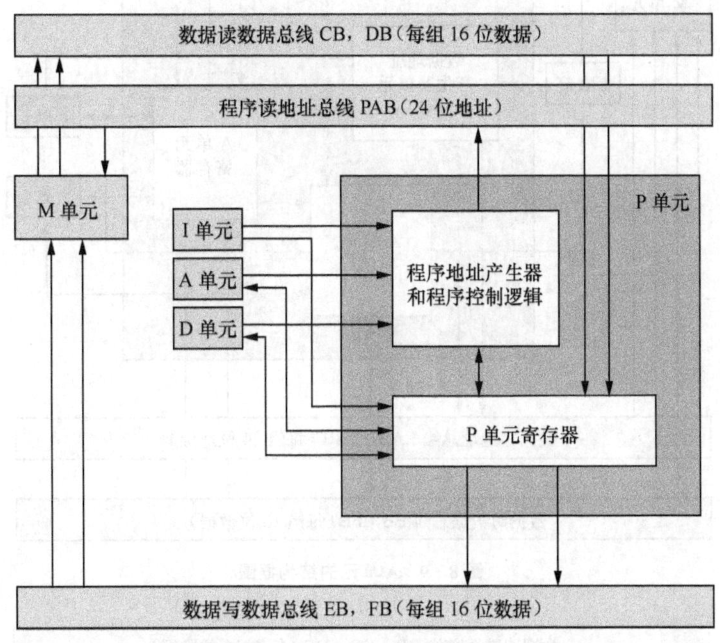

图 8－8 P 单元的结构框图

A 单元的结构如图 8－9 所示，DAGEN 产生所有读写数据空间的地址，可以接收来自 I 单元的立即数或来自 A 单元的寄存器的值。P 单元指示 DAGEN 对于间接寻址方式时是线性寻址还是循环寻址。ALU 可接收来自 I 单元的立即数或与存储器、I/O 空间、A 单元寄存器、D 单元寄存器和 P 单元寄存器进行双向通信。可完成如下动作：①加法、减法、比较、布尔逻辑、符号移位、逻辑移位和绝对值计算；②测试、设置、清空、求补 A 单元寄存器位或存储器位域；③改变或转移寄存器值；④循环移位寄存器值；⑤从移位器向一个 A 单元寄存器送特定值。

D 单元的结构如图 8－10 所示，其单元为 CPU 核心处理单元。

其中移位器接收来自 I 单元的立即数，与存储器、I/O 空间、D 单元寄存器、P 单元寄存器、A 单元寄存器进行双向通信，把移位结果送至 D 单元的 ALU 或 A 单元的 ALU，并完成以下操作：①实现 40 位累加器值最大左移 31 位或最大右移 32 位；②实现 16 位寄存器、存储器或 I/O 空间数据最大左移 31 位或最大右移 32 位；③实现 16 位立即数最大左移 15 位；④归一化累加器数值；⑤提取或扩张位域，执行位计数；⑥对寄存器值进行循环移位；⑦在累加器的值存入数据空间之前，对它们进行取整/饱和处理。

其中 ALU 可从 I 单元接收立即数，或与存储器、I/O 空间、D 单元寄存器、P 单元寄存器、A 单元寄存器进行双向通信，还可接收移位器的结果，同时完成以下操作：①加法、减法、比较、取整、饱和、布尔逻辑以及绝对值运算；②在执行一条双 16 位算术指令时，同时进行两个算术操作；③测试、设置、清除以及求 D 单元寄存器的补码；④对寄

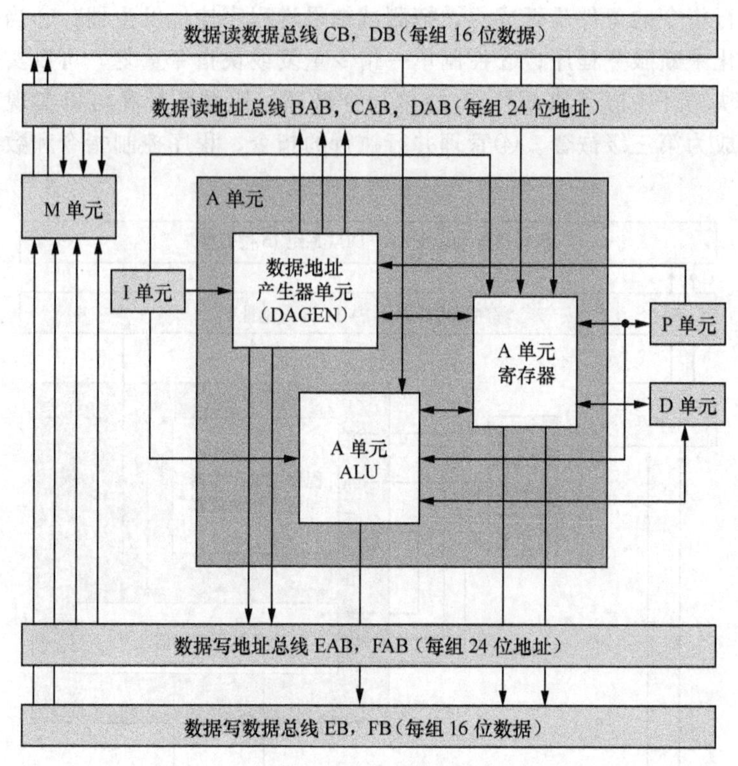

图 8-9　A 单元的结构框图

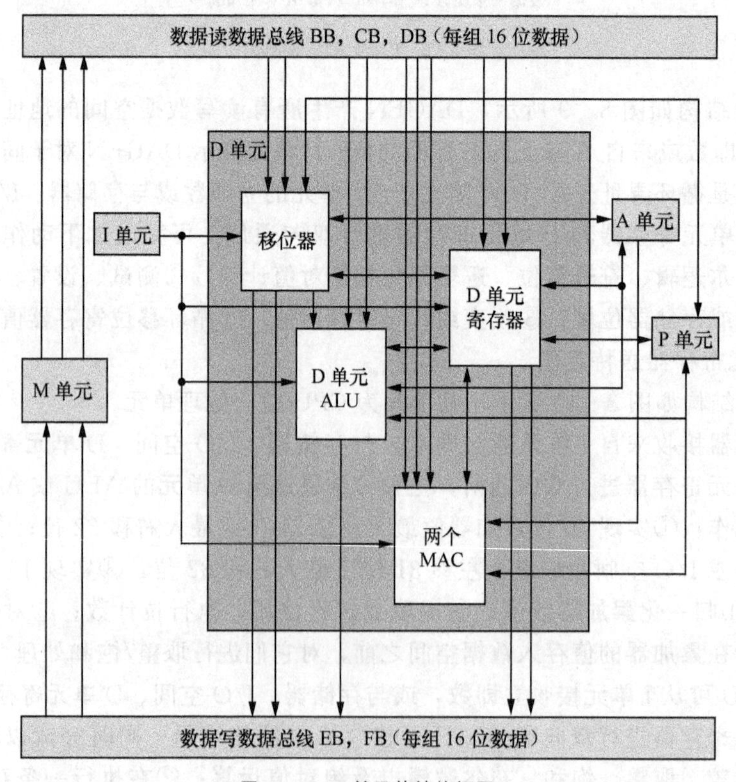

图 8-10　D 单元的结构框图

存器的值进行移动。

其中 MAC 可支持乘法和加/减法。在单个机器周期内，每个 MAC 可以进行一次17×17 位小数或整数乘法运算和一次带有可选的 32 位或 40 位饱和处理的 40 位加/减法运算。MAC 的结果送累加器。MAC 接收来自 I 单元的立即数，或来自存储器、I/O 空间、A 单元寄存器的数据，和 D 单元寄存器、P 单元寄存器进行双向通信。MAC 的操作会影响 P 单元状态寄存器的某些位。

C55x 的 CPU 总线由 1 组 32 位程序总线 PB；5 组 16 位数据总线 BB、CB、DB、EB、FB；6 组 24 位地址总线 PAB、BAB、CAB、DAB、EAB、FAB 组成。这种总线并行机构使 CPU 在一个机器周期内，能够读 1 次 32 位程序代码、读 3 次 16 位数据、写 2 次 16 位地址，表 8－4 列出了各种总线的功能。

表 8－4　地址总线和数据总线功能表

总线	宽度	功能
PAB	24 位	读程序的地址总线，每次从程序空间读时，传输 24 位地址
PB	32 位	读程序的数据总线，从程序存储器传送 4 字节（32 位）的程序代码给 CPU
CAB、DAB	每组 24 位	这两组读数据的地址总线，都传输 24 位地址。DAB 在数据空间或 I/O 空间每读一次时传送一个地址，CAB 在两次读操作里送第二个地址
CB、DB	每组 16 位	这两组读数据的数据总线，都传输 16 位的数值给 CPU。DB 从数据空间或 I/O 空间读数据。CB 在读长类型数据或读两次数据时送第二个值
BAB	24 位	这组读数据的地址总线，在读系数时传输 24 位地址。许多用间接寻址模式来读系数的指令，都要使用 BAB 总线来查询系数值
BB	16 位	这组读数据的数据总线，从内存传送一个 16 位数据值到 CPU。 BB 不和外存连接。BB 传送的数据，由 BAB 完成寻址某些专门的指令，在一个周期里用间接寻址方式，使用 BB、CB 和 DB 来提供 3 个 16 位的操作系数。经由 BB 获取的操作数，必须存放在一组存储器里，区别于 CB 和 DB 可以访问的存储器组
EAB、FAB	每组 24 位	这两组写数据的地址总线，每组传输 24 位地址。EAB 在向数据空间或 I/O 空间写时传送地址。FAB 在双数据写时，传送第二个地址
EB、FB	每组 16 位	这两组写数据的数据总线，每组都从 CPU 读 16 位数据。EB 把数据送到数据空间或 I/O 空间。FB 在写长类型数据或双数据写时传送第二个值

8.2.4 CPU 寄存器

C55x 的 CPU 寄存器有 69 个，本书按英文字母顺序列出，具体如表 8－5 所示，C55x 寄存器的映射地址及描述如表 8－6 所示，具体寄存器的各位功能请参阅各芯片的 datasheet。

表 8－5　C55x 的 CPU 寄存器总表

缩写	名称	大小
AC0～AC3	累加器 0～3	40 位
AR0～AR7	辅助寄存器 0～7	16 位

续表

缩写	名称	大小
BK03，BK47，BKC	循环缓冲区大小寄存器	16位
BRC0，BRC1	块循环计数器0和1	16位
BRS1	BRC1保存寄存器	16位
BSA01，BSA23，BSA45，BSA67，BSAC	循环缓冲区起始地址寄存器	16位
CDP	系数数据指针（XCDP的低位部分）	16位
CDPH	XCDP的高位部分	7位
CFCT	控制流关系寄存器	8位
CSR	计算单循环寄存器	16位
DBIER0，DBIER1	调试中断使能寄存器0和1	16位
DP	数据页寄存器（XDP的低位部分）	16位
DPH	XDP的高位部分	7位
IER0，IER1	中断使能寄存器0和1	16位
IFR0，IFR1	中断标志寄存器0和1	16位
IVPD，IVPH	中断向量指针	16位
PC	程序计数器	24位
PDP	外设数据页寄存器	9位
REA0，REA1	块循环结束地址寄存器0和1	24位
RETA	返回地址寄存器	24位
RPTC	单循环计数器	16位
RSA0，RSA1	块循环起始地址寄存器0和1	24位
SP	数据堆栈指针	16位
SPH	XSP和XSSP的高位	7位
SSP	系统堆栈指针	16位
ST0_55～ST3_55	状态寄存器0～3	16位
T0～T3	暂时寄存器	16位
TRN0～TRN1	变换寄存器0和1	16位
XAR0～XAR7	扩展辅助寄存器0～7	23位
XCDP	扩展系数数据指针	23位
XDP	扩展数据页寄存器	23位
XSP	扩展数据堆栈指针	23位
XSSP	扩展系统堆栈指针	23位

表 8-6　C55x 的 CPU 寄存器映射地址表

地址	寄存器	名称	位范围
00 0000h	IER0	中断使能寄存器 0	15～2
00 0001h	IFR0	中断标志寄存器 0	15～2
00 0002h（C5x 代码适用）	ST0 _ 55	状态寄存器 0	15～0
注意：地址 00 0002h 只适用访问 ST0 _ 55 的 C55x 代码。写入 ST0 的 C54x 代码必须用 00 0006h 访问 ST0 _ 55			
00 0003h（C55x 代码适用）	ST1 _ 55	状态寄存器 1	15～0
注意：地址 00 0003h 只适用访问 ST1 _ 55 的 C55x 代码。写入 ST1 的 C54x 代码必须用 00 0007h 访问 ST1 _ 55			
00 0004h（C55x 代码适用）	ST3 _ 55	状态寄存器 3	15～0
注意：地址 00 0004h 只适用访问 ST3 _ 55 的 C55x 代码。写入处理器模式状态寄存器（PSMST）的 C54x 代码必须用 00 001Dh 访问 ST3 _ 55			
00 0005h	—	保留（不使用）	—
00 0006h（C54x 代码适用）	ST0（ST0 _ 55）	状态寄存器 0	15～0
注意：地址 00 0006h 是 ST0 _ 55 的保护地址。只适用访问 ST0 的 C54x 代码，C55x 代码必须用 00 0002h 访问 ST0 _ 55			
00 0007h（C54x 代码适用）	ST1（ST1 _ 55）	状态寄存器 1	15～0
注意：地址 00 0007h 是 ST1 _ 55 的保护地址。只适用访问 ST1 的 C54x 代码，C55x 代码必须用地址 00 0003h 访问 ST1 _ 55			
00 0008h	AC0L	累加器 0	15～0
00 0009h	AC0H		31～16
00 000Ah	AC0G		39～32
00 000Bh	AC1L	累加器 1	15～0
00 000Ch	AC1H		31～16
00 000Dh	AC1G		39～32
00 0019h	BK03	AR0～AR3 的循环缓冲区大小寄存器	15～0
注意：在 C54x 兼容模式下（C54CM=1），BK03 用作所有辅助寄存器的循环缓冲区大小寄存器。C54CM 是状态寄存器 1（ST1 _ 55）里的一个位			
00 001Ah	BRC0	块循环计数器 0	15～0
00 001Bh	RSA0L	块循环起始地址寄存器的低位部分	15～0
00 001Ch	REA0L	块循环结束地址寄存器的低位部分	15～0
00 001Dh（C54x 代码适用）	PMST（ST3 _ 55）	状态寄存器 3	15～0
注意：该地址是 ST3 _ 55 的保护地址，C54x 代码可用它访问 PMST。C55x 代码必须使用地址 00 0004h 访问 ST3 _ 55			
00 000Eh	T3	暂时寄存器 3	15～0
00 000Fh	TRN0	变换寄存器 0	15～0
00 0010h	AR0	辅助寄存器 0	15～0
00 0011h	AR1	辅助寄存器 1	15～0
00 0012h	AR2	辅助寄存器 2	15～0
00 0013h	AR3	辅助寄存器 3	15～0
00 0014h	AR4	辅助寄存器 4	15～0
00 0015h	AR5	辅助寄存器 5	15～0

续表

地址	寄存器	名称	位范围
00 0016h	AR6	辅助寄存器 6	15~0
00 0017h	AR7	辅助寄存器 7	15~0
00 0018h	SP	数据堆栈指针	15~0
00 001Eh	XPC	C54x 代码兼容模式下，扩展程序计数器	7~0
00 001Fh	—	保留（不使用）	—
00 0020h	T0	暂时寄存器 0	15~0
00 0021h	T1	暂时寄存器 1	15~0
00 0022h	T2	暂时寄存器 2	15~0
00 0023h	T3	暂时寄存器 3	15~0
00 0024h 00 0025h 00 0026h	AC2L AC2H AC2G	累加器 2	15~0 31~16 39~32
00 0027h	CDP	系数数据指针	15~0
00 0028h 00 0029h 00 002Ah	AC3L AC3H AC3G	累加器 3	15~0 31~16 39~32
00 002Bh	DPH	扩展数据页寄存器的高位部分	6~0
00 002Ch 00 002Dh	— —	保留（不使用）	— —
00 002Eh	DP	数据页寄存器	15~0
00 002Fh	PDP	外设数据页寄存器	8~0
00 0030h	BK47	AR4~AR7 的循环缓冲区大小寄存器	15~0
00 0031h	BKC	CDP 的循环缓冲区大小寄存器	15~0
00 0032h	BSA01	AR0 和 AR1 的循环缓冲区起始地址寄存器	15~0
00 0033h	BSA23	AR2 和 AR3 的循环缓冲区起始地址寄存器	15~0
00 0034h	BSA45	AR4 和 AR5 的循环缓冲区起始地址寄存器	15~0
00 0035h	BSA67	AR6 和 AR7 的循环缓冲区起始地址寄存器	15~0
00 0036h	BSAC	CDP 的循环缓冲区起始地址寄存器	15~0
00 0037h	—	保留给 BIOS。一个 16 位寄存器，保存 BIOS 操作所需要的数据表指针起始地址	—
00 0038h	TRN1	变换寄存器 1	15~0
00 0039h	BRC1	块循环计数器 1	15~0
00 003Ah	BRS1	BRC1 保存寄存器	15~0
00 003Bh	CSR	计算单循环寄存器	15~0
00 003Ch 00 003Dh	RSA0H RSA0L	块循环起始地址寄存器 0	23~16 15~0
00 003Eh 00 003Fh	REA0H REA0L	块循环结束地址寄存器 0	23~16 15~0

续表

地址	寄存器	名称	位范围
00 0040h	RSA1H	块循环起始地址寄存器 1	23～16
00 0041h	RSA1L		15～0
00 0042h	REA1H	块循环结束地址寄存器 1	23～16
00 0043h	REA1L		15～0
00 0044h	RPTC	单循环计数器	15～0
00 0045h	IER1	中断使能寄存器 1	10～0
00 0046h	IFR1	中断标志寄存器 1	10～0
00 0047h	DBIER0	调试中断使能寄存器 0	15～2
00 0048h	DBIER1	调试中断使能寄存器 1	10～0
00 0049h	IVPD	DSP 向量的中断向量指针	15～0
00 004Ah	IVPH	主机向量的中断向量指针	15～0
00 004Bh	ST2_55	状态寄存器 2	15～0
00 004Ch	SSP	系统堆栈指针	15～0
00 004Dh	SP	数据堆栈指针	15～0
00 004Eh	SPH	扩展堆栈指针的高位部分	6～0
00 004Fh	CDPH	扩展系数数据指针的高位部分	6～0
00 0050h～00 005Fh	—	保留（不使用）	—

8.2.5 存储空间和 I/O 空间

C55x 的存储（数据/程序）空间采用统一编址的访问方法，具体如图 8-11 所示，当 CPU 读取程序代码时，使用 24 位地址访问相关字节；而 CPU 读写数据时，使用 23 位地址访问相关的 16 位字。两种情况下地址总线上均为 24 位，只是数据寻址时地址总线上的最低位强制填充 0。

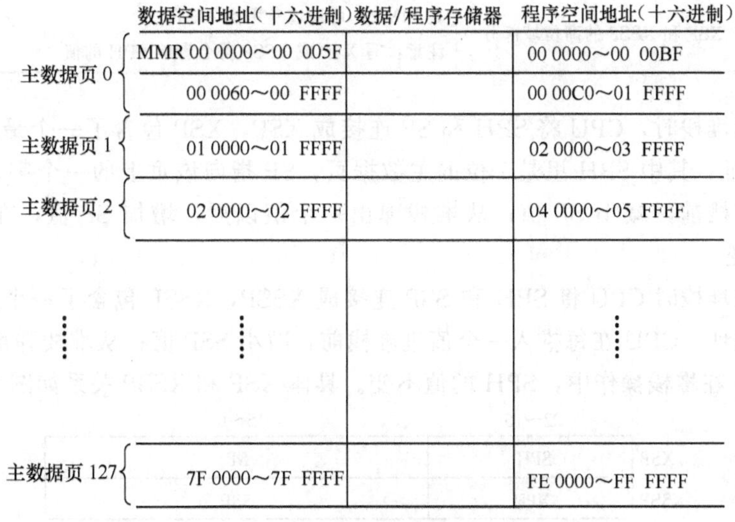

	数据空间地址（十六进制）	数据/程序存储器	程序空间地址（十六进制）
主数据页 0	MMR 00 0000～00 005F		00 0000～00 00BF
	00 0060～00 FFFF		00 00C0～01 FFFF
主数据页 1	01 0000～01 FFFF		02 0000～03 FFFF
主数据页 2	02 0000～02 FFFF		04 0000～05 FFFF
⋮	⋮	⋮	⋮
主数据页 127	7F 0000～7F FFFF		FE 0000～FF FFFF

图 8-11 C55x 的存储空间

C55x存储空间总共为16M字节或8M字，被划分为128个主页面（0～127），每个主页面为64K字，主页面0的前192个字节或96个字（00 0000h～00 00BFh）被MMR所占用。

C55x指令集支持以下数据类型：8位字节（B）、16位字（W）、32位长字（LW），程序空间和数据空间寻址方式不同。

C55x程序空间采用字节寻址，CPU使用24位宽的字节寻址从程序存储器读取指令。地址总线是24位的，通过程序读数据总线一次可以读取32位的指令，指令中每8位占有一个字节地址。C55x程序空间的指令支持8位、16位、24位、32位、48位的指令，指令的地址是指它的高字节地址。

C55x数据空间采用字寻址，CPU使用23位字地址访问数据空间，寻址16位的数据。地址线为24位的，当CPU读/写数据空间时，23位的字地址最低位补一个0成为总地址。

I/O空间和程序/数据空间是分开的，只能用来访问DSP外设上的寄存器。I/O空间里的字地址宽度是16位，可以访问64K个地址，对于I/O空间的读写是通过数据读总线DAB和数据写总线EAB进行的，读写时要在16位地址前补0。

8.2.6 堆栈操作

C55x支持两个16位堆栈，即数据堆栈和系统堆栈，具体堆栈指针寄存器如表8-7所示。

表8-7 堆栈指针寄存器

寄存器	含义	访问属性
XSP	扩展数据堆栈指针	不是MMR（存储器映射寄存器），只能通过专用指令访问
SP	数据堆栈指针	是MMR，可通过专用指令访问
XSSP	扩展系统堆栈指针	不是MMR，只能通过专用指令访问
SSP	系统堆栈指针	是MMR，可通过专用指令访问
SPH	XSP和XSSP的高位域部分	是MMR，可通过专用指令访问 注意：写XSP或XSSP都会影响SPH的值

访问数据堆栈时，CPU将SPH和SP连接成XSP，XSP包含了一个最后推入数据堆栈的23位地址，其中SPH里是7位的主数据页，SP指向该页上的一个字。CPU在每推入一个值入堆栈前，减小SP值；从堆栈弹出一个值以后，增加SP值，在堆栈操作中，SPH的值不变。

访问系统堆栈时CPU将SPH和SSP连接成XSSP，XSSP包含了一个最后推入系统堆栈的值的地址。CPU在每推入一个值进堆栈前，减小SSP值；从堆栈弹出一个值以后，增加SSP值。在堆栈操作中，SPH的值不变。具体XSP和XSSP关系如图8-12所示。

	22～16	15～0
XSP	SPH	SP
XSSP	XPH	SSP

图8-12 XSP和XSSP

C55x 提供了 3 种可能的堆栈配置，一种配置使用快返回过程，另外两种使用慢返回过程。通过给 32 位复位向量的第 29 位、第 28 位填入适当值，可以选择一种堆栈配置方式。复位向量的低 24 位就是复位中断服务子程序（ISR）的起始地址，具体堆栈配置如表 8-8 所示。

表 8-8 堆栈配置

堆栈配置	描述	复位向量值（二进制）
双 16 位的快返回堆栈	数据堆栈和系统堆栈是独立的。当访问数据堆栈时，SP 被修改，SSP 不变，寄存器 REA 和 CFCT 用来实现快速返回	XX00 XXXX：（24 位 ISR 地址）
双 16 位的慢返回堆栈	数据堆栈和系统堆栈是独立的。当访问数据堆栈时，SP 被修改，SSP 不变，不使用寄存器 REA 和 CFCT	XX01 XXXX：（24 位 ISR 地址）
32 位的慢返回堆栈	数据堆栈和系统堆栈作为单一 32 位堆栈。当访问数据堆栈时，SP 和 SSP 同时被修改，寄存器 REA 和 CFCT 不使用。注意：如果通过 SP 的映射位置修改 SP，SSP 不会改变，这时必须独立修改 SSP 使两个指针对齐	XX10 XXXX：（24 位 ISR 地址）

8.2.7 中断和复位

中断是由硬件或软件驱动的信号，使 DSP 将当前的程序挂起，执行另一个称为中断服务子程序（ISR）的任务。C55x 支持 32 个 ISR。有些 ISR 可以由软件或硬件触发，有些只能由软件触发，具体如表 8-9 所示。

表 8-9 C55X 按 ISR 序号分类的中断向量表

ISR 序号	硬件中断优先级	向量名	向量地址	ISR 功能
0	1（最高）	RESETIV（IV0）	IVPD：0h	复位（硬件或软件）
1	2	NMIV（IV1）	IVPD：8h	硬件不可屏蔽中断（NMI）或软件中断 1
2	4	IV2	IVPD：10h	硬件或软件中断
3	6	IV3	IVPD：18h	硬件或软件中断
4	7	IV4	IVPD：20h	硬件或软件中断
5	8	IV5	IVPD：28h	硬件或软件中断
6	10	IV6	IVPD：30h	硬件或软件中断
7	11	IV7	IVPD：38h	硬件或软件中断
8	12	IV8	IVPD：40h	硬件或软件中断
9	14	IV9	IVPD：48h	硬件或软件中断
10	15	IV10	IVPD：50h	硬件或软件中断
11	16	IV11	IVPD：58h	硬件或软件中断
12	18	IV12	IVPD：60h	硬件或软件中断
13	19	IV13	IVPD：68h	硬件或软件中断
14	22	IV14	IVPD：70h	硬件或软件中断
15	23	IV15	IVPD：78h	硬件或软件中断
16	5	IV16	IVPH：80h	硬件或软件中断

续表

ISR序号	硬件中断优先级	向量名	向量地址	ISR功能
17	9	IV17	IVPH：88h	硬件或软件中断
18	13	IV18	IVPH：90h	硬件或软件中断
19	17	IV19	IVPH：98h	硬件或软件中断
20	20	IV20	IVPH：A0h	硬件或软件中断
21	21	IV21	IVPH：A8h	硬件或软件中断
22	24	IV22	IVPH：B0h	硬件或软件中断
23	25	IV23	IVPH：B8h	硬件或软件中断
24	3	BERRIV（IV24）	IVPD：C0h	总线错误中断或软件中断
25	26	DLOGIV（IV25）	IVPD：C8h	Data Log中断或软件中断
26	27（最低）	RTOSIV（IV26）	IVPD：D0h	实时操作系统中断或软件中断
27	—	SIV27	IVPD：D8h	软件中断
28	—	SIV28	IVPD：E0h	软件中断
29	—	SIV29	IVPD：E8h	软件中断
30	—	SIV30	IVPD：F0h	软件中断
31	—	SIV31	IVPD：F8h	软件中断31

有些ISR可以由软件或硬件触发，有些只能由软件触发。当CPU同时收到多个硬件中断请求时，CPU会按照预先定义的优先级对它们做出响应和处理，不同芯片可以参阅相应芯片的datasheet。

中断分为可屏蔽中断和不可屏蔽中断两类。可屏蔽中断可以通过软件来加以屏蔽，例如多数的硬件中断BERRINT等；不可屏蔽中断不能被屏蔽，例如硬件中断$\overline{\text{RESET}}$、$\overline{\text{NMI}}$和所有的软件中断。

DSP处理中断的步骤如下。

（1）接收中断请求。软件和硬件都要求DSP将当前程序挂起。

（2）响应中断请求。CPU必须响应中断，如果是可屏蔽中断，响应必须满足某些条件。如果是不可屏蔽中断，则CPU立即响应。

（3）准备进入中断服务子程序。CPU要执行的主要任务有：①完成当前指令的执行，并冲掉流水线上还未解码的指令；②自动将某些必要的寄存器的值保存到数据堆栈和系统堆栈；③从用户实现设置好的向量地址获取中断向量，该中断向量指向中断服务子程序。

（4）执行中断服务子程序。CPU执行用户编写的ISR。ISR以一条中断返回指令结束，自动恢复步骤（3）中自动保存的寄存器值。

8.2.8 时钟发生器

C55x芯片内部的时钟发生器如图8－13所示，从CLKIN引脚接收输入时钟信号，将其变换为CPU及其外设所需要的工作时钟，工作时钟经过分频通过引脚CLKOUT输出，可供其他器件使用。

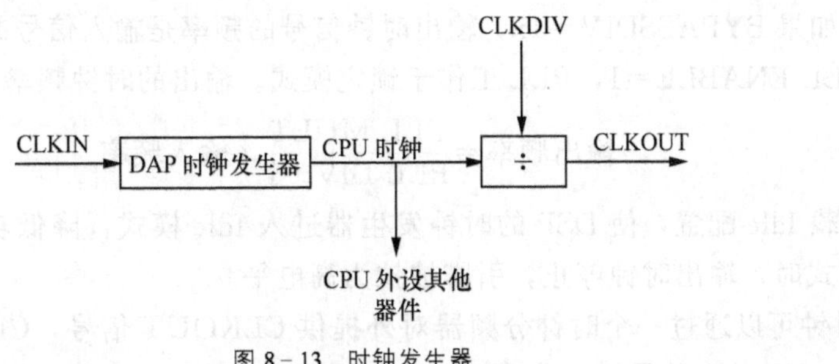

图 8-13 时钟发生器

时钟发生器有三种工作模式：旁路模式（BYPASS）、锁定模式（LOCK）、Idle 模式。通过时钟模式寄存器（CLKMD）中的 PLL ENABLE 位控制旁路模式和锁定模式，可以通过关闭 CLKGEN Idle 模块使时钟发生器工作在 Idle 模式。具体 CLKMD 配置位如表 8-10 所示。

表 8-10 时钟模式寄存器 CLKMD

位	字段	说明
15	Rsvd	保留
14	IAI	退出 Idle 状态后，决定 PLL 是否重新锁定 0 PLL 将使用与进入 Idle 状态之前相同的设置进行锁定 1 PLL 将重新锁定过程
13	IOB	处理失锁 0 时钟发生器不中断 PLL，PLL 继续输出时钟 1 时钟发生器切换到旁路模式，重新开始 PLL 锁相过程
12	TEST	必须保持为 0
11～7	PLL MULT	锁定模式下的 PLL 倍频值，0～31
6～5	PLL DIV	锁定模式下的 PLL 分频值，0～3
4	PLL ENABLE	使能或关闭 PLL 0 关闭 PLL，进入旁路模式 1 使能 PLL，进入锁定模式
3～2	BYPASS DIV	旁路下的分频值 00 一分频 01 二分频 10 或 11 四分频
1	BREAKLN	PLL 失锁标志 0 PLL 已经失锁 1 锁定状态或有对 CLKMD 寄存器的写操作
0	LOCK	锁定模式标志 0 时钟发生器处于旁路模式 1 时钟发生器处于锁定模式

如果 PLL ENABLE＝0，PLL 工作于旁路模式，PLL 对输入时钟信号进行分频。分频值由 BYPASS DIV 确定：如果 BYPASSDIV＝00，输出时钟信号的频率与输入信号的频率相同，即 1 分频；如果 BYPASSDIV＝01，输出时钟信号的频率是输入信号的 1/2，

即2分频；如果 BYPASSDIV=1x，输出时钟信号的频率是输入信号的1/4，即4分频。

如果 PLL ENABLE=1，PLL 工作于锁定模式。输出的时钟频率由下面公式确定

$$\text{输出频率}=\frac{\text{PLL MULT}}{\text{PLL DIV}+1}\times\text{输入频率} \tag{8.1}$$

可以加载 Idle 配置，使 DSP 的时钟发生器进入 Idle 模式，降低功耗。当时钟发生器处于 Idle 模式时，输出时钟停止，引脚被拉为高电平。

CPU 时钟可以通过一个时钟分频器对外提供 CLKOUT 信号，CLKOUT 的频率由系统寄存器（SYSR）中的最低3位 CLKDIV 确定。

当 CLKDIV=000b 时，CLKOUT 的频率等于 CPU 时钟频率。

当 CLKDIV=001b 时，CLKOUT 的频率等于 CPU 时钟频率的1/2。

当 CLKDIV=010b 时，CLKOUT 的频率等于 CPU 时钟频率的1/3。

当 CLKDIV=011b 时，CLKOUT 的频率等于 CPU 时钟频率的1/4。

当 CLKDIV=100b 时，CLKOUT 的频率等于 CPU 时钟频率的1/5。

当 CLKDIV=101b 时，CLKOUT 的频率等于 CPU 时钟频率的1/6。

当 CLKDIV=110b 时，CLKOUT 的频率等于 CPU 时钟频率的1/7。

当 CLKDIV=111b 时，CLKOUT 的频率等于 CPU 时钟频率的1/8。

8.2.9 定时器

C55x 芯片提供了两个20位的定时器，每个定时器由两部分组成：一个4位预定标计数寄存器（PSC）和一个16位主计数器（TIM），具体结构如图8-14所示。

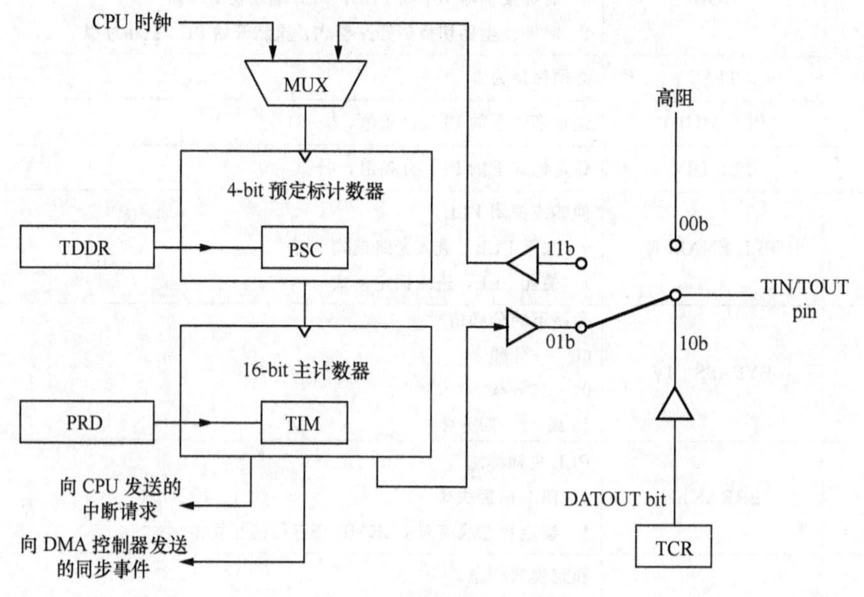

图8-14 定时器结构框图

定时器有2个计数寄存器（PSC，TIM）和2个周期寄存器（TDDR，PRD），在定时器初始化或定时值重新装入过程中，将周期寄存器的内容复制到计数寄存器中。

定时器的工作时钟可以来自 DSP 内部的 CPU 时钟，也可以来自引脚 TIN/TOUT。利用定时器控制寄存器（TCR）中的字段 FUNC 可以确定时钟源和 TIN/TOUT 引脚的

功能。

在定时器中，预定标计数寄存器（PSC）由输入时钟驱动，PSC 在每个输入时钟周期减 1，当其减到 0 时，TIM 减 1，当 TIM 减到 0，定时器向 CPU 发送一个中断请求（TINT）或向 DMA 控制器发送同步事件。定时器发送中断信号或同步事件信号的频率可用下式计算：

$$\text{TNT 频率}=\frac{\text{输入时钟频率}}{(\text{TDDR}+1)\times(\text{PRD}+1)} \tag{8.2}$$

通过设置定时器控制寄存器（TCR）中的自动重装控制位 ARB，可使定时器工作于自动重装模式。当 TIM 减到 0，重新将周期寄存器（TDDR，PRD）的内容复制到计数寄存器（PSC，TIM）中，继续定时。

8.2.10 GPIO

C55x 芯片提供了专门的通用输入输出引脚 GPIO，每个引脚的方向可以由 I/O 方向寄存器 IODIR 独立配置，引脚上的输入/输出状态由 I/O 数据寄存器 IODATA 反映或设置，具体 VC5509 的 GPIO 个数见表 8-3，有关寄存器如表 8-11 和表 8-12 所示。

表 8-11 GPIO 方向寄存器 IODIR

位	字段	数值	说明
15～8	Rsvd		保留
7～0	IOxDIR	 0 1	IOx 方向控制位 IOx 配置为输入 IOx 配置为输出

表 8-12 GPIO 数据寄存器 IODATA

位	字段	数值	说明
15～8	Rsvd		保留
7～0	IOxD	 0 1	IOx 逻辑状态位 IOx 引脚上的信号为低电平 IOx 引脚上的信号为高电平

8.2.11 外部存储器接口

C55x 芯片外部存储器接口 EMIF 控制 DSP 和外部存储器之间的所有数据传输，其连接结构如图 8-15 所示，它为三种类型的存储器提供了无缝接口，分别为：异步存储器，包括 ROM、FLASH 以及异步 SRAM；同步突发 SRAM（SBSRAM），可以工作在 1 倍或 1/2 CPU 时钟频率；同步 DRAM（SDRAM），可以工作在 1 倍或 1/2 CPU 时钟频率。另外也可通过 EMIF 外接 A/D 转换器、并行显示接口等外围设备，只是这些设备需要增加一些外部逻辑器来保证设备的正常使用。

EMIF 支持 4 种类型的访问，即程序的访问、32 位数据的访问、16 位数据的访问、8 位数据的访问。

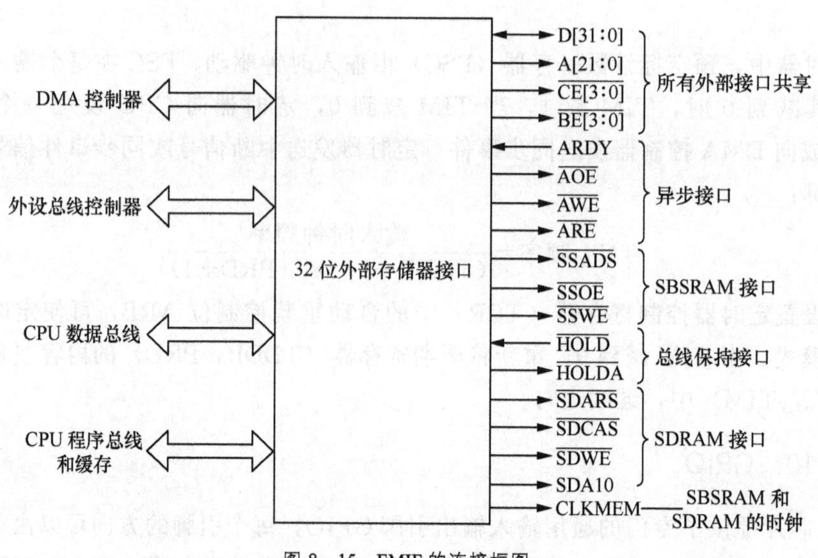

图 8-15 EMIF的连接框图

8.2.12 多通道缓冲串口

C55x 芯片提供了高速多通道缓冲串口 McBSP，可以与符合标准的外部设备和其他 DSP 器件相连，McBSP 具有以下特点：

(1) 全速双工通信；

(2) 双缓存发送，三缓存接收，支持传送连续的数据流；

(3) 独立的收发时钟信号和帧信号；

(4) 128 个通道收发；

(5) 可与工业标准的编解码器、模拟接口芯片及其他串行 A/D、D/A 芯片直接连接；

(6) 能够向 CPU 发送中断，向 DMA 控制器发送 DMA 事件；

(7) 具有可编程的抽样率发生器，可控制时钟和帧同步信号；

(8) 可选择帧同步脉冲和时钟信号的极性；

(9) 传输的字长可选，可以是 8 位、12 位、16 位、20 位、24 位或 32 位；

(10) 具有 u 律和 A 律压缩扩展功能；

(11) 可将 McBSP 引脚配置为通用输入输出引脚。

McBSP 包括一个数据通道和一个控制通道，通过 7 个引脚与外部设备连接，基本结构如图 8-16 所示。数据发送引脚 DX 负责数据的发送，数据接收引脚 DR 负责数据的接收，发送时钟引脚 CLKX、接收时钟引脚 CLKR、发送帧同步引脚 FSX 和接收帧同步引脚 FSR 提供串行时钟和控制信号。

CPU 和 DMA 控制器通过外设总线与 McBSP 进行通信，当发送数据时，CPU 和 DMA 将数据写入数据发送寄存器（DXR1，DXR2），接着复制到发送移位寄存器（XSR1，XSR2），通过发送移位寄存器输出至 DX 引脚；当接收数据时，DR 引脚上接收到的数据先移位到接收移位寄存器（RSR1，RSR2），接着复制到接收缓冲寄存器（RBR1，RBR2）中，RBR 再将数据复制到数据接收寄存器（DRR1，DRR2）中，由 CPU 或 DMA 读取数据，这样可以同时进行内部和外部的数据通信。

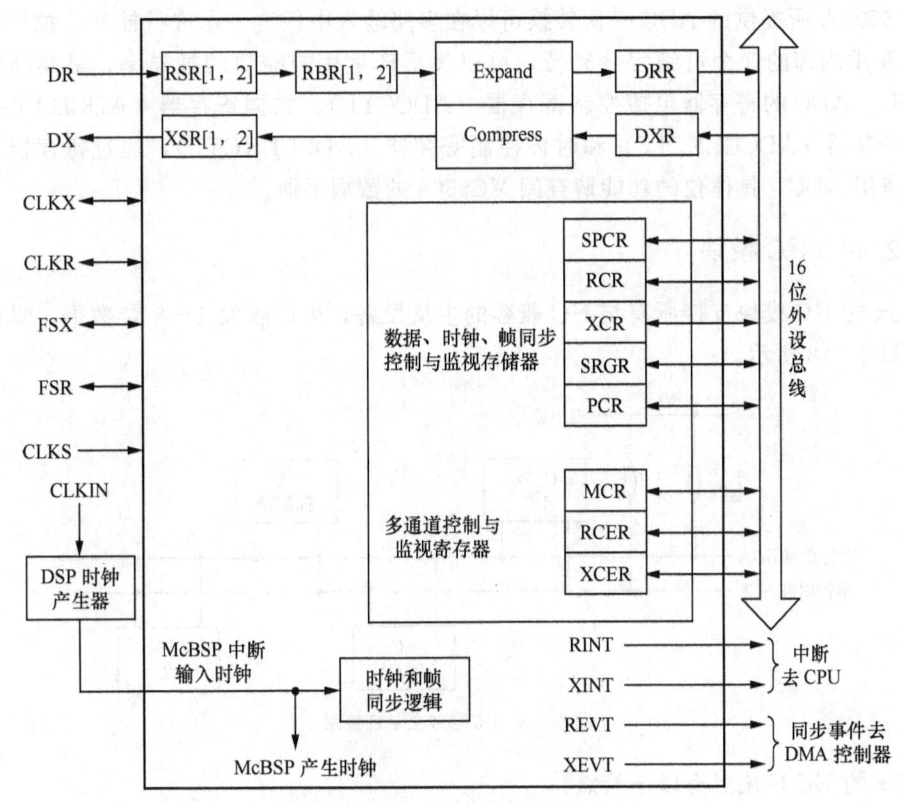

图 8-16 McBSP 的结构框图

8.2.13 模数转换

C55x 芯片中只有 C5507 和 C5509 内部集成了模数转换器（ADC），VC5509A 内部集成的 10 位连续逼近式 ADC，图 8-17 所示为其结构框图。

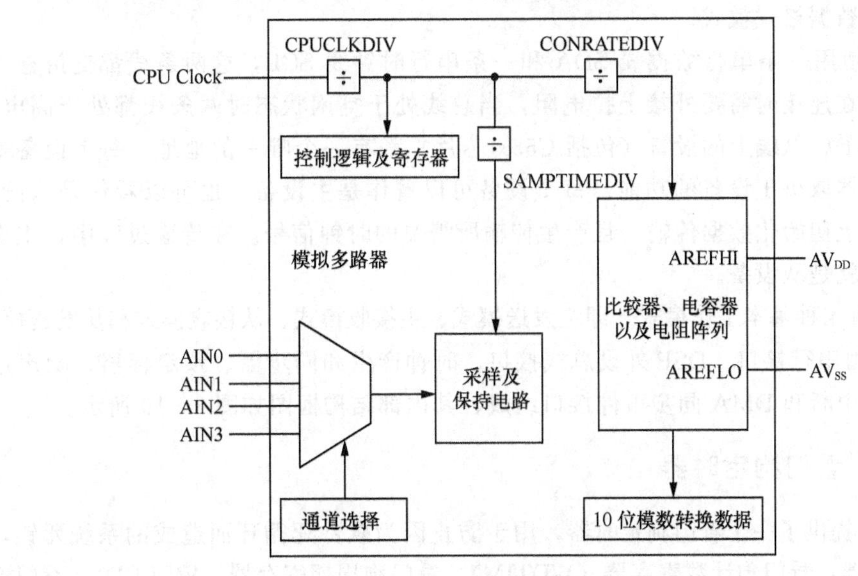

图 8-17 ADC 的结构框图

VC5509A 所提供的 ADC 一次转换可以在多路输入中任选一路进行抽样，抽样结果为10位，利用内部的3个可编程分频器，可以灵活产生用户需要的抽样率，最高抽样速率21.5KHz。ADC 的寄存器包括控制寄存器（ADCCTL)、数据寄存器（ADCDATA)、时钟分频寄存器（ADCCLKDIV）和时钟控制寄存器（ADCCLKCTL)，通过寄存器可以灵活配置使用 ADC，具体位的功能请查阅 VC5509 的数据手册。

8.2.14 I²C 模块

C55x 的 I²C 模块支持所有与 I²C 兼容的主从设备，可以收发 1～8 位数据，具体主从连接如图 8-18 所示。

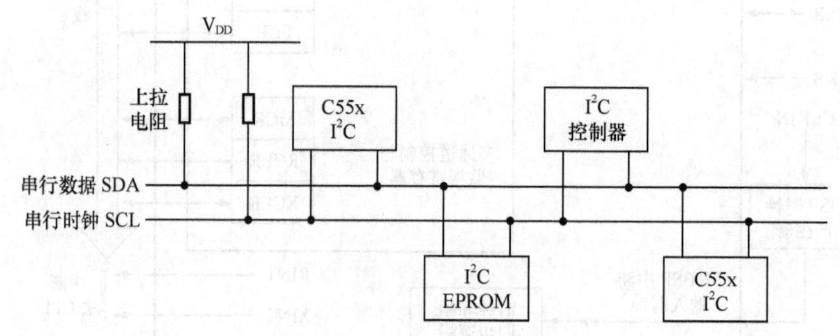

图 8-18 I²C 总线主从连接图

C55x 的 I²C 模块具有以下特点：

(1) 兼容 I²C 总线标准。支持 8 位格式传输，支持 7 位和 10 位寻址模式，支持多个主发送设备和从接收设备，I²C 总线的数据传输率可以从 10～400kb /s；

(2) 可以通过 DMA 完成读写操作；

(3) 可以用 CPU 完成读写操作和处理非法操作中断；

(4) 模块使能/关闭功能；

(5) 自由数据格式模式。

I²C 总线使用一条串行数据线 SDA 和一条串行时钟线 SCL，这两条线都支持输入输出双向传输，在连接时需要外接上拉电阻，当总线处于空闲状态时两条线都处于高电平。每一个连接到 I²C 总线上的设备（包括 C55x 芯片）都有一个唯一的地址。每个设备是发送器还是接收器取决于设备的功能。每个设备可以看作是主设备，也可以看作是从设备。主设备在总线上初始化数据传输，且产生传输所需要的时钟信号。在传输过程中，主设备所寻址的设备就是从设备。

I²C 模块有 4 种基本工作模式，即主发送模式、主接收模式、从接收模式和从发送模式。

I²C 模块由串行接口、DSP 外设总线接口、时钟产生和同步器、预定标器、噪声过滤器、仲裁器、中断和 DMA 同步事件接口组成，其内部结构框图如图 8-19 所示。

8.2.15 看门狗定时器

C55x 芯片提供了一个看门狗定时器，用于防止因为软件死循环而造成的系统死锁，主要有 4 个寄存器：看门狗计数寄存器（WDTIM)、看门狗周期寄存器（WDPRD)、看门狗控制寄存器（WDTCR）和看门狗控制寄存器 2（WDTCR2)，具体结构框图如图 8-20 所示。

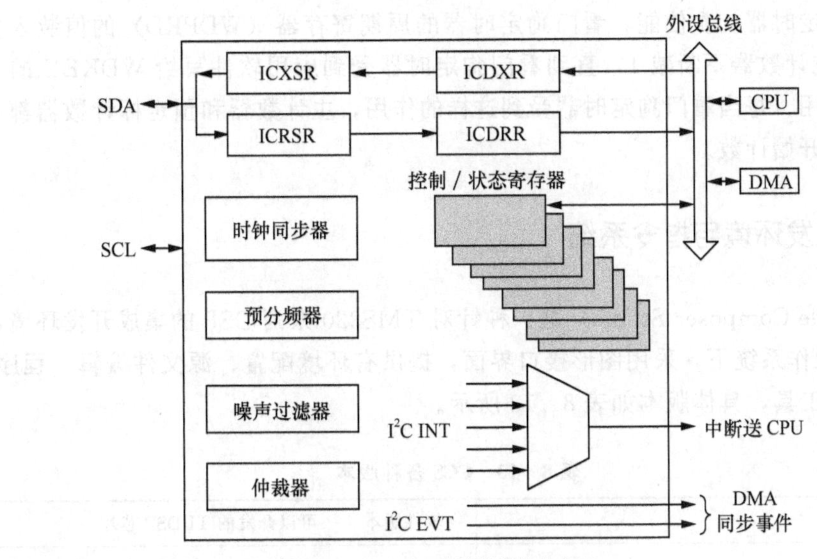

图 8-19 I²C 总线模块结构框图

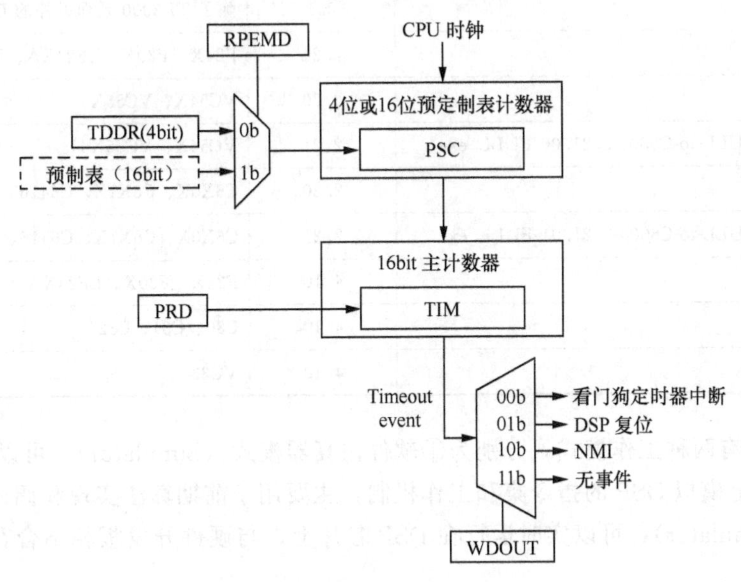

图 8-20 看门狗定时器结构框图

看门狗定时器包括一个 16 位主计数器和一个 16 位预定标计数器，使得计数器动态范围达到 32 位。CPU 时钟为看门狗定时器提供参考时钟，每当 CPU 时钟脉冲出现，预定标计数器减 1。每当预定标计数器减为 0，就触发主计数器减 1。当主计数器减为 0 时，产生超时事件，引发以下的可编程事件：一个看门狗定时器中断、DSP 复位、一个 NMI 中断，或者不发生任何事件。所产生的超时事件，可以通过编程看门狗定时器控制寄存器（WDTCR）中的 WDOUT 域来控制。

每当预定标计数器减为 0，它会自动重新装入，并重新开始计数。装入的值由 WDTCR 中的 TDDR 位和看门狗定时器控制寄存器 2（WDTCR2）中的预定标模式位（PREMD）决定。当 PREMD＝0 时，4 位的 TDDR 值直接装入预定标计数器。当 PREMD=1 时，预定标计数器间接装入 16 位的预置数。

当看门狗定时器初次使能，看门狗定时器的周期寄存器（WDPRD）的值装入主计数器（TIM）。主计数器不断减 1，直到看门狗定时器受到应用软件写给 WDKEY 的一系列的关键值的作用。每当看门狗定时器受到这样的作用，主计数器和预定标计数器都会重新装入，并重新开始计数。

8.3 集成开发环境与指令系统

CCS（Code Composer Studio）是一种针对 TMS320 系列 DSP 的集成开发环境，工作于 Windows 操作系统下，采用图形接口界面，提供有环境配置、源文件编辑、程序调试、跟踪和分析等工具，具体版本如表 8-13 所示。

表 8-13 CCS 各种版本

安装软件名称	软件版本	可以开发的 TI DSP 芯片
CC3.3.exe	3.3	除了 TI 3000 系列以外的 DSP
CC3.1.exe	3.1	除了 TI 3000 系列以外的 DSP
CCS2000.exe	2.21	F24X、F20X、LF24XA、F28X
CCS5000.exe	2.20	VC54X、VC55X
C5000-2.20.00-FULL-to-C5000-2.21.00-FULL.exe	2.21	VC54X、VC55X
CCS6000.exe	2.20	C6X0X、C6X1X、C6416
C6000-2.20.00-FULL-to-C6000-2.21.01-FULL.exe	2.21	C6X0X、C6X1X、C6416、DM642
CC2000.exe	4.10	F24X、F20X、LF24XA
CC3x/4x.exe	4.10	C30、C31、C32
C3x/4x，spl.exe	4.10	VC33

CCS 主要有两种工作模式，分别为①软件仿真器模式（Simulator）：可以脱离 DSP 芯片，在 PC 机上模拟 DSP 的指令集和工作机制，主要用于前期算法实现和调试；②硬件仿真器模式（Emulator）：可以实时运行在 DSP 芯片上，与硬件开发板相结合在线编程和调试应用程序。

CCS 主要构成如图 8-21 所示，主要包括以下部分。

（1）C55x 集成代码产生工具：用来对 C 语言、汇编语言或混合语言编程的 DSP 源程序进行编译汇编，并链接成为可执行的 DSP 程序，主要包括汇编器、链接器、C/C++编译器和建库工具等。

（2）CCS 集成开发环境：集编辑、编译、链接、软件仿真、硬件调试和实时跟踪等功能于一体，包括编辑工具、工程管理工具和调试工具等

（3）DSP/BIOS 实时内核插件及其应用程序接口 API，主要为实时信号处理应用而设计，包括 DSP/BIOS 的配置工具、实时分析工具等。

（4）实时数据交换的 RTDX 插件以及相应的程序接口 API，可对目标系统数据进行实时监视，实现 DSP 与其他应用程序的数据交换。

（5）由 TI 公司以外的第三方提供的各种应用模块插件。

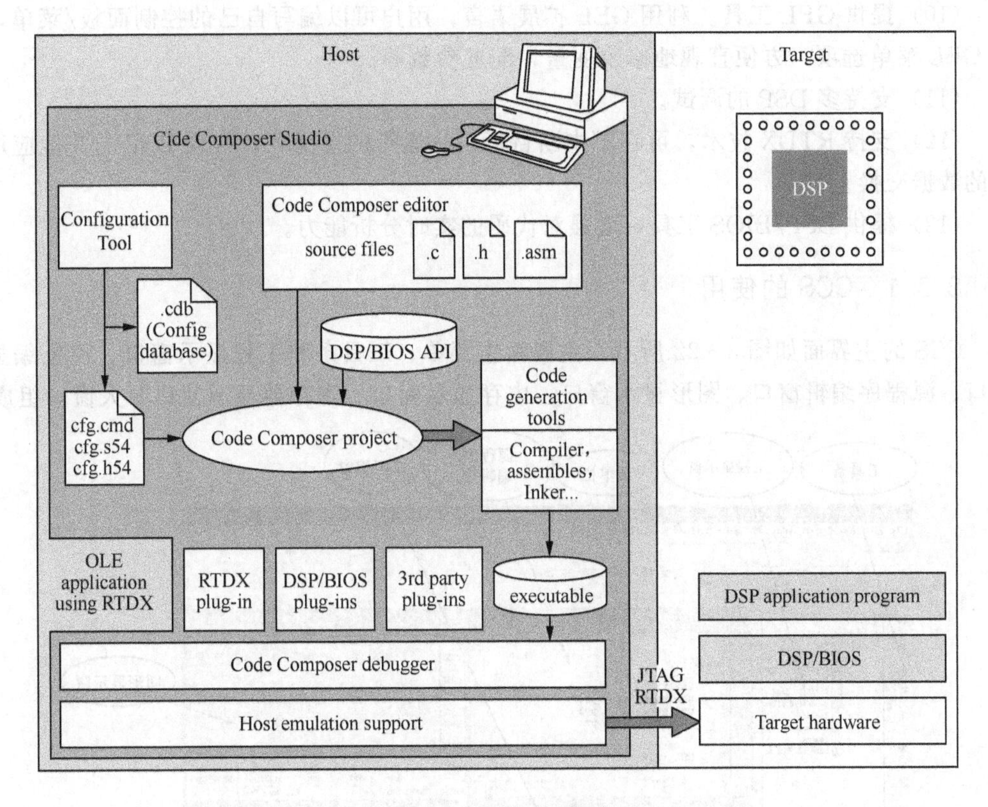

图 8-21 CCS 主要构成与接口

CCS 的功能十分强大，集成了代码的编辑、编译、链接和调试等功能，同时支持 C/C++和汇编的混合编程，主要功能如下。

(1) 具有集成可视化代码编辑界面，用户可通过其界面直接编写 C、汇编、.cmd 文件等。

(2) 含有集成代码生成工具，包括汇编器、优化 C 编译器、链接器等，将代码的编辑、编译、链接和调试等诸多功能集成到一个软件环境中。

(3) 高性能编辑器支持汇编文件的动态语法加亮显示，使用户很容易阅读代码，发现语法错误。

(4) 工程项目管理工具可对用户程序实行项目管理。在生成目标程序和程序库的过程中，建立不同程序的跟踪信息，通过跟踪信息对不同的程序进行分类管理。

(5) 基本调试工具具有装入执行代码、查看寄存器、存储器、反汇编、变量窗口等功能，并支持 C 源代码级调试。

(6) 断点工具，能在调试程序的过程中，完成硬件断点、软件断点和条件断点的设置。

(7) 探测点工具，可用于算法的仿真，数据的实时监视等。

(8) 分析工具，包括模拟器和仿真器分析，可用于模拟和监视硬件的功能、评价代码执行的时钟。

(9) 数据的图形显示工具，可以将运算结果用图形显示，包括显示时域/频域波形、眼图、星座图、图像等，并能进行自动刷新。

（10）提供GEL工具。利用GEL扩展语言，用户可以编写自己的控制面板/菜单，设置GEL菜单选项，方便直观地修改变量，配置参数等。

（11）支持多DSP的调试。

（12）支持RTDX技术，可在不中断目标系统运行的情况下，实现DSP与其他应用程序的数据交换。

（13）提供DSP/BIOS工具，增强对代码的实时分析能力。

8.3.1 CCS的使用

CCS的主界面如图8-22所示，主要由主菜单、工具条和工程显示窗口、反汇编显示窗口、源程序编辑窗口、图形显示窗口、内存显示窗口、寄存器显示窗口8大窗口组成。

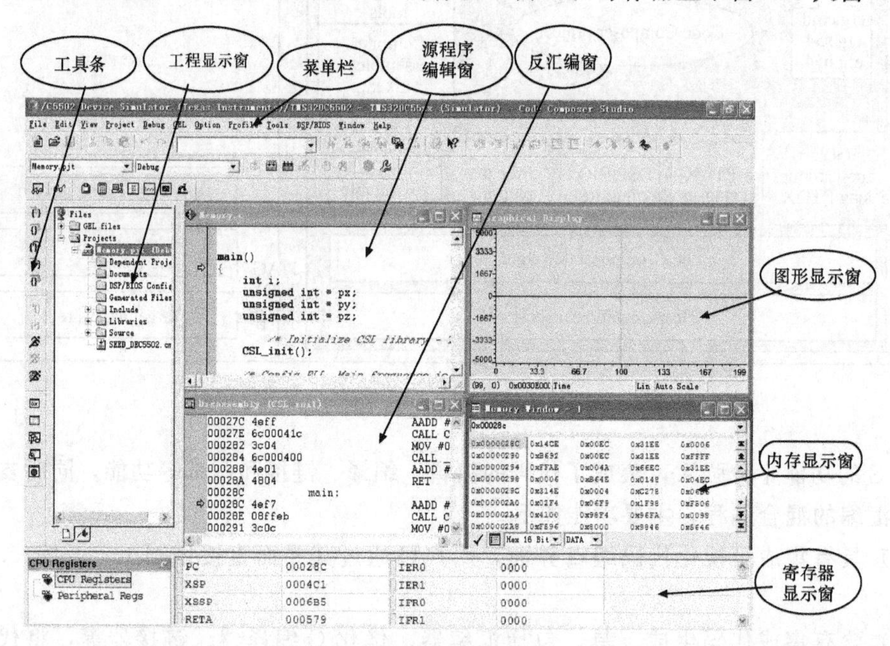

图8-22 CCS主界面

CCS的操作主要包括：源文件的建立、打开、关闭与编辑；工程项目的创建、关闭和打开；工程中文件的添加或删除；工程的构建（编译、链接）。具体请参阅CCS使用手册。

8.3.2 寻址方式

C55x芯片通过以下三种寻址方式访问数据空间、存储器映射寄存器、寄存器位和I/O空间。①绝对寻址方式：通过在指令中指定一个常数地址完成寻址；②直接寻址方式：使用地址偏移量寻址；③间接寻址方式：使用指针完成寻址。

C55x芯片主要有3种绝对寻址方式，如表8-14所示。

表8-14 绝对寻址方式

绝对寻址方式	含义
k16绝对寻址方式	该寻址方式使用7位的DPH和16位的无符号立即数组成一个23位的数据空间地址，可用于访问存储器空间和存储器映射寄存器

续表

绝对寻址方式	含义
k23 绝对寻址方式	该寻址方式使用 23 位的无符号立即数作为数据空间地址，可用于访问存储器空间和存储器映射寄存器
I/O 绝对寻址方式	该寻址方式使用 16 位无符号立即数作为 I/O 空间地址，可用于寻址 I/O 空间

C55x 芯片主要有 4 种直接寻址方式，具体如表 8-15 所示。C55x 芯片主要有 4 种间接寻址方式，实现线性寻址和循环寻址，具体如表 8-16 所示。

表 8-15 直接寻址方式

寻址方式	描述
DP 直接寻址	该方式用 DPH 与 DP 合并的扩展数据页指针寻址存储空间和存储器映射寄存器
SP 直接寻址	该方式用 SPH 与 SP 合并的扩展堆栈指针寻址存储空间中堆栈
寄存器位直接寻址	该模式用偏移地址指定一个位地址，用于寻址寄存器中的一个或相邻的两个位
PDP 直接寻址	该模式使用 PDP 和一个偏移地址寻址 I/O 空间

表 8-16 间接寻址方式

寻址方式	描述
AR 间接寻址	该模式使用 AR0～AR7 中的任一个寄存器访问数据。CPU 使用辅助寄存器产生地址的方式取决于访问数据的来源：数据空间、存储器映射寄存器、I/O 空间或是独立的寄存器位
双 AR 间接寻址	该模式与单 AR 间接寻址相似，只是借助两个辅助寄存器，可以同时访问两个或更多的数据
CDP 间接寻址	该模式使用系数数据指针（CDP）访问数据。CPU 使用 CDP 产生地址的方式取决于访问数据的来源：数据空间、存储器映射寄存器、I/O 空间或是独立的寄存器位
系数间接寻址	该模式与 CDP 间接寻址方式相似，它可以在访问数据空间某区块的数据的同时，借助双 AR 间接寻址访问别的区块的两个数据

8.3.3 指令系统

C55x 芯片主要有两种指令集，分别为助记符指令集和代数指令集，二者在功能上是一一对应的，只是表示形式不同，在编程时只能使用一种指令集。代数指令集中的指令类似于代数表达式，运算关系比较清楚明了，助记符指令集与计算机汇编语言相似，采用助记符来表示指令。表 8-17 列出了指令系统中经常使用的符号、运算符以及它们的含义。

表 8-17 指令系统中的符号及其含义

符号	含义
[ ]	可选的项
40	若选择该项，则该指令执行时 M40=1
ACOVx	累加器溢出状态位：ACOV0，ACOV1，ACOV2，ACOV3

续表

符号	含义
ACx，ACy，ACz，ACw	累加器 AC0～AC3
ARx，ARy	辅助寄存器：AR0，AR1，AR2，AR3，AR4，AR5，AR6，AR7
Baddr	寄存器位地址
BitIn	移进的位：TC2 或 CARRY
BitOut	移出的位：TC2 或 CARRY
BORROW	CARRY 位的补
CARRY	进位位
Cmem	系数间接寻址操作数
cond	条件表述
CSR	单指令重复计数寄存器
Cycles	指令执行的周期数
dst	目的操作数：累加器，或辅助寄存器的低 16 位，或临时寄存器
Dx	x 位长的数据地址
kx	x 位长的无符号常数
Kx	x 位长的带符号常数
lx	x 位长的程序地址（相对于 PC 的无符号偏移量）
Lx	x 位长的程序地址（相对于 PC 的带符号偏移量）
Lmem	32 位数据存储值
E	表示指令是否包含并行使能位
Pipe，Pipeline	流水线执行阶段：D＝译码，AD＝寻址，R＝读，X＝执行
Pmad	程序地址值
Px	x 位长程序或数据绝对地址值
RELOP	关系运算符：＝＝等于，＜小于，＞＝大于等于，！＝不等于
R or rnd	表示要进行舍入（取整）
RPTC	单循环计数寄存器
SHFT	0～15 的移位值
SHIFTW	－32～31 的移位值
S，Size	指令长度（字节）
Smem	16 位数据存储值
SP	数据堆栈指针
src	源操作数：累加器，或辅助寄存器的低 16 位，或临时寄存器
STx	状态寄存器（ST0～ST3）
Tax，TAy	辅助寄存器（ARx）或临时寄存器（Tx）
TCx，TCy	测试控制标志（TC1，TC2）
TRNx	转移寄存器（TRN0，TRN1）
Tx，Ty	临时寄存器（T0～T3）
U or uns	操作数为无符号数

续表

符号	含义
XARx	23 位辅助寄存器（XAR0～XAR7）
xdst	累加器（AC0～AC3）或目的扩展寄存器（XSP，XSSP，XDP，XCDP，XARx）
xsrc	累加器（AC0～AC3）或源扩展寄存器（XSP，XSSP，XDP，XCDP，XARx）
Xmem，Ymem	双数据存储器访问（仅用于间接寻址）

指令集按操作类型可分为 6 种：26 个算术运算指令、5 个位操作指令、1 个扩展辅助寄存器操作指令、4 个逻辑运算指令、4 个移动指令、5 个程序控制指令。

一条指令的属性包括：指令、执行的操作、是否有并行使能位、长度、周期、在流水线上的执行段、执行的功能单元。具体指令可以查阅指令数据手册。

8.4 汇编程序设计

C55x 编程可以采用汇编语言，也可以采用 C/C＋＋语言。采用汇编语言编程复杂，但执行效率高。汇编语言程序以 .asm 为扩展名，一条语句占源程序的一行，总长度可以是源文件编辑器格式允许的长度，语句的执行部分必须限制在 200 个字符以内。

C55x 编程的一般流程为：用户采用 C/C＋＋语言或汇编语言编写源文件（.c 或 .asm），经 C/C＋＋编译器、汇编器生成 COFF 格式的目标文件（.obj），再用链接器进行链接，生成在 C55x 上可执行的目标代码（.out），然后利用调试工具（软件仿真器 simulator 或硬件仿真器 emulator）对可执行的目标代码进行仿真和调试。当调试完成后，通过 Hex 代码转换工具，将调试后的可执行目标代码（.out）转换成 EPROM 编程器能接受的代码（.hex），并将该代码固化到 EPROM 中或加载到用户的应用系统中，以便 DSP 目标系统脱离计算机单独运行。

8.4.1 浮点加减运算

在数字信号处理中，加减运算是常见的算术运算。一般使用 16 位或 32 位加减运算，数值分析、浮点运算和其他操作可能需要 32 位以上的运算。

C55x 有直接完成 16 位或 32 位加减运算的指令，但没有能直接完成多字加减运算的指令。要进行多字加减运算，需要通过编程方法实现。

以下指令可在单周期内完成 32 位加法运算：

```
MOV40 dbl(Lmem),ACx
ADD   dbl(Lmem),ACx
```

64 位的高 32 位加法要考虑低 32 位加法产生的进位，使用以下指令：

```
ADD uns(Smem), CARRY, ACx
```

以下指令可在单周期内完成 32 位减法运算：

```
MOV40 dbl(Lmem),ACx
SUB   dbl(Lmem),ACx
```

64 位的高 32 位减法要考虑低 32 位减法产生的借位，使用以下指令：

```
SUB uns(Smem),BORROW,ACx
```

【例 8-1】64 位加法运算。文件名为：add64.asm。

```
.mmregs
.model call=c55_std
.model mem=large
;*******************************************************************
;                64位加法                              指针分配
;
;         X3  X2  X1  X0                          AR1->X3（偶地址）
;     +    Y3  Y2  Y1  Y0                                X2
;     --------------------                               X1
;         W3  W2  W1  W0                                 X0
;                                                 AR2-> Y3（偶地址）
;                                                        Y2
;                                                        Y1
;                                                        Y0
;                                                 AR3 -> W3（偶地址）
;                                                        W2
;                                                        W1
;                                                        W0
;*******************************************************************
.sect      ".text"
    .align 4
    .global    start
    .sym       start,start, 36, 2, 0
.start:
    MOV        #0100h,AR1
    MOV        #0104h,AR2
    MOV        #0108h,AR3
L1:
               MOV40 dbl(*AR1(#2)), AC0         ; AC0 = X1 X0
               ADD dbl(*AR2(#2)), AC0           ; AC0 = X1 X0 + Y1 Y0
               MOV AC0,dbl(*AR3(#2))            ; 保存 W1 W0.
               MOV40 dbl(*AR1), AC0             ; AC0 = X3 X2
               ADD uns(*AR2(#1)),CARRY,AC0      ; AC0 = X3 X2 + 00 Y2 +
CARRY
               ADD *AR2<< #16, AC0              ; AC0 = X3 X2 + Y3 Y2 +
CARRY
               MOV AC0, dbl(*AR3)               ; 保存 W3 W2.
               B L1
```

【例 8-2】64 位减法运算程序。文件名为：sub64.asm。

```
.mmregs
.model call=c55_std
.model mem=large
;;**************************************************************
;              64 位减法                        指针分配
;
;          X3  X2  X1  X0                 AR1 -> X3（偶地址）
;      -   Y3  Y2  Y1  Y0                        X2
;       --------------------                     X1
;          W3  W2  W1  W0                        X0
;                                          AR2 -> Y3（偶地址）
;                                                Y2
;                                                Y1
;                                                Y0
;                                          AR3 -> W3（偶地址）
;                                                W2
;                                                W1
;                                                W0
;***************************************************************
.sect      ".text"
    .align 4
    .global   start
    .sym      start,start,36,2,0

start:
    MOV    #0100h,AR1
    MOV    #0104h,AR2
    MOV    #0108h,AR3
L1:
          MOV40 dbl(*AR1(#2)),AC0           ;AC0=X1X0
          SUB dbl(*AR2(#2)),AC0             ;AC0=X1X0-Y1Y0
          MOV AC0,dbl(*AR3(#2))              ;保存 W1W0.
          MOV40 dbl(*AR1),AC0               ;AC0=X3X2
          SUB uns(*AR2(#1)),BORROW,AC0      ;AC0=X3X2-00Y2-BORROW
          SUB *AR2<<#16,AC0                 ;AC0=X3X2-Y3Y2-BORROW
          MOV AC0,dbl(*AR3)                 ;保存 W3W2.
          B L1
```

8.4.2 浮点乘除运算

C55x 提供了硬件乘法器，16 位乘法可在一个指令周期内完成。高于 16 位的乘法运算可以采用下述方法实现（以 32 位乘法为例）。

【例 8-3】32 位整数乘法运算。文件名:mpy32. asm

```
.mmregs
.model call=c55_std
.model mem=large
;***************************************************************
;本子程序是两个 32 位整数乘法,得到一个 64 位结果。操作数取自数
;据存储器,运算结果送回数据存储器。
;
;数据存储:                                          指针分配:
; X1 X0          32 位操作数                     AR0 ->X1
; Y1 Y0          32 位操作数                            X0
; W3 W2 W1 W0    64 位结果                       AR1-> Y1
;                                                       Y0
;入口条件:                                       AR2 ->W0
; SXMD = 1       (允许符号扩展)                         W1
; SATD = 0       (不做饱和处理)                         W2
; FRCT = 0       (关小数模式)                           W3
;************************************************************
.sect     ".text"
    .align 4
    .global start
    .symstart,start,36,2,0
start:
    MOV #0100h,AR0
    MOV #0102h,AR1
    MOV #0104h,AR2
    BSET SXMD
    BCLR SATD
    BCLR FRCT
L1:
    AMAR *AR0+                             ;AR0 指向 X0
    ||AMAR *AR1+                           ;AR1 指向 Y0
    MPYM uns(*AR0-),uns(*AR1),AC0 ;ACO=X0*Y0
    MOV AC0,*AR2+                          ;保存 W0
    MACM *AR0+,uns(*AR1-),AC0>>#16,AC0 ;AC0=X0*Y0>>16+X1*Y0
    MACM uns(*AR0-),*AR1,AC0   ;AC0=X0*Y0>>16+X1*Y0+X0*Y1
    MOV   AC0,*AR2+                        ;保存 W1
    MACM *AR0,*AR1,AC0>>#16,AC0;AC0=AC0>>16+X1*Y1
    MOV   AC0,*AR2+                        ;保存 W2
    MOV   HI(AC0),*AR2                     ;保存 W3
    B L1
```

C55x 没有提供硬件除法器，也没有提供专门的除法指令，要实现除法运算需借助于条件减法指令 SUBC 和重复指令 RPT。根据被除数绝对值与除数绝对值的大小关系，除法的实现过程略有不同。

当|被除数|<|除数|时，商为小数；当|被除数|≥|除数|时，商为整数。

需要注意的是：SUBC 指令要求被除数和除数都必须为正。下面举例说明如何在 C55x DSP 中实现除法运算。

【例 8-4】 无符号 16 位除 16 位整数除法。文件名为：udiv16o16.asm。

```
.mmregs
.model call=c55_std
.model mem=large
;*************************************************
;  指针分配
;  AR0->被除数
;  AR1->除数
;  AR2->商
;  AR3->余数
;;注:; 无符号除法,被除数、除数均为 16 位
;关闭符号扩展,被除数、除数均为正数
;运算完成后 AC0(15-0)为商,AC0(31-16)为余数
;*************************************************
.sect     ".text"
    .align 4
    .global  start
    .sym     start,start,36,2,0

start:
    MOV #0100h,AR0
    MOV #0101h,AR1
    MOV #0102h,AR2
    MOV #0103h,AR3
L1:
    BCLR SXMD                ;清零 SXMD (关闭符号扩展)
    MOV *AR0,AC0               ;把被除数放入 AC0
    RPT #(16-1)              ;执行 subc 16 次
    SUBC *AR1,AC0,AC0         ;AR1 指向除数
    MOV AC0,*AR2              ;保存商
    MOV HI(AC0),*AR3          ;保存余数
      B L1
```

【例 8-5】 无符号 32 位除 16 位整数除法。

文件名为：udiv32o16.asm。

```
    .mmregs
    .model call=c55_std
    .model mem=large
```

```
;*********************************************
;   指针分配
;   AR0->被除数高位
;   被除数低位
;   AR1->除数
;   AR2->商高位
;            商低位
;   AR3->余数
;;注:;无符号除法,被除数为32位,除数为16位
;关闭符号扩展,被除数、除数均为正数
;第一次除法之前,把被除数高位存入AC0
;第一次除法之后,把商的高位存入AC0(15-0)
;第二次除法之前,把被除数低位存入AC0
;第二次除法之后,AC0(15-0)为商的低位,AC0(31-16)为余数
;*********************************************
.sect           ".text"
    .align 4
    .global     start
    .sym        start,start,36,2,0
start:    MOV   #0100h,AR0
    MOV   #0102h,AR1
    MOV   #0104h,AR2
    MOV   #0106h,AR3
L1:BCLR SXMD          ;清零SXMD(关闭符号扩展)
   MOV *AR0+,AC0 ;把被除数高位存入AC0
   || RPT #(15-1)    ;执行subc 15次
   SUBC *AR1,AC0,AC0  ;AR1指向除数
   SUBC *AR1,AC0,AC0 ;执行subc最后一次
   || MOV #8,AR4         ;把AC0_L存储地址装入AR4
   MOV AC0,*AR2+  ;保存商的高位
   MOV *AR0+,*AR4;把被除数低位装入AC0_L
   RPT #(16-1)          ;执行subc 16次
   SUBC *AR1,AC0,AC0
   MOV AC0,*AR2+  ;保存商的低位
   MOV HI(AC0),*AR3   ;保存余数
   BSET SXMD          ;置位SXMD(打开符号扩展)
     B L1
```

【**例8-6**】带符号16位除16位整数除法。

文件名为:sdiv16o16.asm。

```
.mmregs
    .model call=c55_std
    .model mem=large
;**********************************************
;  指针分配
;      AR0-> 被除数              AR1->除数
;  AR2-> 商                    AR3->余数
;;注:符号除法,被除数为 16 位,除数为 16 位
;打开符号扩展,被除数、除数可为负数
;除法运算之前,商的符号存入 AC0
;除法运算之后,商存入 AC1(15-0),余数存入 AC1(31-16)
;**********************************************
.sect     ".text"
    .align 4
    .global  start
    .sym     start,start,36,2,0

start:
    MOV #0100h,AR0
    MOV #0101h,AR1
    MOV #0102h,AR2
    MOV #0103h,AR3
L1:
    BSET SXMD              ;置位 SXMD(打开符号扩展)
    MPYM *AR0,*AR1,AC0 ;计算期望得到的商的符号
    MOV *AR1,AC1            ;把除数存入 AC1
    ABS AC1,AC1            ;求绝对值,|除数|
    MOV AC1,*AR2            ;暂时保存 |除数|
    MOV *AR0,AC1            ;把被除数存入 AC1
    ABS AC1,AC1            ;求绝对值,|被除数|
    RPT #(16-1)             ;执行 subc 16 次
SUBC *AR2,AC1,AC1        ;AR2 ->|除数|
    MOV HI(AC1),*AR3        ;保存余数
    MOV AC1,*AR2            ;保存商
    SFTS AC1,#16           ;对商移位:把符号位放在最高位
    NEG AC1,AC1            ;对商求反
    XCCPART label,AC0<#0 ;如果商的符号位为负,
    MOV HI(AC1),*AR2        ;用商的负值替换原来的商
label:
    B L1
```

8.4.3 内建函数的使用

汇编器支持如表8-18所示的内建数学函数，函数中的表达式必须为常数。

表8-18 内建函数表

函数	说明
$acos (expr)	返回浮点expr的反余弦函数值
$asin (expr)	返回浮点expr的反正弦函数值
$atan (expr)	返回浮点expr的反正切函数值
$atan2 (expr)	返回浮点expr的反正切函数值（一pi to pi）
$ceil (expr)	返回不小于expr的最小整数值
$cosh (expr)	返回浮点expr的双曲余弦函数值
$cos (expr)	返回浮点expr的余弦函数值
$cvf (expr)	把expr转变为浮点数
$cvi (expr)	把expr转变为整数
$exp (expr)	返回浮点expr的自然指数值
$fabs (expr)	返回浮点expr的绝对值
$floor (expr)	返回不大于expr的最大整数值
$fmod (expr1, expr2)	返回表达式expr1除以expr2的余数
$int (expr)	如果expr为整数返回1
$ldexp (expr1, expr2)	返回expr1与2的expr2次幂的乘积
$log10 (expr)	返回expr的以10为底的对数
$log (expr)	返回expr的以e为底的对数
$max (expr1, expr2)	返回表达式expr1和expr2的最大值
$min (expr1, expr2)	返回表达式expr1和expr2的最小值
$pow (expr1, expr2)	返回表达式expr1的expr2次幂
$round (expr)	返回表达式expr最近的整数
$sgn (expr)	返回表达式expr的符号
$sin (expr)	返回浮点expr的正弦函数值
$sinh (expr)	返回浮点expr的双曲正弦函数值
$sqrt (expr)	返回浮点expr的平方根值
$tan (expr)	返回浮点expr的正切函数值
$tanh (expr)	返回浮点expr的双曲正切函数值
$trunc (expr)	返回截去小数部分后的expr的整数值

思考题

1. C55x CPU包括哪些功能单元？
2. C55x内部总线有哪些？各有什么作用？
3. C55x的CPU包括哪几个状态寄存器？

4. C55x 的 CPU 在读取程序代码和读写数据时有什么不同？

5. C55x 的堆栈有哪些种类？涉及的寄存器有哪些？

6. C55x 对中断是如何处理的？

7. C55x 有哪些寻址方式？

8. 阅读下列程序，给程序加上注释，指出该程序的功能。

（1）
```
mov *AR0+,AC0
add *AR0+,AC0
mov AC0,T0
```

（2）
```
mpym *AR0+, *AR1+,AC0
mpym *AR0+,*AR1+,AC1
add AC1,AC0
mpym *AR0+,*AR1+,AC1
add AC1,AC0
mov AC0,T0
```

9. C55x 的哪些指令最适合于完成以下运算。

（1）$\sum_{i=0}^{L-1} x_i y_i$

（2）$\sum_{i=0}^{L-1} (x_i - y_i)^2$

（3）$\sum_{i=0}^{L-1} h_i [x(n-i) + x(n-L+1+i)]$

10. 什么是段指针？有何用途？

11. 什么是命令文件？有何用途？

12. 标号和注释有什么差别？各自的作用是什么？

13. MEMORY 和 SECTIONS 指令的作用分别是什么？

14. 伪指令的作用是什么？

15. 什么是初始化段和末初始化段？

第9章 数字信号的 DSP 处理器实现

【本章学习目标】

1. 了解 TMS320C55x DSP 处理器的 C/C＋＋语言基础；
2. 理解 FFT 算法在 TMS320C55x DSP 处理器的代码实现原理；
3. 理解 IIR 数字滤波器在 TMS320C55x DSP 处理器中的代码实现原理；
4. 理解 FIR 数字滤波器在 TMS320C55x DSP 处理器中的代码实现原理。

【本章能力目标】

1. 能够在 TMS320C55x DSP 上用 C/C＋＋语言实现 FFT；
2. 能够在 TMS320C55x DSP 上用 C/C＋＋语言实现 IIR 和 FIR 数字滤波器。

9.1 C/C+ + 语言编程基础

汇编语言对计算机硬件的依赖大，程序的可读性和可移植性比较差。一般高级语言可移植性好，但是很难实现汇编语言对内存地址的操作、位操作等功能。C/C＋＋语言作为一种高级语言，它语言简洁、紧凑，使用方便、灵活；运算符丰富，表达式类型多样化；数据结构类型丰富；具有结构化的控制语句；语法限制不严格，程序设计自由度大；允许访问物理地址，能进行位操作，能实现汇编语言的大部分功能，能直接对硬件进行操作。因此适合作为 DSP 的开发语言。

9.1.1 数据类型与关键字

C55x 支持的数据类型如表 9－1 所列，包括字符、定点数、浮点数、指针等。

表 9－1　C55x 支持的数据类型

类型	长度	内容	最小值	最大值
signed char（有符号字符）	16 位	ASCII 码	－32768	32767
unsigned char（无符号字符）	16 位	ASCII 码	0	65535
short，signed short（短整型）	16 位	二进制补码	－32768	32767
unsigned short（无符号短整型）	16 位	二进制数	0	65535
int，signed int（整型）	16 位	二进制补码	－32768	32767
unsigned int（无符号整型）	16 位	二进制数	0	65535
long，signed long（长整型）	32 位	二进制补码	－2 147 483 648	2 147 483 647
unsigned long（无符号长整型）	32 位	二进制数	0	4 249 967 295
long long（40 位长整型）	40 位	二进制补码	－549 755 813 888	549 755 813 887

续表

类型	长度	内容	最小值	最大值
unsigned long long（40位无符号长整型）	40位	二进制数	0	1 099 511 627 775
emum（枚举型）	16位	二进制补码	−32768	32767
float（浮点型）	32位	32位浮点数	1.175 494e−38	3.40 282 346e+38
double（双精度浮点数）	32位	32位浮点数	1.175 494e−38	3.40 282 346e+38
long double（长双精度浮点数）	32位	32位浮点数	1.175 494e−38	3.40 282 346e+38
数据指针（小存储器模式）	16位	二进制数	0	0xFFFF
数据指针（大存储器模式）	23位	二进制数	0	0x7FFFFF
pointers（程序指针）	24位	二进制数	0	0xFFFFFF

在定义数据类型应注意以下规则。

（1）避免设int和long有相同大小。

（2）对定点算法（特别是乘法）尽量使用int数据类型，用long会导致调用运行时间库。

（3）使用int和unsigned int而不用long作为循环计数。C55x的硬件循环计数只有16位宽。

（4）避免设char为8位，long为64位。

（5）当所写代码用于DSP目标系统中时，应定义genetic类型。

一般来说，最好使用int类型作循环计数器和其他对位数要求不高的整型变量。

C55x编译器支持的关键字有以下几种。

1. ioport

C55x C编译器对标准C语言进行了扩展，增加了ioport关键字来支持I/O寻址模式。

ioport关键字可以用在数组、结构体、共用体和枚举类型当中。当用在数组中时，ioport可以作为数组中的元素；在结构体中使用ioport，只能是指向ioport数据的指针，不能直接作为结构体的成员。

ioport类型限定词只能用于全局或静态变量。如果在本地变量中使用ioport类型，则变量必须用指针声明。下面给出一个指针声明ioport类型的例子：

```
void foo(void)
{ioport int i;     /＊错误的声明＊/
ioport int ＊j;    /＊正确的声明＊/
…
}
```

这里要注意：I/O空间是16位寻址，所以声明ioport类型的指针只有16位，不受大/小存储器模式的限制。

2. interrupt

C55x C编译器使用interrupt关键字，来指定某个函数为中断函数。当使用interrupt关键字定义函数时，中断函数必须返回空并且没有参数传递。下面给出一个定义中断函数的例子：

```
interrupt void int_handler()
```

```
{
unsigned int flags;
...
}
```

c_int00是C/C++程序的入口点，这个函数名被系统复位中断保留，该中断服务程序用来初始化系统并调用main函数。

3. onchip

onchip关键字声明一个特殊指针，该指针所指向的数据可用作双MAC指令的操作数。在链接时这些数据必须被链接到DSP片上存储器，否则会导致总线错误。

4. volatile

在任何情况下，优化器会通过分析数据流来避免存储器访问。如果程序依靠存储器访问，则必须使用volatile关键字来指明这些访问。编译器将不会优化任何对volatile变量的引用。

9.1.2 寄存器变量

用register关键字声明的变量就是寄存器变量。C编译器根据是否使用优化器，对寄存器变量采用不同的处理方式。编译器会尽量分配好所声明的寄存器变量。整型、浮点型和指针类型对象都可以声明为寄存器变量，而其他类型对象不行。

当使用优化器进行编译时，编译器忽略任何寄存器声明，通过一种能够最有效地使用寄存器的代价算法，把寄存器分配给变量和临时量。

当不使用优化器进行编译时，编译器将使用register关键字的变量分配到寄存器中。如果编译器运行超出了合适的寄存器，它将通过移动寄存器内容到存储器来释放寄存器。如果定义了太多的寄存器变量，则会限制编译器用来存放临时表达式结果的寄存器数目。这个限制会引起过量的从寄存器到存储器的移动动作。

9.1.3 asm和Pragma指令

1. asm指令

asm指令可以直接将C55x汇编语言指令嵌入到编译器的汇编语言输出中，相当于一个asm的函数的调用。asm指令格式：

asm (“汇编语句”);

例如：

asm (“nop”);插入一条汇编指令nop

asm指令必须插入合法的汇编语言指令。包含引用的代码行必须用标号、空格、星号、分号开头。编译器不检查字符串，而是直接将引号内的字符串复制到输出文件中。汇编器会检测插入的汇编指令是否有错。

使用asm指令存在的问题：C编译器在编译嵌入了汇编语言的C程序时并不检查或分析嵌入的汇编语句，嵌入的语句可能会改变C语言的运行环境。虽然带asm指令的优化器不会移除asm指令，但它可以重新改变周围代码顺序并可能引起不可预知的结果。

2. Pragma指令

Pragma指令的作用是告诉编译器的预处理器如何处理函数。C55x C编译器支持的

pragma 指令有：

CODE_SECTION
C54X_CALL
C54X_FAR_CALL
DATA_ALIGN
DATA_SECTION
FUNC_EXT_CALLED
FUNC_CANNOT_INLINE
FUNC_IS_PURE
FUNC_ IS_SYSTEM
FUNC_NEVER_RETURNS
FUNC_NO_GLOBAL_ASG
FUNC_NO_IND_ASG
MUST_ITERATE
UNROLL

Pragma 指令必须用在函数体外，且必须出现在任何声明、定义或对函数和符号引用之前。否则，编译器会输出警告。

9.1.4 存储器模式与分配

TMS320C55x 处理器采用改进的哈佛结构，在该结构下存储器被分成几个独立的空间，即程序空间、数据空间和 I/O 空间，C55x 编译器为这些空间内的代码块和数据块分配内存。编译器支持两种存储器模型：小存储模式和大存储器模式。两种存储模式的数据在存储器中的放置和访问不同。

1. 小存储器模式（默认模式）

使用小存储器模式，代码段和数据段的长度和位置都要受到一定的限制。在小存储器模式中，下列段都必须在长度为 64K 字的同一个段内：

. bss 和 . data 段（所有静态和全局数据）。

. stack 和 sysstack 段（第一和第二系统堆栈）。

. sysmem 段（动态存储空间）。

. const 段。

在小存储器模式中，对 . text 段（代码）、. switch 段（switch 语句）和 . cinit 段（变量初始化）的大小和位置没有限制。

小存储器模式下编译器使用 16 位数据指针来访问数据。XARn 寄存器的高 7 位用来设置指向包含 . bss 段的存储页。在程序执行过程中它们仍指向原来那些值。

2. 大存储器模式

大存储器模式支持不严格的数据放置。用-ml shell 选项就可以应用该模式。在大存储器模式下，数据指针为 23 位，在存储器中占 2 字空间。. stack 和 . sysstack 段必须在同一页上。

在大存储器模式下编译代码时，必须和 rts55x. lib 运行时间库链接。

链接器不允许同时存在大存储器模式和小存储器模式。应用程序中的所有文件都必须使用相同的存储器模式。

3. 存储器分配

(1) C编译器生成的段

C编译器生成的段有初始化段和未初始化段两种基本的类型。

初始化段包括以下内容。

. cinit段，包含初始化数据表格和常数。

. pinit段，包含实时运行时调用的数据表格。

. const段，包含用const定义（不能同时被volatile定义）的字符串常量和数据。

. switch段，包含switch语句所用表。

. text段，包含所有可执行代码。

汇编器生成了.data段，但C编译器并不使用这个段。

未初始化段是指保留一定的存储器空间，一段程序可以在运行过程中使用这个空间，用来生成和存储变量。

. bss段，为全局和静态变量保留了空间。在启动和装载的时候，C启动程序或装载程序从.cinit段（通常在ROM中）复制数据并用这些数据来初始化.bss段中的变量。

. stack段，为C系统堆栈分配存储地址。这个存储地址用来传递变量和局部存储。

. sysstack段，为第二系统堆栈分配存储地址。

. sysmem段，为动态存储分配保留空间。这个空间被malloc、calloc和realloc函数调用。如果C程序不使用这些函数，编译器就不会创建.sysmem段。

. cio段，支持C I/O。这个空间用来作为标签为 _ CIOBUF _ 缓冲区。当任何类型的C I/O被执行（如printf和scanf)，就会建立缓冲区。缓冲区包含一个对stream I/O类型的内部C I/O命令（和需要的参数）及从C I/O命令返回的数据。.cio段必须放在链接器命令文件中才能使用C I/O。

(2) 堆栈

堆栈的作用是执行中断时存放局部变量，传递参数给函数，保存处理器状态，堆栈被放在存储器的一个连续块中，并从高地址到低地址存放数据。编译器用堆栈指针（SP）来管理堆栈。必须给堆栈分配合适的存储空间，因为编译器不会检查在运行时间内堆栈是否会出现溢出。

C55x还存在辅助堆栈，为了保证与C54x的兼容性，主堆栈主要存放低16位地址，辅助堆栈存放C55x返回的高8位地址，编译器通过辅助堆栈指针SSP来管理辅助堆栈。

系统堆栈和辅助堆栈的大小都由链接器设置。链接器会生成全局符号 _ STACK _ SIZE和 _ SYSSTACK _ SIZE，并给它们指定一个等于各自堆栈大小的值。两种默认堆栈大小都是1000字节。在链接时间内，通过链接器命令中的－stack或－sysstack选项可以改变堆栈大小。

(3) 动态存储器分配

编译器提供了malloc、calloc和realloc函数，实现动态内存分配。

存储器被从一个在.sysmen段定义的全局池（pool）或堆（heap）中分配出来。可以通过－heap size选项和链接器命令来设置.sysmem段的大小。链接器会生成一个全局符号_SYS MEM _SIZE，并为它指定等于heap字节数的值。默认大小为2000字节

动态分配的对象必须用指针寻址。为了在.bss段中保留空间，可以通过从堆中定义

大数组来实现，而不是将其定义为全局或静态变量。

例如，不用如下定义：

struct big table[100]；

而使用指针并调用 malloc 函数：

struct big * table；

table=(struct big *)malloc(100 * sizeof(struct big))；

9.1.5 中断处理

当有关的中断使能或屏蔽被处理时，系统将使用中断。在初始化 C 环境时，启动程序禁止中断。

1. 注意事项

(1) 中断程序会执行任何其他函数执行的工作，包括访问全局变量、为局部变量分配地址、调用其他函数。

(2) 需要处理任何特殊中断屏蔽（通过 IER0 寄存器）。通过嵌入汇编语言语句可以使能或禁止中断，也可以修改 IER0 寄存器而不会破坏 C 环境或 C 指针。

(3) 中断处理程序不能有参数，即使声明了参数也会被忽略。

(4) 中断处理程序不能被普通 C 代码调用。

(5) 为了将中断程序和中断联系起来，需要将分支程序放在合适的中断向量中，通过 . sect 指令创建一个简单的分支指令表就可以实现此操作。

(6) 在汇编语言中，需要在中断程序名前加下画线，如_c_int00。

(7) 分配堆栈到偶地址。

(8) c_int00 是系统复位中断。当进入 c_int00 中断时，运行时间堆栈并没有被建立起来，因此不能为局部变量分配地址，也不能在运行时间堆栈中保存任何信息。

2. C 中断程序的使用

通过 interrupt 关键字可以用 C 函数直接处理中断。interrupt 关键字可以和定义为返回 void 并不含参数的函数一起使用。中断函数体可以有局部变量，可以自由使用堆栈。c_int00是 C 程序入口。这个名字被保存为系统重启中断。这个特殊的中断程序初始化系统并调用了主函数。因为没有调用者，所以 c_int00 不保存任何寄存器。例如，

```
interrupt void isr()
{
    ...
}
```

3. 保存中断入口的现场信息

中断程序所用到的所有寄存器（包括状态寄存器）都必须被保存。

9.1.6 系统初始化

在运行 C 程序之前必须通过一个名为_c_int00 的 C 启动程序来先建立 C 运行环境。该启动程序包含在运行时间支持源程序库（rst. src）的 boot. asm 模块中。

通过复位硬件调用_c_int00 函数，将_c_ int00 函数和其他目标模块链接起来，即可使

系统开始运行。当使用链接器选项－c或－cr并将rts.src作为一个链接输入文件时，这个链接过程能够自动完成。

当C程序被链接时，链接器会在可执行输出模块中给符号_c_int00设置入口点的值。

_c_int00函数主要执行以下工作来完成初始化C环境。

(1) 建立堆栈和辅助堆栈。

(2) 通过从在.cinit段中的初始化表中复制数据到.bss段中的变量来初始化全局变量。如果在装载的时候就初始化变量（－cr选项），装载器就会在程序运行之前执行该步骤（而不是由启动程序完成的）。

(3) 调用main函数开始执行C程序。

1. 变量的自动初始化

任何被声明预初始化的全局变量必须在C程序开始运行前被分配初始值，检索这些变量数据并用这些数据初始化变量的过程叫做自动初始化（autoinitialization）。

编译器会创建一些表，这些表含有用来初始化.cinit段中的全局和静态变量的数据。每个编译过的模块都包含这些初始化表。链接器会把它们组合到一个单一的.cinit表中。启动程序或装载器利用这个表来初始化所有的系统变量。

在标准ANSI C语言中，没有显式初始化的全局和静态变量必须在程序执行前设置为0。C55x C编译器不对任何未初始化变量进行预初始化，因此程序员必须显式初始化任何初始值为0的变量。

2. 全局构建器（Global Constructors）

所有具有构建器的全局变量必须在运行main()函数前使它们的构建器被调用。编译器会在.pinit段中依次建立一个全局构建器地址表。链接器则将各输入文件中的.pinit段链接成一个单一的.pinit段，启动程序将使用这个表来运行这些构建器。

3. 初始化表（Initialization Tables）

.cinit段中的表中包含可变大小的初始化记录。每个必须被自动初始化的变量在.cinit段中都有一条记录。

第一个位域（字0）包含了初始化数据的长度（以字为单位），位14和位15为保留位。一条初始化记录长度可达213字。

第二个位域包含初始化数据要复制到的.bss段的存储器首地址。这个域为24位。

第三个位域包含8比特的标志位。位0为存储器空间指示（I/O或数据），其余位为保留位。

第四个位域（字3到n）包含复制到初始化变量的数据。

.cinit段必须以上述格式包含初始化表。

如果要把汇编语言模块接入C/C＋＋程序，就不能把.cinit段用作他途。

4. 运行时间变量初始化

在运行时间自动初始化是自动初始化的默认模式。为使用这种模式，可采用链接器的－c选项。采用这种方法，.cinit段随着所有其他初始化段被装载到存储器（通常为ROM）中，全局变量在运行时间被初始化。

链接器定义了一个叫作cinit的特殊符号，用以指向存储器中初始化表的起始地址。当程序开始运行时，C启动程序从cinit指向的表中复制数据到.bss段中的特定变量中。

这使得初始化数据能被存储到 ROM 中，并在每次程序开始执行时复制到 RAM 中。

这种方法适用于应用程序烧入在 ROM 中的系统。

5. 装载时间变量初始化

在装载时间自动初始化变量会减少启动时间并节省被初始化表使用的存储器，从而改善了系统性能。用－cr 链接器选项可以选择这种模式。当使用－cr 选项时，链接器置位在 .cinit 段头的 STYP_COPY 位，这样装载器就不会把 .cinit 段装载到存储器中（.cinit 段不占用存储器空间）。链接器置 cinit 符号为－1（通常 cinit 指向初始化表的起始地址），告诉启动程序存储器中没有初始化表，因此在启动时不进行初始化。

为在装载时间内实现自动初始化，装载器必须能够执行如下工作。

（1）检查目标文件中 .cinit 段是否存在。

（2）保证 STYP_COPY 在 .cinit 段头中被置位，这样就不会复制 .cinit 段到存储器中去

（3）理解初始化表格式。

9.2　TMS320C55X 的信号处理实现

本节我们通过对 FFT、FIR 和 IIR 的编程实现，让读者进一步掌握如何采用 C/C＋＋语言在 C55x 中实现数字信号处理的应用。

9.2.1　快速傅里叶变换的 DSP 处理器实现

快速傅里叶变换是一种高效实现离散傅里叶变换的快速算法，是数字信号处理中最为重要的工具之一，它在声学、语音、电信和信号处理等领域有着广泛的应用。下面我们通过一个实例来了解快速傅里叶变换的 DSP 实现过程。这里我们只给出 C 源文件和一个命令文件。

启动 CCS，在 CCS 中建立一个 C 源文件和一个命令文件，并将这两个文件添加到工程，再编译并装载程序，具体步骤如下。

（1）启动 CCS 的仿真平台的配着选项，如图 9－1 所示。选择 C5502 Simulator。

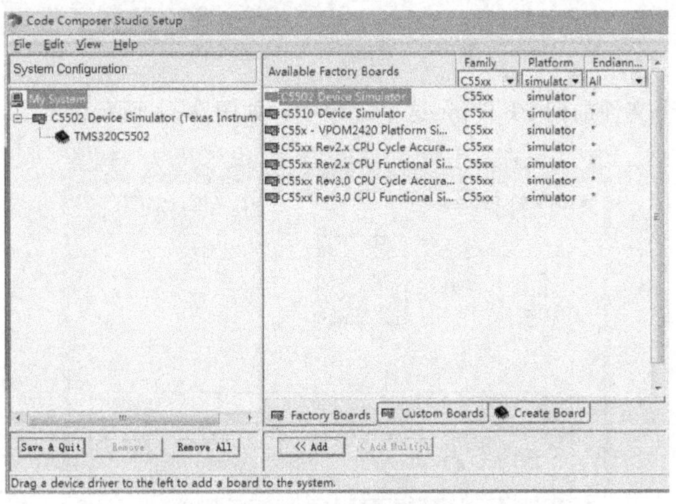

图 9－1　CCS 仿真配置平台

(2) 启动CCS后建立工程文件FFT. pjt，如图9-2所示。

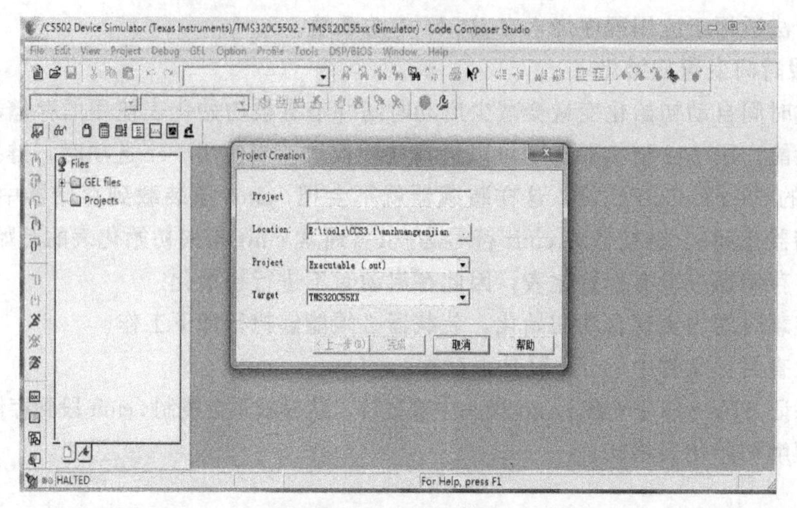

图9-2 建立工程文件

(3) 建立源文件FFT. c和命令文件FFT. cmd，如图9-3所示。

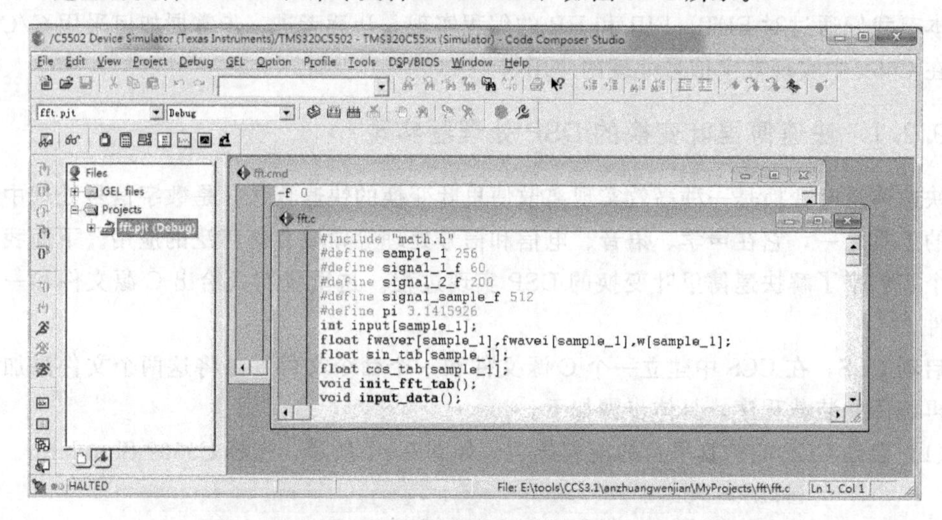

图9-3 建立源程序与链接文件

(4) 将这两个文件加到FFT. pjt这个工程中，如图9-4所示。

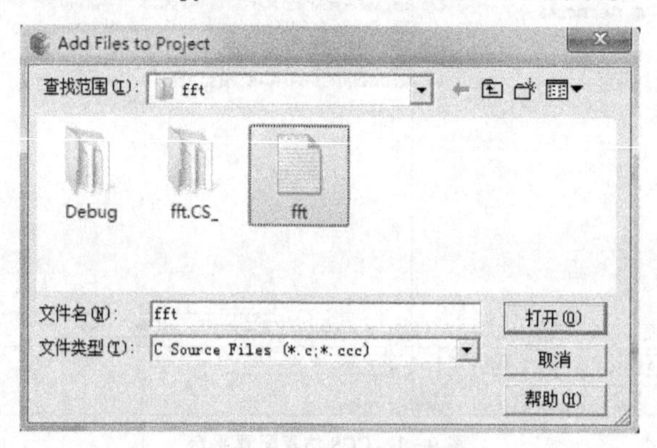

图9-4 添加文件到工程

(5) 创建 out 文件，如图 9－5 所示。

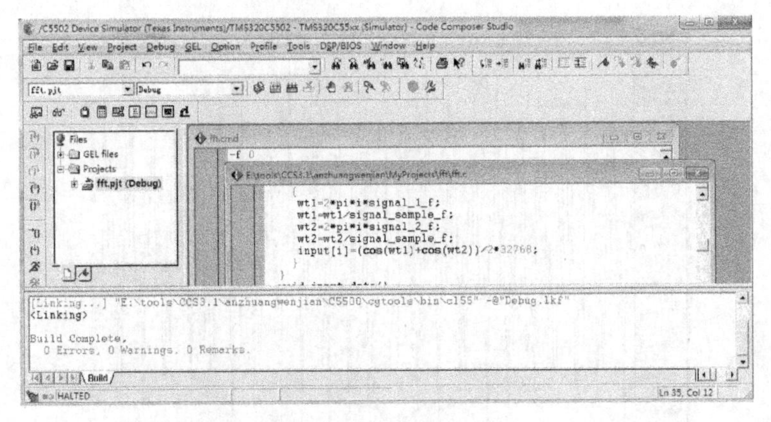

图 9－5 创建 out 文件

(6) 加载 out 文件，如图 9－6 所示。

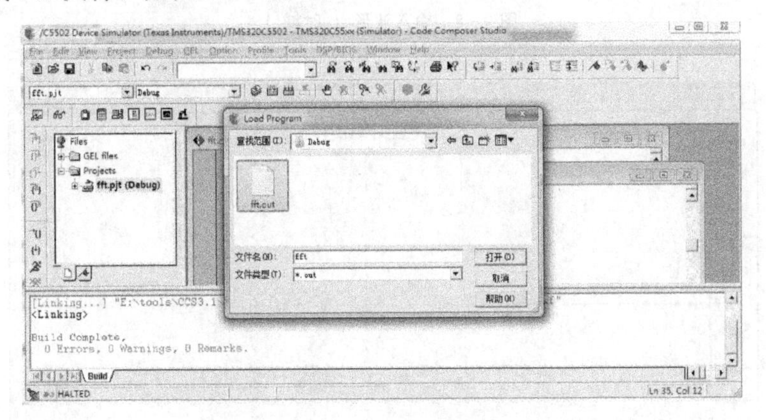

图 9－6 加载 out 文件

(7) 加载数据，如图 9－7 所示。

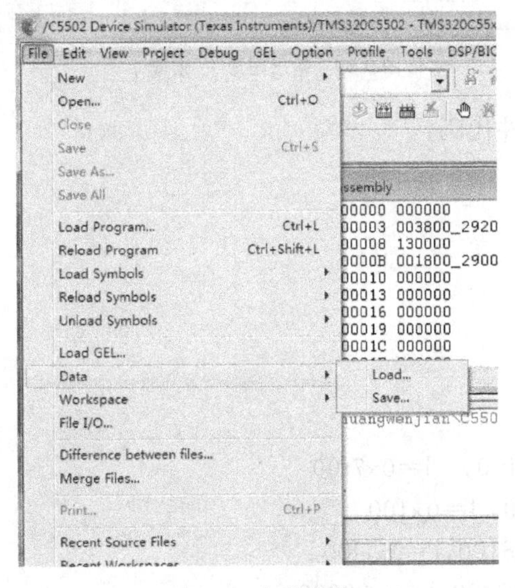

图 9－7 加载数据

（8）观察输入输出波形，如图 9－8 和图 9－9 所示。

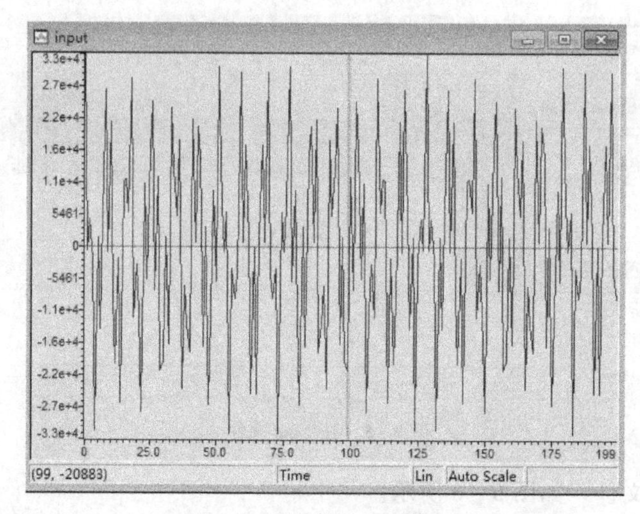

图 9－8 输入波形（时域）

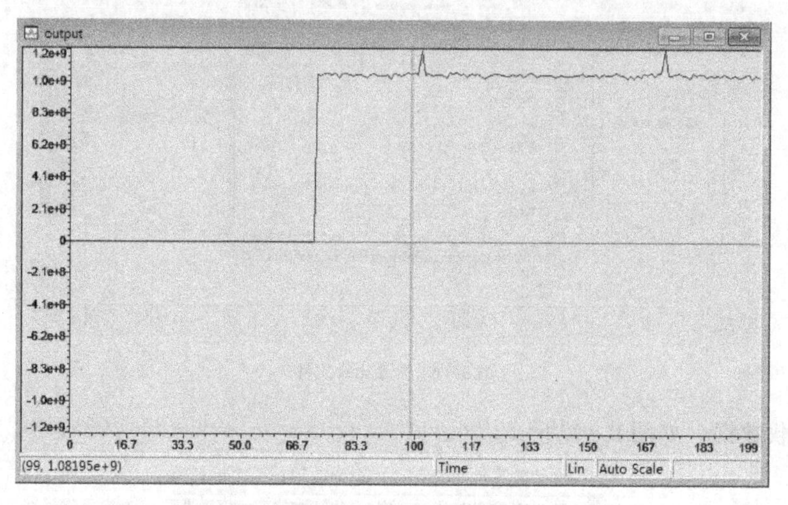

图 9－9 输出图形（频域）

下面给出 Cmd 源文件代码：

```
—f 0
—w
—stack 500
—sysstack 500
—l rts55.lib
MEMORY
 {
   DARAM：o=0x100，  l=0x7f00
   VECT：o=0x8000，l=0x100
   DARAM2：o=0x8100，l=0x7f00
   SARAM：o=0x10000，l=0x30000
```

```
    SDRAM:o=0x40000,l=0x3e0000
  }
SECTIONS
  {
    .text: {}>DARAM
    .vectors: {}>VECT
    .trcinit:{}>DARAM
    .gblinit:{}>DARAM
    .frt:{}>DARAM
    .cinit:{}>DARAM
    .pinit:{}>DARAM
    .sysinit:{}>DARAM2
    .far:{}>DARAM2
    .const:{}>DARAM2
    .switch:{}>DARAM2
    .sysmem:{}>DARAM2
    .cio:{}>DARAM2
    .MEM$obj:{}>DARAM2
    .sysheap:{}>DARAM2
    .sysstack:{}>DARAM2
    .stack:{}>DARAM2
    .input:{}>DARAM2
    .fftcode:{}>DARAM2
    }
```

C 文件源码：

```
#include "math.h"
#define sample_1 256
#define signal_1_f 60
#define signal_2_f 200
#define signal_sample_f 512
#define pi 3.1415926
int input[sample_1];
float fwaver[sample_1],fwavei[sample_1],w[sample_1];
float sin_tab[sample_1];
float cos_tab[sample_1];
void init_fft_tab();
void input_data();
void fft(float datar[sample_1],float datai[sample_1]);
void main()
{
   int i;
   init_fft_tab();
```

```
    input_data();
    for (i=0;i<sample_1;i++)
     {
       fwaver[i]=input[i];
       fwavei[i]=0.0f;
       w[i]=0.0f;
     }
     fft(fwaver,fwavei);
     while(1);
}
void init_fft_tab()
{
     float wt1;
     float wt2;
     int i;
     for (i=0;i<sample_1;i++)
      {
        wt1=2*pi*i*signal_1_f;
        wt1=wt1/signal_sample_f;
        wt2=2*pi*i*signal_2_f;
        wt2=wt2/signal_sample_f;
        input[i]=(cos(wt1)+cos(wt2))/2*32768;
      }
}
void input_data()
 {
    int i;
    for(i=0;i<sample_1;i++)
    {
      sin_tab[i]=sin(2*pi*i/sample_1);
      cos_tab[i]=cos(2*pi*i/sample_1);
    }
 }
void fft(float datar[sample_1],float datai[sample_1])
 {
    int x0,x1,x2,x3,x4,x5,x6,x7,xx;
    int i,j,k,b,p,L;
    float TR,TI,temp;
    for(i=0;i<sample_1;i++)
    {
          x0=x1=x2=x3=x4=x5=x6=0;
        x0=i&0x01;x1=(i/2)&0x01;x2=(i/4)&0x01;x3=(i/8)&0x01;
```

```
        x4=(i/16)&0x01;x5=(i/32)&0x01;x6=(i/64)&0x01;x7=(i/128)&0x01;
        xx=x0*128+x1*64+x2*32+x3*16+x4*8+x5*4+x6*2+x7;
        datai[xx]=datar[i];
    }
    for(i=0;i<sample_1;i++)
    {
        datar[i]=datai[i];datai[i]=0;
    }
    for(L=1;L<=8;L++)
    {
        b=1;i=L-1;
        while(i>0)
        {
            b=b*2;i--;
        }
        for(j=0;j<=b-1;j++)
        {
            p=1;i=8-L;
            while(i>0)
            {
                p=p*2;i--;
            }
            p=p*j;
            for(k=j;k<256;k=k+2*b)
            {
                TR=datar[k];TI=datai[k];temp=datar[k+b];
                datar[k]=datar[k]+datar[k+b]*cos_tab[p]+datai[k+b]*sin_tab[p];
                datai[k]=datai[k]-datar[k+b]*sin_tab[p]+datai[k+b]*cos_tab[p];
                datar[k+b]=TR-datar[k+b]*cos_tab[p]-datai[k+b]*sin_tab[p];
                datai[k+b]=TI+temp*sin_tab[p]-datai[k+b]*cos_tab[p];
            }
        }
    }
    for(i=0;i<sample_1/2;i++)
    {
        w[i]=sqrt(datar[i]*datar[i]+datai[i]*datai[i]);
    }
}
```

9.2.2　IIR滤波器的DSP处理器实现

IIR滤波器的特点是结构简单，运算量比较小，但是相位特性较差。IIR滤波器可以用比较少的阶数来实现很高的选择性，因此，也有比较广泛的应用。下面我们给出IIR滤波器的源程序。

(1) IIR.c 源程序

```
#include "stdio.h"
#include "math.h"
#define signal_1_f 500
#define signal_2_f 10000
#define signal_sample_f 25000
#define pi 3.1415926
double fs,nlpass,nlstop,nhpass,nhstop,a[3],b[3],x,y;
void biir2lpdes(double fs, double nlpass, double nlstop, double a[], double b[]);
void biir2lpdes(double fs, double nlpass, double nlstop, double a[], double b[])
{
   int i,u,v;
   double wp,omp,gsa,t;
   wp=nlpass * 2 * pi;
   omp=tan(wp/2.0);
   gsa=omp * omp;
   for (i=0; i<=2; i++)
      {
       u=i%2;
       v=i-1;
       a[i]=gsa * pow(2,u)-sqrt(2) * omp * v+pow(-2,u);
      }
   for (i=0; i<=2; i++)
      {u=i%2;
       b[i]=gsa * pow(2,u);
      }
   t=a[0];
   for (i=0; i<=2; i++)
      {a[i]=a[i]/t;
       b[i]=b[i]/t;
      }
}

void main(void)
{
       int j,k=0;
       int n,x_ad,y_da;
       int *px = (int*)0x3000;
       int *py = (int*)0x3100;
       double w2,w1,w0;
       w2=w1=w0=0.0;
       for ( ; ; )
```

```
{
  InitC5402();    /* initialize C5402 DSP */
  OpenMcBSP();
  fs=16000;
  nlpass = 0.1;
  nlstop = 0.3;
  biir2lpdes(fs,nlpass,nlstop,a,b);
   for (j=0; j<=4; j++)
    {
      READAD50();
      for (n=0; n<=255; n++)
      {
        px = (int*)(0x3000+n);
        x_ad = *px;
        x = x_ad/32768.0;
        w2=x-a[1]*w1-a[2]*w0;
        y=b[0]*w2+b[1]*w1+b[2]*w0;
        w0=w1;
        w1=w2;
        y_da=(int)(y*32768.0);
        py = (int*)(0x3100+n);
        *py = y_da;
        }
      WRITEAD50();
      k++;
    }
   }
}
```

(2) IIR.asm 文件

```
    STM SPCR1, McBSP1_SPSA
    LDM McBSP1_SPSD,A
    AND #0xFFFE, A
    STLM A, McBSP1_SPSD
    STM SPCR2, McBSP1_SPSA
    LDM McBSP1_SPSD,A
    AND #0xFFFE, A
    STLM A, McBSP1_SPSD
    RPT #5
    RET
    NOP
    NOP
_READAD50:
```

```
    stm     0x00ff,ar3
    stm     0x3000,ar2
loopa:
    ldm  McBSP1_DRR1,b
    stl  b, * ar2+
  banz  loopa, * ar3-
_WRITEAD50:
    stm     0x00ff,ar3
    stm     0x3100,ar2
loopb:  ldu         * ar2+,B
    and       #0fffeh,b ;mask the LSB
    stlm      B, McBSP1_DXR1
    banz      loopb, * ar3-
wait:
    stm     20h,ar3
loop1:
    stm     020h,ar4
loop2:          banz  loop2, * ar4-
    banz      loop1, * ar3-
    ret
```

(3) 命令文件 IIR. cmd

```
-l rts2800_ml. lib
-stack 400h
-heap 100
MEMORY
{
   PAGE 0 : PROG(R)        : origin = 0x80000, length = 0x10000
   PAGE 0 : BOOT(R)        : origin = 0x3FF000, length = 0xFC0
   PAGE 0 : RESET(R)       : origin = 0x3FFFC0, length = 0x2
   /* PAGE 0 : VECTORS(R)   : origin = 0x3FFFC2, length = 0x3E */
   PAGE 1 : M0RAM(RW)      : origin = 0x000000, length = 0x400
   PAGE 1 : M1RAM(RW)      : origin = 0x000400, length = 0x400
   PAGE 1 : L0L1RAM(RW)    : origin = 0x008000, length = 0x2000
   PAGE 1 : H0RAM(RW)      : origin = 0x3F8000, length = 0x2000
}

SECTIONS
{
   .reset    : > RESET,    PAGE = 0
   /* vectors : > VECTORS, PAGE = 0 */
   .pinit    : > PROG,     PAGE = 0
   .cinit    : > PROG,     PAGE = 0
```

```
    .text     :> PROG,     PAGE = 0
    .const    :> L0L1RAM, PAGE = 1
  .bss      :> L0L1RAM, PAGE = 1
    .stack    :> M1RAM, PAGE = 1
    .sysmem   :> M0RAM, PAGE = 1
    .ebss     :> H0RAM, PAGE = 1
    .econst   :> H0RAM, PAGE = 1
    .esysmem :> H0RAM, PAGE = 1
}
```

9.2.3 FIR 滤波器的 DSP 实现

有限冲击响应滤波器（FIR）是信号处理中常用的一种滤波器，比较容易实现线性相位，稳定性好，但阶数较大，过渡带性能和实时性之间存在矛盾。下面给出实现 FIR 滤波器的源程序：

(1) FIR_filter.c

```
/*****************************************************************/
/* Tiltle:FIR_filter.c                                           */
/* Platform:TMS320C5502                                          */
/* Purpose:FIR filter procedure for processing a group of data   */
/* Prototype in C:void fir_filter(const short x[],const short h[],\ */
/* short y[],int n,int m,int s);                                 */
/* const short x[]:输入信号的缓冲数组,short 类型,在滤波中不可修改  */
/* const short h[]:滤波器的系数数组,short 类型,在滤波中不可修改    */
/* short y[]:输出信号的缓冲数组,short 类型                        */
/*  n:滤波器长度,本例中为 ORDER_FIR                              */
/* m:输入信号的长度,即数组 x[]的长度                              */
/*  s:生成整型的滤波器系数时使用的移位数目,本例中为 ROUND_FI       */
/* Note:-o3 compile option recommended.                          */
/* x[] and y[] not permitted to have relative addresses.         */
/* filter length supposed to be larger than 16.                  */
/* input length supposed to be larger than 16                    */
/* only first m-n point output legal                             */

/*****************************************************************/
#include <csl.h>
void fir_filter(const short x[],const short h[],short y[],int n,int m,int s)
{
  Int32 i,j;
  Int32 y0;
  Int32 acc;

  _nassert(m>=16);
  _nassert(n>=16);
```

```
for(j=0;j<m;j++)
  {
   acc=0;

   for(i=0;i<n;i++)
   {
    if(i+j>=m)
        break;
    else
        {
        y0=(Int32)x[i+j] * (Int32)h[i];
        acc=acc+y0;
        }
   }

   *y++=(short)(acc>>s);


  }
}
/*****************************************************************
//End of file
*****************************************************************/
```

(2) 链接文件

```
/****************************************************************/
/*                                                              */
/*         LINKER command file for SDRAM memory map             */
/*                                                              */
/****************************************************************/
MEMORY
{
   PAGE 0:

      MMR      : origin = 0000000h, length = 00000c0h
      SPRAM    : origin = 00000c0h, length = 0000040
      VECS     : origin = 0000100h, length = 0000100h
      DARAM0   : origin = 0000200h, length = 0007E00h
      DARAM1   : origin = 0008000h, length = 0008000h

      CE0      : origin = 0010000h, length = 03f0000h
      CE1      : origin = 0400000h, length = 0400000h
```

```
    CE2       : origin = 0800000h, length = 0400000h
    CE3       : origin = 0c00000h, length = 03f8000h

    PDROM     : origin = 0ff8000h, length = 07f00h

    RESET_VECS   : origin = 0ffff00h, length = 00100h  /* reset vector */
}

SECTIONS
{
    .vectors   : {} > VECS  PAGE 0          /* interrupt vector table */
    .cinit     : {} > DARAM1 PAGE 0
    .text      : {} > DARAM1 PAGE 0

    .stack     : {} > DARAM0 PAGE 0
    .sysstack: {} > DARAM0 PAGE 0
    .sysmem    : {} > DARAM0 PAGE 0
    .cio       : {} > DARAM1 PAGE 0
    .data      : {} > DARAM1 PAGE 0
    .bss       : {} > DARAM1 PAGE 0
    .const     : {} > DARAM1 PAGE 0

    .csldata:  {} > DARAM0    PAGE 0
    dmaMem:    {} > DARAM0 PAGE 0
}
```

9.3 基于TMS320C55X的数字语音信号处理实现实例

9.3.1 语音信号编解码原理

1. G.711语音编解码标准

G.711是一种由国际电信联盟（ITU-T）制定的音频编码方式，又称为ITU-T G.711。它是国际电信联盟ITU-T制定出来的一套语音压缩标准，它代表了对数PCM (logarithmic pulse-code modulation) 抽样标准，主要用于电话。它主要用脉冲编码调制对音频抽样，抽样率为8k每秒。它利用一个64Kbps未压缩通道传输语音讯号。起压缩率为1∶2，即把16位数据压缩成8位。G.711是主流的波形声音编解码器。

G.711标准下主要有两种压缩算法。一种是 µ-law algorithm（又称 often u-law，ulaw，mu-law)，主要运用于北美和日本；另一种是A-law algorithm，主要运用于欧洲和世界其他地区。其中，后者是特别设计用来方便计算机处理的。

2. PCM 编码

PCM脉冲编码调制是 Pulse Code Modulation 的缩写。脉冲编码调制是数字通信的编码方式之一。主要过程是将话音、图像等模拟信号每隔一定时间进行取样，使其离散化，同时将抽样值按分层单位四舍五入取整量化，同时将抽样值按一组二进制码来表示抽样脉冲的幅值。

话音 PCM 的抽样频率为 8kHz，每个量化样值对应一个 8 位二进制码，故话音数字编码信号的速率为 8bits×8kHz=64kb/s。量化噪声随量化级数的增多和级差的缩小而减小。量化级数增多即样值个数增多，就要求更长的二进制编码。因此，量化噪声随二进制编码的位数增多而减小，即随数字编码信号的速率提高而减小。自然界中的声音非常复杂，波形极其复杂，通常我们采用的是脉冲代码调制编码，即 PCM 编码。PCM 通过抽样、量化、编码三个步骤将连续变化的模拟信号转换为数字编码。

9.3.2 语音信号编解码的 DSP 处理器实现

下面给出 DSP 实现语音信号编解码的源程序。

```
unsigned int G711ALawEncode(int nLeft,int nRight);
{
      unsigned char cL,cR;
      unsigned int uWork;
      cL=IntToLaw(nLeft);
      cR= IntToLaw(nRight);
      uWork=cL;
      uWork<<=8;uWork|=cR;   /*高8位是左声道数据,低8位是右声道数据*/
      return(uWork);
}
unsigned char IntToALaw(int nInput)    /* A律函数*/
{
      int segment;
      unsigned int i,sign,quant;
      unsigned int absol,temp;
      int nOutput;
      unsigned char cOutput;
      temp=absol=abs(nInput);    /*求绝对值*/
      sign=( nInput>=0)? 1:0;
      for(i=0;i<12;i++)        /*确定最高有效位所在的位置*/
      {
         nOutput=temp&0x8000;
         if(nOutput) break;
         temp<<=1;
      }
      if(i>=12) nOutput=0;    /*如果输入的12有效值为0,则输出值为0*/
      else
      {
         segment=11-i;
```

```
        quant=(absol>>segment)&0x0F;      /*求输出值的低4位有效位*/
        segment-=4;
        if(segment<=0)segment=0;          /*求输出值 */
        else segment<<4;
            nOutput=segment+quant;
    }
    if(sign)                /*求带有符号位的输出值*/
        nOutput^=0xD5;
    else
        nOutput^0x55;
    cOutput=(unsigned char) nOutput;
    return cOutput;
}
int ALawToInt (unsigned char nInput);      /* A律解码*/
{
    int sign,segment;
    int temp,quant,nOutput;
    temp=nInput^0xD5;
    sign=(temp&0x80)>>7;      /*取出符号位*/
    segment=temp&0x70;
    segment>>=4;
    segment+=4;          /*取出代码段*/
    quant=temp&0x0F;
    quant+=0x10;            /*取出有效值的低4位*/
    if(segment>0)quant<<=segment;   /*求输出值*/
    if(sign)
        nOutput=-quant;
    else
        nOutput=quant;
    return nOutput;
}
```

思考题

1. C 语言作为 DSP 的开发语言有哪些优势？
2. 小存储模式和大存储器模式有什么不同？
3. Pragma 编译预处理命令有什么用途？
4. 关键字 interrupt 有什么作用？
5. 如何用 C 语言访问 DSP 的 I/O 空间？
6. Inline 关键字的作用是什么？
7. 运用双线性变换法基于 C 语言设计一个 IIR 低通滤波器，其中通带截止频率 $\omega_p=0.4\pi$；通带最大衰减 $\alpha_p=3$dB；阻带最小衰减 $\alpha_s=15$dB；阻带截止频率 $\omega_s=0.5\pi$。

参考文献

[1] 门爱东，苏菲．数字信号处理[M]．北京：科学出版社，2005.

[2] 程佩青，数字信号处理教程基础（第三版）[M]．北京：清华大学出版社，2007.

[3] 高西全，丁玉美．数字信号处理（第三版）[M]．西安：西安电子科技大学出版社，2008.

[4] 刘益成，孙祥娥．数字信号处理[M]．北京：电子工业出版社，2004.

[5] 陈怀琛．数字信号处理教程—MATLAB 释疑与实现[M]．北京：电子工业出版社，2004.

[6] 王世一．数字信号处理[M]．北京：北京工业学院出版社，1987.

[7] 胡广书．数字信号处理—理论、算法与实现[M]．北京：清华大学出版社，1998.

[8] 赵洪亮．TMS320C55X DSP 应用系统设计（第 2 版）[M]．北京：北京航空航天大学出版社，2010.

[9] 代少升．TMS320C55X DSP 原理及其应用[M]．北京：高等教育出版社，2010.

[10] 刘和平．数字信号处理器原理结构及应用基础——TMS320F28x[M]．北京：机械工业出版社，2007.

[11] 苏奎峰．TMS320x28xxx 原理与开发[M]．北京：电子工业出版社，2009.

[12] 孙丽明．TMS320F2812 原理及其 C 语言程序开发[M]．北京：清华大学出版社，2008.

[13] 宁改娣，曾翔君，骆一萍．DSP 控制器原理及应用[M]．北京：科学出版社，2009.

[14] 王跃宗，刘京会．TMS320DM642 DSP 应用系统设计与开发[M]．北京：人民邮电出版社，2009.

[15] 丁玉美，高醛．数字信号处理（第 2 版）[M]．西安：西安电子科技大学出版社，2001.

[16] 楼顺天，李博菡．基于 MATLAB 的系统分析与设计—信号处理[M]．西安：西安电子科技大学出版社，1998.

[17] Vinay K Ingle, John G Proakis. 数字信号处理及其 MATLAB 实现[M]．陈怀琛，王朝英，高醛译．北京：电子工业出版社，1998.

[18] 胡庆钟，李小刚，吴钰淳．TMS320 C55x DSP 原理、应用和设计[M]．北京：机械工业出版社，2005.

[19] Oppenheim A V and Schafer. Digital Signal Processing. Engelwood diffs，NT：prentile-Hall Inc.，1975.

[20] Texas Instruments. TMS320C55x DSP CPU Reference Guide，2001.

[21] Texas Instruments. TMS320C55x DSP Peripherials Reference Guide，2001.